Leakey / Lewin · Die Menschen vom See

Richard Leakey/Roger Lewin

Die Menschen vom See

Neueste Entdeckungen zur Vorgeschichte der Menschheit

C.Bertelsmann Verlag

Aus dem Englischen übertragen von Angela Sussdorff
Titel der Originalausgabe bei Anchor Press/Doubleday,
Garden City, N. Y.:
»People of the Lake.
Mankind and Its Beginnings«

Gesamtherstellung: Ebner Ulm/54321
ISBN 3-570-01642-0 · Printed in Germany

Inhalt

Einleitung

von Roger Lewin

Im Herbst 1978 ging das erste erfolgreiche Jahrzehnt der Ausgrabungsarbeiten am Turkana-See zu Ende. Man kann sich kaum vorstellen, daß die Suche nach den Ursprüngen der Menschheit jemals fruchtbarer und aufregender gewesen sei, denn die ausgetrockneten Ablagerungen am östlichen Seeufer bargen fossile Knochenfragmente von mehreren hundert vormenschlichen Geschöpfen, die während dieser Zeit ans Tageslicht geholt wurden. Aus der Gesamtheit dieser Funde ergibt sich die in ihrer Vielfalt und ihrem Aufbau einzigartige Struktur prähistorischen Lebens während der letzten zwei bis drei Millionen Jahre. Das vergangene Jahrzehnt erlebte die Geburtsstunde einer neuen Interpretation der evolutionären Eigendynamik des Menschwerdens. Es steht außer Frage, daß das umfangreiche Ausgrabungsteam im Lager von Koobi Fora mit seiner Forschungsarbeit dabei sozusagen die Rolle des Geburtshelfers spielte.

Es ist wohl kein Zufall, daß Richard Leakey der Leiter dieses erfolgreichen und produktiven Projekts von Koobi Fora war; er ist der Sohn der weltweit anerkannten Prähistoriker Louis und Mary Leakey und hat ein Gutteil der Entschlußkraft und Effizienz seines berühmten Vaters geerbt. Erstaunlicherweise war Richard – woran er sich noch heute genau erinnert – zunächst entschlossen, keinesfalls in die Fußstapfen seiner Eltern zu treten.

Diese Fußstapfen führen auf den erstaunlichen Weg, den die ersten Forscher auf der Suche nach den Ursprüngen der Menschheit in Ostafrika gegangen sind. Jene Recherchenarbeiten zogen sich über 40 Jahre hin – 40 Jahre aufsehenerregender Aktivitäten, die sich auf die Schlucht von Olduvai am Rande der tansanischen Serengeti konzentrierten. In der Schlucht von Olduvai entdeckte Mary Leakey im Jahre 1959 die verstreuten Fragmente eines kräftigen, menschenähnlichen Wesens, das vor fast zwei Millionen Jahren lebte. Es erhielt den vorläufigen Namen *Zinjanthropus*. Damit wurde auch Ostafrika auf der paläoanthropologischen Landkarte, auf der bislang nur Südafrika mit

Funden aus den dortigen Kalksteinhöhlen verzeichnet war, zur terra cognita.

Wenige Jahre nach der Entdeckung des *Zinjanthropus* gab die Schlucht von Olduvai ihr zweites Geheimnis, einen weiteren bemerkenswerten Hominiden, preis. Da dieser nach Louis Leakeys Meinung den Vorvätern der heutigen Menschheit noch näher verwandt war, reihte er ihn unter die Gattung *Homo habilis* ein, wozu auch der 1972 an den Ufern des Turkana-Sees entdeckte berühmte Schädel gehört, der als »1470« in der Fachterminologie bekannt wurde. Die Entdeckung des *Homo habilis* von Olduvai und spätere, noch aufschlußreichere Funde, die am Ufer des Turkana-Sees zutage kamen, markierten den Beginn eines unumgänglichen Umdenkungsprozesses auf dem Gebiet der Vorgeschichte.

Den *Homo habilis* von Olduvai hatte allerdings wieder ein anderes Mitglied der Familie Leakey entdeckt, nämlich Richards älterer Bruder Jonathan, der zu diesem Zeitpunkt fast noch ein Kind war. Allerdings gehörte es zur Tradition der Leakeys, daß alle drei Brüder – nämlich Jonathan, Richard und Philip als der jüngste – von ihren Eltern bald nach der Geburt zu allen Exkursionen mitgenommen wurden. So konnte es nicht ausbleiben, daß alle drei das Abenteuer der Fossilsuche gleichsam mit der Muttermilch aufnahmen, die Landschaft und ihre Eigenarten intensiv kennenlernten – und ausgiebige Erfahrungen mit Malaria und Bilharzien machten.

Inzwischen hat sich Jonathan ganz von dieser Arbeit zurückgezogen, und Philip schließt sich nur noch gelegentlich der Gruppe in der Olduvai-Schlucht oder im nahe gelegenen Laetoli an. Richard trat somit als einziger nach dem Tode seines ebenso genialen wie sendungsbewußten Vaters im Jahre 1972 dessen Erbe an.

Dabei war er zunächst keineswegs versessen darauf, diese Forschungsarbeiten weiterzuführen. Doch nach mehreren kleinen Exkursionen in verschiedene Gebiete Kenias, die zwar nicht sonderlich fündig waren, wurde seine Neugier aber immerhin so weit geweckt, daß sich seine anfängliche Abneigung legte. Er war inzwischen mit einer kleinen Agentur für Fotosafaris sowohl psychisch als auch finanziell unabhängig geworden, hatte dabei jedoch keine Zeit für ein Universitätsstudium gefunden. 1967 übernahm er im Alter von 22 Jahren die Leitung seiner ersten größeren Expedition, mit der Kenia seinen Beitrag zu internationalen Forschungsarbeiten lieferte, und die an mehreren Stellen am Ufer des unteren Omo in Äthiopien durchgeführt wurde. Dieser Schritt war insofern entscheidend, als Leakey während der Vorbereitung zu dieser Expedition entdeckte, welch ungeheures Potential an fossilen Funden das östliche Ufer des Turkana-Sees (der damals noch Rudolf-See hieß) barg.

Dringende geschäftliche Angelegenheiten hatten Richard gezwungen, die Exkursion vorübergehend zu verlassen und nach Nairobi zurückzukehren. Der Pilot der kleinen zweisitzigen Maschine, mit der Richard zurückflog, entschloß sich, statt der häufig beflogenen Route entlang dem Westufer des Turkana-Sees wegen der dortigen schwierigen Wetterlage die Ostroute zu fliegen. Als Richard vom Begleitsitz aus durchs Fenster schaute, sah er am Ostufer Erdschichten, die er für erodierte Ablagerungen aus der Zeit hielt, als der See noch wesentlich größer war – und dies, so dachte er sich, müßte doch ein vielversprechendes Ausgrabungsgelände sein.

Das war auch der Fall. Er mietete von einer amerikanischen Firma eigens einen Hubschrauber für einen Aufklärungsflug, bei dem sich herausstellte, daß die unwirtlichen schwarzen Felsen in der Tat fossilhaltige Sandsteinschichten und nicht etwa versteinerte Lava waren, wie bislang allgemein angenommen wurde. 1968 machte sich Richard, der damals noch keinerlei akademischen Grad hatte, zusammen mit fünf Kollegen auf, um die Ablagerungen des Turkana-Sees zum erstenmal zu untersuchen. Unterstützt wurden sie mit einem kleinen Betrag von der National Geographic Society. Die Subvention erhielt Richard übrigens gegen den ausdrücklichen Rat seines Vaters. Richard vermutet allerdings, sein Vater habe sich ablehnend verhalten, um ihn gerade auf diese Weise zu ermutigen – die Beziehungen zwischen Vater und Sohn waren zu dieser Zeit reichlich kompliziert.

Während der folgenden fünf Jahre wurde das Lager von Koobi Fora am Ufer des Turkana-Sees aufgebaut. Gelegentlich mußten die 800 Kilometer von Nairobi bis zum Lager auf der direkten Route zurückgelegt werden, die zwar anstrengend, aber wunderschön ist. Manchmal entschloß man sich jedoch auch zu dem zwölf Stunden dauernden, aber bequemeren Weg, der über die Zwischenstation am Westufer führte. Die letzte Strecke mußte dann mit dem Boot überwunden werden. Einmal fuhr das Team auch nach dem ungefähr 320 Kilometer südlich von Koobi Fora gelegenen Marsabit, um ein paar Kamele zu kaufen, die als Pack- und Reittiere dienten – letzteres allerdings ohne rechten Erfolg.

Gegen alle Widrigkeiten und Enttäuschungen, die ihnen unter anderem die dortige Bevölkerung bereitete, als sie die gesamte

Hauptausgrabungsstätten von Hominiden in Süd- und Ostafrika

Ausrüstung demolierte, errichtete die Gruppe unter Aufbietung aller Kräfte ein ständiges Lager als Ausgangspunkt. Es besteht aus mehreren strohgedeckten Steinhütten, in denen 50 Menschen bequem – und 70 unbequem – leben können und befindet sich auf einer Landzunge, die spitz in den See hinausragt. Da das Lager auf drei Seiten von Wasser umgeben wird, ist es hier um 3° Celsius kühler als in der Umgebung, wo an Januar- und Februartagen das Thermometer bis auf 46° Celsius klettert und sich selbst während der frischeren Jahreszeit auf 38° einpendelt. Wie herrlich eine kühlere Behausung und ein erfrischendes Bad nach einem arbeitsreichen Tag sind, braucht wohl nicht extra betont zu werden!

Jedes Jahr kommen zahlreiche Forscher aus vielen Ländern zusammen, um während der Ausgrabungsperiode ein internationales Team zu bilden. Richard, der inzwischen im Hauptberuf Direktor des kenianischen Nationalmuseums ist, besucht Koobi Fora zusammen mit seiner Frau Meave und den beiden Töchtern Louise und Samira in regelmäßigen Abständen. Eine Gruppe äußerst tüchtiger Ausgräber arbeitet unter der Leitung von Kamoya Kimeau ständig dort. Wenn jedoch ein großes und somit wichtiges Fossil entdeckt wird, besteht Richard darauf, es selbst zu bergen. Der Erfolg dieser Ausgrabungsarbeiten besteht zweifellos darin, daß sich jeder einzelne als Mitglied eines Teams fühlt, in das Menschen unterschiedlichster Art und wissenschaftlicher Herkunft, aber gleicher Motivation, integriert sind.

Einige Fossilfunde aus Koobi Fora haben zwar eine größere Publizität erreicht als andere; der besondere Beitrag dieses Lagers zu einem besseren Verständnis der Ursprünge der Menschheit basiert jedoch auf dem Gesamtbild der dort gemachten Funde – worauf wir im Verlauf des Buches noch ausführlich zu sprechen kommen werden. Wenn man versucht, die Lebensweise unserer Ahnen aus fossilen Knochen und bearbeiteten Steinen, die sie zurückgelassen haben, zu rekonstruieren, so wird man bald feststellen, daß es unmöglich ist, die unterschiedlichen Aktivitäten säuberlich voneinander zu trennen: Die Lebensweise der Jäger setzte eine soziale Organisation voraus, die ihrerseits Auswirkungen auf die Ausbildung der Sprache hatte; diese wiederum bestimmte den Kontext, der erst eine Technologie entstehen ließ. Die lange Entwicklungsgeschichte der Menschheit ist durch die Vielfalt von Faktoren gekennzeichnet, deren Wechselbeziehungen erst den eigentlichen evolutionären Nährboden bilden.

Wir werden in diesem Bericht über die Ursprünge der Menschheit versuchen, aus diesem Nährboden einige wesentliche Elemente herauszudestillieren und dabei darauf zu achten, der naheliegenden Gefahr einer Simplifizierung zu entgehen. Dabei werden wir uns bemühen, die vielschichtige Materie darzulegen und zu entschlüsseln, ohne gleichzeitig das ohnehin schon Verwirrende noch mehr zu komplizieren.

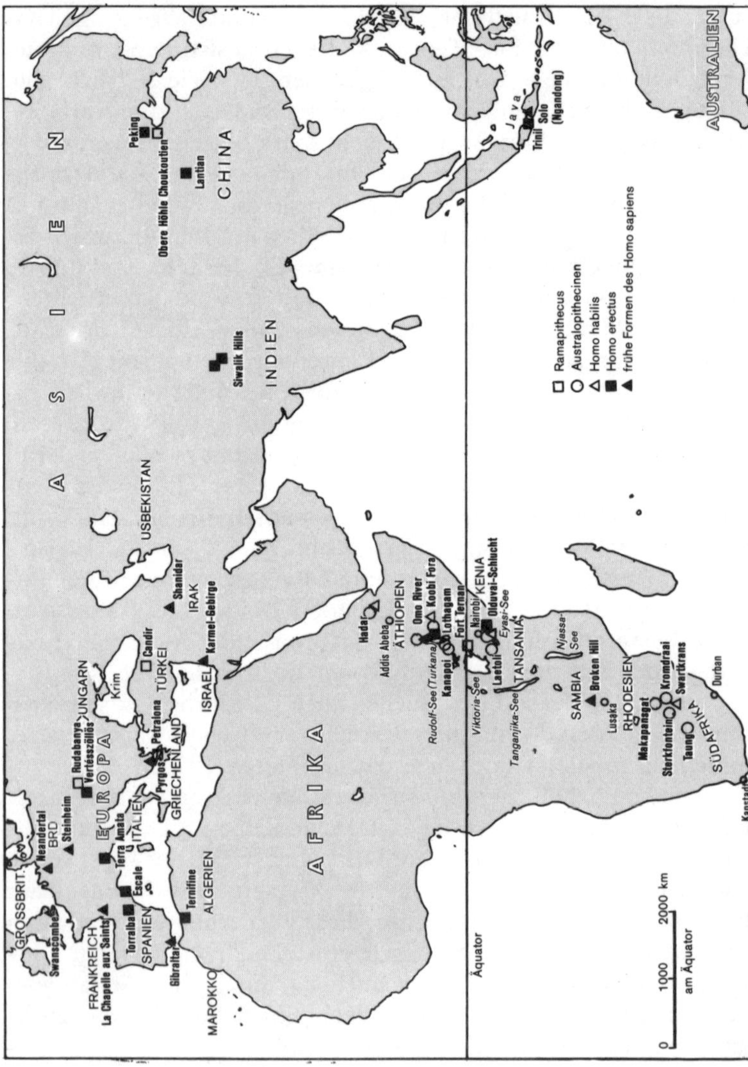

Hauptausgrabungsstätten von Hominiden in Afrika und Eurasien

Kapitel 1

Die Menschen vom Turkana-See

Die folgende Szene spielt vor 15 Millionen Jahren in Afrika in der erdgeschichtlichen Periode des Miozän, das sich über einen Zeitraum von 20 bis 5 Millionen Jahren vor unserer Gegenwart erstreckte. Erst wenige Millionen Jahre vorher war dieser Kontinent ein weiteres Mal mit dem eurasischen zusammengestoßen. Die Kollision entstand durch die Schubkraft enormer Platten, welche die Tragfläche bilden, auf der die Kontinente wie riesige, granitene Boote treiben. Zu jener Zeit unterschied sich die afrikanische Landschaft beträchtlich von der, die wir heute kennen: Die Hochebenen von Kenia und Äthiopien hatten sich noch nicht gebildet, und die Wälder, die sich im Miozän wie ein Teppich bis zum Indischen Ozean hinzogen, enden heute bereits westlich des Ostafrikanischen Grabens. Die Flora West- und Ostafrikas bestand überwiegend aus Wäldern und dichtem Buschland. Doch die geologischen Kräfte, die den Kontinent an Eurasien gedrängt hatten, waren noch immer virulent. Sie führten zu der allmählichen tektonischen Spaltung entlang dem heutigen Ostafrikanischen Graben.

Obgleich die Bewegung dieser massiven Krustenplatten, die zu der stetigen Erweiterung des ostafrikanischen Grabensystems führt, keineswegs Anlaß zur Beunruhigung gibt (der Graben dehnt sich nur um einen Millimeter pro Jahr aus, was minimal ist im Vergleich zu dem einen Zentimeter, um den die Entfernung zwischen Europa und Nordamerika pro Jahr zunimmt), ist dieser geologische Vorgang dennoch insofern beachtlich, als dadurch im Miozän in Kenia und Äthiopien zwei riesige Erdwülste aufgeworfen wurden. Wabernde, glühend heiße Lava drang aus den Spalten des Erdmantels und hob die Bodendecke um fast 1000 Meter. So entstanden die Hochebenen dieser beiden Länder. Die Erdrinde konnte dem ungeheuren Druck, der sie höher und höher schob, schließlich nicht mehr standhalten: Die Kruste zerbarst. Riesige Felsbrocken schoben sich von Nordosten nach Südwesten in die Aufbrüche und durchschnitten die mächtigen Lavablasen. Dies war der Anfang einer Formation, aus der später das ostafrikanische Grabensystem entstand.

Die kochende, brodelnde Lava und die Gase mußten sich zwangsläufig ein Ventil schaffen. Dadurch wurden Krater in die Berghöhen gerissen und riesige Vulkane entstanden, die im mittleren Miozän (also vor ungefähr zwölf Millionen Jahren) fast 7000 Meter hoch aufragten. Wie heute der Mount Kenia oder der Kilimandscharo waren die Berge damals schneebedeckt. Im Lauf der Zeit glätteten die Elemente die einst aktiven Vulkane. Heute sind sie nur noch Kraterstümpfe und messen höchstens ein Zehntel ihrer ursprünglichen Ausdehnung. Die allmählich erodierten Felsbrocken bildeten eine Schicht, welche die wesentlich tiefer liegenden Lavasedimente am Boden des Grabens überlagerte. Diese Ablagerungen sind inzwischen mehr als 1000 Meter tief. Im Lauf der Jahrmillionen senkten sie sich mehr und mehr, und zwar teils aufgrund des Gewichts der Sedimente, teils aber auch wegen der geologischen Bewegung, die sich unabhängig von der unruhigen Plattentektonik vollzog.

Die Randaufwölbung ist heute in der Umgebung des Baringo-Sees, der einstigen Spitze der Erdblase in Kenia, über 1000 Meter hoch und völlig glatt. Erst darunter liegt die Lavaschicht. Am Ende des Grabens, also wo er sich durch Tansania, Kenia und Äthiopien zieht, liegen Seen und mehr oder weniger verstreute, erloschene vulkanische Kegel. Dort finden sich auch zahlreiche fossile Lagerstätten unserer ältesten Vorfahren und deren Verwandten, der Australopithecinen.

Geologisch gesehen sind die Erdverschiebungen im Ostafrikanischen Graben einzigartig, in der Vorzeit waren sie jedoch auch die Hauptursache einer beträchtlichen klimatischen Veränderung. Je höher die Erdfalten aufgetrieben wurden, desto mehr verkümmerte das Land im Osten hinter ihren Regenschatten. Dadurch wurde dem wasserbedüftigen tropischen Wald seine Nährquelle entzogen. Die ostafrikanischen Wälder schrumpften und machten einzelnen verstreuten, fast unbewachsenen Savannen und niedrigem Buschland Platz. Nur der Wald von Arabuko Soreke an der Küste nördlich von Mombasa und die Wälder längs dem Tana-Fluß sind mit ihren westafrikanisch anmutenden Bäumen, Vögeln, Schmetterlingen und anderen Tieren Zeugen der Fauna und Flora dieser längst vergangenen erdgeschichtlichen Periode.

Die Dezimierung der ostafrikanischen Wälder bei der Entstehung der Hochebenen führte zu einschneidenden ökologischen Veränderungen. Aber die seismische Energie zeitigte in bestimmten Gegenden auch sehr viel subtilere Prozesse: So findet man etwa innerhalb eines Radius von nur wenigen Kilometern entlang dem Ostafrikanischen Graben, vor allem jedoch in den höher gelegenen Regionen, ein Mosaik von tropischen Wäldern, wüstenähnlichem Gelände, Hochgebirgswiesen, Steppen und offenem Buschland – vertreten ist eigentlich jegliche ökologische Schattierung. Diese auffällige Topographie entstand im mittleren Miozän und existiert noch heute. Durch das Aufbrechen und Wiedereinsacken der Erdfalten bildete sich ein ökologischer Nährboden, der zu einer ungewöhnlich vielfältigen Heimstatt der dortigen Fauna wurde. Vermutlich ist dies auch ein wichtiger Faktor für die auffallende Geschwindigkeit, mit der die Evolution der Hominiden in Ostafrika vor sich ging. (Unter Hominiden versteht man nicht nur den heutigen Menschen, sondern auch seine engsten evolutionären Verwandten, wie etwa die Australopithecinen.)

Der Ostafrikanische Graben bildet dort, wo er Kenia verläßt und sich nach Äthiopien hineinzieht, das Becken des Turkana-Sees. Dieser See fesselt nicht nur durch seine atemberaubende Schönheit und die Anmut seiner Umgebung, sondern auch wegen der geologischen Bruchstufen am Ostufer, die geradezu eine Schatzkammer für vormenschliche Fossilfunde sind. Im Jahre 1968 begann Richard Leakey in diesem Teil Kenias mit ersten Probeexkursionen die Suche nach den Ahnen der Menschheit. Der flache, breite See, der eine Nord-Süd-Ausdehnung von ungefähr 250 Kilometern hat und von Ost nach West zirka 55 Kilometer mißt, schillert grün im Licht der tropischen Sonne. Irgend jemand hat ihn einmal durchaus zutreffend den »Jadesee« genannt. Eine schmale, vulkanische Hügelkette trennt den See im Süden von der Steppenzone des nördlichen Kenia. Im Westen erhebt sich die Randaufwölbung des Ostafrikanischen Grabens mit einer Bergkette, die an einzelnen Stellen über 1600 Meter hoch ist. Dort lebt der Stamm der Turkana, ein hochgewachsenes Hirtenvolk. Auf der anderen Seite beginnen die Berge und Wälder Ugandas. Im Norden mündet der Omo mit seinem schlammhaltigen Wasser. Dieser große Fluß durchschneidet das äthiopische Hochland, zwängt sich dann nach Süden bis an die Grenze zu Kenia und erreicht dort den Turkana-See. Wenn man ihn überfliegt, erkennt man den orangefarbenen Schlick, den der Omo mit in das grüne Wasser des Sees schiebt, bis er sich schließlich auflöst, Orange und Grün ineinanderfließen. Die Barriere, die der See dem Fluß entgegenstellt, zwingt ihn, den Schlamm abzulagern, so daß ein riesiges Delta entsteht. Seit vier Millionen Jahren bilden sich die Ablagerungen, und aus jener Zeit stammen die wohlerhaltenen Fossilien, die wir heute aus den Sedimenten zutage fördern.

Ein weiterer, wichtiger Fundort ist das untere Omo-Tal selbst. Dort hat sich im Verlauf von etwa vier Millionen Jahren eine Sedimentschicht von mehr als 1000 Metern abgesetzt und die Skelette der frühen Hominiden ebenso wie die Zeugnisse ihrer ungewöhnlichen Werkzeugherstellung überdeckt. Das Ostufer des Turkana-Sees ist jedoch noch reicher an fossilen Vorkommen.

Das Lager des Koobi-Fora- Forschungszentrums liegt ungefähr auf der Mitte des Ostufers auf einer Landspitze gleichen Namens. Der Platz ist gut gewählt, weil die verschiedenen Ausgrabungsorte verhältnismäßig leicht von dort aus erreicht werden können und man dort nach einem anstrengenden Tag auch ein erfrischendes Bad nehmen kann. Bis auf den heutigen Tag beließen es die Krokodile dabei, die Archäologen und Paläoanthropologen bei ihrem Vergnügen zu beobachten, ohne den Versuch zu machen, sie in ihren Speisezettel aufzunehmen.

Der See hat heute keinen Abfluß mehr, so daß das Wasser nur noch verdunsten kann und dadurch stark alkalihaltig ist. Dies begünstigt das Wachstum zahlreicher Algen, welche die Lieblingsnahrung der rosafarbenen Flamingos sind, die man an allen Seen in der Umgebung des Ostafrikanischen Grabens beobachten kann. Aber der Turkana-See war nicht immer ohne Abfluß. Vor 10 000 Jahren stand der Wasserspiegel zum Beispiel gut 65 Meter höher als heute. Damals muß der See enorme Ausmaße gehabt haben. Vermutlich dehnte er sich vom Omo-Tal bis nach Kenia und im Osten bis zu der Hochebene aus, von der das heutige Seeufer 30 Kilometer entfernt liegt. Als der Wasserspiegel so viel höher war, hatte der See auch einen Auslauf, und zwar war dies eine Quelle des Nils. Wir wissen das deshalb, weil hier noch immer die riesigen Nilbarsche und die Nilkrokodile leben.

Allerdings wissen wir noch nicht, weshalb der See vor 10 000 Jahren so groß war, ebensowenig kennen wir die Ursache der auffallenden Reduzierung. Möglicherweise haben starke Erdbewegungen in dieser ohnehin geologisch instabilen Region dazu geführt, daß Wasser abfloß oder der Regen an den umliegenden Bergen hängen blieb. Vermutlich waren beide Faktoren mit im Spiel. Auf jeden Fall hat der Turkana-See während vier Millionen Jahren mehrere Veränderungen erfahren. Mindestens dreimal hat sich der Wasserspiegel merklich – wenngleich wohl nicht so auffallend wie vor 10 000 Jahren – verändert, hinzu kamen mehr oder weniger kleine Fluktuationen. Gegenwärtig treten die Ufer zurück. Wenn man abends baden möchte, muß man mindestens 20 Meter weiter in den See hineinlaufen als im Jahre 1969, als das Lager aufgebaut wurde.

Ein solch unruhiger See, der nicht nur von einem großen Fluß wie dem Omo, sondern in der Regenzeit auch von zahlreichen Flüssen und Bächen gespeist wird, ist natürlich ideal für fossile Ablagerungen: Die Knochen werden sehr schnell von dem feinen Schlick umschlossen, so daß sie nicht verwesen können. Außerdem werden dadurch die chemischen Substanzen der Knochen allmählich mineralisiert und versteinert. An drei Stellen rings um den See findet man zahlreiche Fossilien, und zwar erstens überall dort, wo die sanften Wellenbewegungen feine Schlammschichten sacht über die Knochen schwappten, die überall verstreut lagen. Zweitens in den Flußbetten, die zum See führen, und drittens dort, wo der Omo in den Turkana-See mündet und seinen mitgeführten Schlamm ablagert. Dort sind die meisten hominiden Fossilien aus der Turkana-Gegend entdeckt worden.

Vom Standpunkt des Paläontologen und Anthropologen ist die Erhaltung und Versteinerung der Knochen nur die erste Voraussetzung dafür, die Entstehungszeit der Menschheit zu rekonstruieren.Mindestens so wichtig ist die Art und Weise, wie man an die Fossilien gelangt – denn was will man tun, wenn man beispielsweise ahnt, daß man sich in einer Gegend mit reichen Fossilvorkommen befindet, die aber leider irgendwo in einer 30 Meter tiefen Schicht eingebettet sind. Die Chancen, durch Ausgrabungen aufs Geratewohl etwas zu finden, sind im Grunde gleich Null – ganz abgesehen von der enormen Mühe, die man darauf verwenden müßte, denn solche Ablagerungen könnten ja nur durch eine umfassende Grabungskampagne erschlossen werden.

Man braucht nur im Geiste entlang dem Ostafrikanischen Graben zu reisen, um diesen Gedanken bestätigt zu finden. Die geologischen Ablagerungen des heute ausgetrockneten prähistorischen Sees von Olduvai in Tansania sind 100 Meter hoch. Glücklicherweise durchschneidet sie ein Regenfluß, so daß man auf einer Strecke von knapp 40 Kilometern Einzelheiten unserer geologischen Vergangenheit ablesen kann. Am Ausgrabungsort Hadar, der in der Nähe des Awash-Flusses im nördlichen Äthiopien liegt, haben sich Wind und Wasser durch die 200 Meter hohen Sedimente eines prähistorischen Sees gefressen. Weiter südlich in Äthiopien hat der Omo im Laufe von vier Millionen Jahre über 1000 Meter hohe Sedimente abgelagert. Die Unruhe in der Erdoberfläche hat hier in jüngster Zeit dazu geführt, daß die oberste

Schicht abgetragen und darunter ältere freigelegt wurden. Die ältesten liegen im Osten in der Nähe des heutigen Flußverlaufs und führen nach Westen, wo sich die jüngsten Schichten befinden. Das erstaunlichste Beispiel findet sich jedoch vermutlich in den Bergen von Siwalik in Pakistan, wo der englische Paläoanthropologe David Pilbeam derzeit arbeitet. Während 15 Millionen Jahren sind hier unzählige Schlamm-Mengen den Himalaja hinuntergeflossen und haben im Laufe der Zeit am Fuße des Gebirges eine mehr als 6000 Meter dichte Ablagerungsschicht hinterlassen. Pilbeam, der in Yale lehrt, hatte insofern Glück, als ihm Bäche und Flüsse den Löwenanteil der ersten Bergungsarbeiten bereits abgenommen hatten. In Koobi Fora wurde das Geheimnis der Vorzeit, das im Vergleich zu Siwalik ursprünglich nur in 30 Meter tiefen Sedimenten verschlossen war, teils jüngst durch den Omo, teils aber auch durch Wind- und Flußerosionen aufgedeckt.

An all diesen Orten stößt man auf Fossilvorkommen, wenn man die Bodenoberfläche gründlich durchsucht. Manchmal sieht man nur ein Stückchen Knochen schimmern – und findet dann einen kompletten Schädel. Manchmal ist es aber auch nur ein unbedeutender Splitter. Die Regenzeit wäscht jedoch jedes Jahr neue Fossilien frei. Aber wenn sie zu lange an der Oberfläche liegen, zerfallen sie schnell und sind damit unwiederbringlich verloren.

Die Erdverschiebungen im Ostafrikanischen Graben haben eine ganze prähistorische Seenkette ausgelöscht, die sich durch Äthiopien, Kenia und Tansania zog. An diesen Seen spielte sich zweifellos überwiegend das Leben unserer frühesten Vorfahren und deren Verwandten ab. Dort sind sie auch gestorben und damit ein Teil unserer versteinerten Geschichte geworden.

Die unaufhörlichen geologischen Bewegungen haben uns zu einem kleinen Einblick in jene ferne Vergangenheit verholfen, weil dadurch die Sedimente angehoben, allerdings aber auch erosiver Zerstörung ausgesetzt wurden.

Angenommen, wir befänden uns vor etwa zweieinhalb Millionen Jahren am Ostufer des Turkana-Sees, nur wenige Meilen nördlich der Landspitze von Koobi Fora. Was würden wir da sehen? Sicherlich einige Krokodile, die in der tropischen Hitze dösen und sich auf Sandbänken räkeln, die wie Fingerspitzen in den See hineinragen. Flußpferde tauchen, schnauben gelegentlich geräuschvoll und verursachen reichlich Wellen, wenn sie sich freundschaftlich anrempeln. In der Ferne hört man Flügelrauschen und Krächzen, wenn eine Gruppe von Pelikanen aufsteigt.

Wenig mehr als sechs Kilometer entfernt erheben sich im Osten

Berge mit einzelnen Bäumen und Buschwerk, die dann und wann durch reichbewaldete Täler voneinander getrennt sind. Einmal durchschneidet sie ein breiter Fluß, der sich von der äthiopischen Hochebene herabwindet. Bäume und Sträucher säumen mit dichtem Grün die Ufer, hinter denen der Fluß selbst nicht mehr zu erkennen ist. Dort gedeihen üppige wilde Feigen und Akazien.

Auf der Höhe des Sees teilt sich der Fluß in ein weitverzweigtes Delta aus breiteren und schmaleren Zuflüssen, die jedoch alle gleichmäßig von Bäumen und Büschen gesäumt sind.

Wenn wir an einem der inzwischen ausgetrockneten Flußbetten hinaufwandern – es hat schon seit Monaten nicht mehr geregnet –, hören wir vielleicht das Rascheln eines Wildschweins im Unterholz, das nach Wurzeln und Sprossen gräbt. In dem allmählich dichter werdenden Uferwald sehen wir möglicherweise ein Seidenäffchen, das schnell in einer Baumkrone verschwindet. Woanders laben sich flinke Meerkatzen an den reifen Feigen. Im Schutz des Buschwerks bewegen sich vorsichtig kleine Impala-Herden und Wasserböcke. Wenn wir auf einen Baum klettern würden, könnten wir überall in der weiten Ebene Gazellen und Paviane zwischen Steinbrocken und Gesträuch auf Nahrungssuche sehen.

Ungefähr einen halben Kilometer weiter flußaufwärts stoßen wir auf eine Szene, die uns merkwürdig vertraut anmutet, und die wir doch nie zuvor gesehen haben: Vor uns bewegt sich eine Gruppe von acht ganz offensichtlich menschenähnlichen, aber ebenso offensichtlich nicht tatsächlich menschlichen Geschöpfen. Einige halten sich im Flußbett auf, ein paar andere am Ufer. Zwei ausgewachsene, weibliche Wesen häufen Wurzeln und Nüsse auf. Dabei entleeren sie Gefäße, die anscheinend aus Tierhäuten angefertigt worden sind. Ein großes, männliches Geschöpf gräbt teils mit den Händen, teils mit einem Stock ein Loch in das Flußbett. Um ihn herum krabbeln Kinder und kriechen auf Händen und Füßen zu dem Loch, um das Wasser zu sehen, das dort hervortritt. Er scheucht sie fort, schöpft dann kühles Wasser in ein gerolltes Blatt, das er einem anderen reicht, der am Ufer liegt und wohl krank ist.

Ein Anblick voll Geschäftigkeit und Muße: Ein paar Kinder graben, wie der Erwachsene vorhin, ein Loch ins Flußbett, andere schlagen ungeschickt Steine aufeinander oder hocken um einen anderen Erwachsenen herum, der in aller Ruhe ein primitives Werkzeug formt. Ein paar Kinder rennen einfach vergnügt durch die Gegend.

Plötzlich ertönt ein Ruf – zumindest hört es sich so an. Alle schauen in die Richtung, aus der das Geräusch kam, und sehen eine Gruppe meist männlicher Erwachsener aufgeregt auf das Lager zukommen. Sie schleppen riesige Stücke eines Flußpferdes mit sich und sind offensichtlich sehr zufrieden. Sie waren am frühen Morgen losgezogen und dem Flußbett entlang nach Süden gewandert. Pötzlich entdeckten sie das Tier, das noch nicht lange tot war. Sie sammelten ein paar Lavabrocken auf, schärften sie ein wenig und schnitten sich damit ein paar kräftige Happen heraus. Nachdem sie genüßlich die schmackhafte Leber verspeist hatten, trugen sie das andere Fleisch im Triumphzug zu ihrem Lager. Es war auch Zeit zurückzukehren, denn die Hyänen, die immer zahlreicher näher kamen, verloren langsam die Geduld und ließen sich nicht mehr von einer Beute verscheuchen, die sie für sich selbst in Anspruch zu nehmen gedachten.

Das Flußpferd war so groß, daß es sinnvoller schien, das Fleisch von den Knochen zu lösen, statt es mit Knochenstücken zum Lager zurückzuschleppen – was sie natürlich bei einem kleineren Tier, einer Gazelle etwa, gemacht hätten.

Zwei weibliche Wesen, die gerade losziehen wollten, um mit frisch angespitzten Stöcken nach Wurzeln, Beeren oder Nüssen zu graben und sie in die umgehängten Lederbeutel zu füllen, überlegen es sich anders und beschließen, an dem Festschmaus teilzunehmen. Alle kommen zum großen Mahl. Die männlichen Erwachsenen, die das Tier gefunden haben, schneiden das Fleisch für jeden mit messerscharfen Steinsplittern ab. Einer kommt ein bißchen zu spät. Er hat Wurzeln in einer Hand und in der anderen ein totes Kaninchen. Aber auch er erhält seinen Teil.

Im Vergleich zu der vorangegangenen Ruhe schwirrt das Lager jetzt vor aufgeregtem Gebrabbel und schmatzenden Geräuschen: Schließlich gibt es nicht jeden Tag Fleisch, und daher ist dies ein Freudenfest. Die unterschiedlichen Geräusche, die sie von sich geben und die unterschiedliche Art, mit der sie aufeinander reagieren, sind ein Beweis dafür, daß bereits eine Kommunikation stattfindet. Außerdem berühren sie sich oft.

Würden wir länger bleiben, so könnten wir nach ein paar Tagen sehen, wie die Gruppe weiterzieht. Ein älterer Erwachsener hilft dem Kranken, der noch immer geschwächt ist. Auf ihrer Lagerstätte am Flußbett lassen sie Abschläge von Steinen, Werkzeugen, Splittern, alten Grabstöcken, aufgebrochenen Nußschalen und ein paar aufgequollene Wurzelknollen zurück, die sie nicht verzehrt haben. Sie suchen sich ein neues, sandiges Lager, wo nicht das heimtückische Grannengras wächst, das am Seeufer so üppig gedeiht. Außerdem brauchen sie den Schutz der Bäume, in den sie sich nicht nur vor der glühend heißen Sonne, sondern auch vor Raubtieren flüchten können. Aller Wahrscheinlichkeit nach werden sie ihr Lager wieder in einem ausgetrockneten Flußbett suchen. Vielleicht haben sie Glück und finden noch so einen unerwarteten Fleischberg. Die Entdeckung von noch nicht verwestem Aas ist ein Teilaspekt dieser frühen, primitiven Sammler- und Jägerkultur.

Das ist natürlich alles reine Phantasie. Aber die Szene, die wir hier nachgezeichnet haben, beruht auf Tatsachen und Hypothesen mit einem größtmöglichen Wahrscheinlichkeitsgrad. Und es gibt tatsächlich ein prähistorisches Lager, wo wir diese Szene angesiedelt haben (das sogenannte KBS, das nach den Initialen des Forschers Kay Behrensmeyer, der es entdeckte, benannt wurde.)

Etwa einen halben Kilometer weiter südlich liegen neben den Knochen eines Flußpferdes auch ein paar Steinwerkzeuge. Beide Fundstätten datieren ungefähr aus der gleichen Periode, nämlich vor etwas mehr als zwei Millionen Jahren. Dennoch wollen wir keineswegs behaupten, daß die Bewohner des einen Lagers wirklich das Flußpferd ausgeschlachtet haben. Das Szenario behält jedoch seine Gültigkeit als sinnreiche Rekonstruktion einer bestimmten Lebensweise.

Kurz nachdem die Hominiden weitergezogen waren, muß Regen gefallen und die Wasseroberfläche langsam aber stetig angestiegen sein. Wir wissen das deshalb, weil kleine Steinchen, die von jedem Windstoß fortgeblasen worden wären, zusammen mit größeren Steinwerkzeugen und einem Feigenblatt vom Schlamm bedeckt wurden. Das Blatt selbst verweste, aber es hinterließ seinen Abdruck in der feinen Schlickschicht – eine zarte Erinnerung an den kühlen Schatten, in den sich unsere Vorväter einst flüchten konnten. Eine etwas phantasievollere Interpretation könnte zu der Mutmaßung verleiten, hier liege als Opfer des unerbittlichen Evolutionsprozesses die Unschuld des Garten Eden begraben.

Kapitel 2

Die Anfänge

Um etwas über die Geschöpfe zu erfahren, die wir am Seeufer beobachtet haben, müssen wir weitere 17 Millionen Jahre zurückgehen. Das Miozän war die Zeit der Menschenaffen. Vor 20 Millionen Jahren, als der ostafrikanische Graben sich erst durch fernes unterirdisches Grollen ankündigte, waren die afrikanischen Wälder die Heimat dieser Menschenaffen. Im Vergleich zu heute, wo ihre afrikanischen Nachfahren – also Gorillas und Schimpansen – nur noch in ganz wenigen, zunehmend gefährdeten Gebieten leben, beherrschten jene Menschenaffen im Miozän praktisch das Land: Sie kamen nicht nur in großer Anzahl, sondern auch in sehr vielen verschiedenen Unterarten vor und lebten, wo immer Wald und Buschland es zuließen. Die Lebensformen einiger ähnelten denen der Gorillas, andere denen der Paviane und wieder andere lebten in einer Weise, deren Kenntnis uns verlorengegangen ist und für die wir kein Modell haben. Diese Menschenaffen waren zu jener Zeit der Schlußpunkt der Evolution innerhalb der Gattung der Primaten. Aus einer Unterart entwickelte sich schließlich die Familie der Hominiden, und da zu den Primaten auch die Halbaffen gehören, befinden wir uns also letztlich in der gleichen zoologischen Entwicklungsreihe wie die langbeinigen Sifakas, die großäugigen Buschbabys und Lemuren, die winzigen Pottos, die Affen und die Menschenaffen.

Die Ordnung der Primaten entstand vor etwa 70 Millionen Jahren, zu einem Zeitpunkt, als die Dinosaurier auszusterben begannen. Ein dramatischer Wechsel fand statt, denn zuvor waren die Dinosaurier die Beherrscher der Fauna gewesen, in der ein paar primitive Säugetiere nur eine untergeordnete Rolle spielten. Sie verschwanden während weniger Millionen Jahre – mit einer Geschwindigkeit also, die angesichts des normalerweise sehr gemessenen Gangs der Evolution überrascht. An ihre Stelle traten nun die Säugetiere als Könige des Tierreichs.

Während die Dinosaurier ihrem unausweichlichen Untergang entgegengingen, machte sich ein winziges Spitzhörnchen neugierig auf den Weg, verließ das dichte Unterholz und wagte sich in die Bäume. Das war das erste Glied in der Kette der Primaten. Im Laufe der folgenden 30 Millionen Jahre entwickelte sich die Primatenreihe weiter. Kleine Baumbewohner, überwiegend Nachttiere, entstanden. Auf dem Weg der natürlichen Auslese entwikkelten diese insektenfressenden Tiere über viele Jahrtausende die Eigenschaft, hoch in den Bäumen an dünnen, zerbrechlichen Ästen hängen zu können. Dazu brauchten sie Greifhände mit Nägeln statt klobiger Pfoten und Augen, die nach vorne, statt seitwärts orientiert waren. Während dieser ganzen Periode vergrößerte sich die noch junge Ordnung der Primaten – was übrigens häufig zu beobachten ist, wenn eine Ordnung oder Gattung in eine evolutionär besonders adäquate Umgebung gelangt. Einige dieser Primaten wurden von Nacht- zu Tagtieren. Da die Fähigkeit, polychrom zu sehen, dem monochromen Sehen bei weitem überlegen ist, blieb es nicht aus, daß einige nachtschlafende Halbaffen allmählich den neurologischen Apparat ausbildeten, der sie dazu befähigte, ihre Umgebung in natürlichen Farben zu sehen.

Wir wissen also, daß selbst in jenem frühen Stadium unserer Entwicklungsgeschichte, vor 40 Millionen Jahren nämlich, bereits der physiologische Apparat vorhanden war, der für uns Menschen so wichtig ist: Greifhände, stereoskopes Sehen und polychrome Sehfähigkeit. Das eigentliche Geheimnis der Evolution liegt darin, daß die Ausstattung der jeweiligen Stufe einfach und anpassungsfähig war, denn jede Spezialisierung mußte in einer biologischen Sackgasse enden.

Als sich die Halbaffen zu sehr erfolgreichen Baumbewohnern entwickelt hatten, löste sich die Unterordnung der Affen von ihnen ab, die alsbald ihre Ahnen verdrängten und sich als Nachtschläfer tagsüber in luftiger Höhe austobten. Diese Affen änderten auch die Nahrungsgewohnheiten der bisherigen Primaten. Sie bevorzugten nicht mehr Insekten, sondern Pflanzenfutter (Blätter und Früchte). Außerdem waren sie größer als die Halbaffen.

Die Ahnenreihe der Affen sollte jedoch nicht allzu lang werden, denn schon vor etwa 30 Millionen Jahren entwickelte sich aus der Unterordnung der Affen die Familie der Menschenaffen, und diese waren ebenfalls größer als ihre Vorfahren. Sie bildeten mehrere Gattungen, die sich den jeweils anderen ökologischen Gegebenheiten anpaßten. Einige lernten, an drei Gliedmaßen hängend, sich von Ast zu Ast zu hangeln und so Früchte zu erlangen, die sonst unerreichbar gewesen wären. Andere entwickelten eine bodennahe Lebensweise. (Obgleich der südamerikanische Halbkontinent, der in jenem Zeitraum nach Westen über den späteren Atlantik driftete und schließlich erst vor wenigen Jahrmillionen an Nordamerika stieß, die Heimat sich schnell entwickelnder, sogenannter Neuweltaffen war, leben dort keine Menschenaffen im eigentlichen Sinn. Die südamerikanischen Affen haben diesen evolutionären Weg nicht eingeschlagen. Wir kennen zwar den Grund nicht, wir wissen jedoch, daß sich deshalb in Nord- und Südamerika keine Hominiden entwickeln konnten. Erst vor einigen zehntausen Jahren betrat der Mensch den Doppelkontinent.)

Affen wie Menschenaffen sind zwar ziemlich wählerisch in ihrer Nahrung, haben jedoch die Vorliebe für Blätter und Früchte gemeinsam, und dies wiederum führt dazu, daß sie fast ausschließlich in den Tropen zu leben vermögen: Der Kälte Nordeuropas hätten Schimpansen durchaus widerstehen können, nicht aber den harten Tannennadeln, die im Winter ihre einzige Nahrung gewesen wären. Das gleiche gilt für ihre Vorfahren im Miozän.

Die Menschenaffen des Miozän entwickelten sich ähnlich fruchtbar wie die kleinen Halbaffen und die flinken Affen vor ihnen. Auch sie bildeten zahlreiche Gattungen und Arten. Am meisten interessieren uns in diesem Zusammenhang jedoch die Menschenaffen, die im Buschland lebten, die sogenannten Dryopithecinen, denn sie sind aller Wahrscheinlichkeit nach die Vorstufe, aus denen sich der Mensch entwickelte. Da die Wissenschaft der Paläoanthropologen recht kompliziert ist, wird die Frage nach der Arteneinteilung der Menschenaffen im Miozän nur noch von der Schwierigkeit der Nomenklatur übertroffen. Schuld an dem Durcheinander ist allerdings die Seltenheit fossiler Funde. Wir wollen uns hier auf drei menschenaffenähnliche Wesen beschränken, die vor 15 bis 10 Millionen Jahren existierten, und zwar den *Gigantopithecus,* den *Sivapithecus* und den *Ramapithecus*.

Letzterer, der *Ramapithecus,* ein kleines, vermutlich nur einen Meter großes Wesen, wird heutzutage als erster eigentlicher Hominide angesehen. Der *Sivapithecus* war schon größer als der *Ramapithecus,* und der ihnen verwandte *Gigantopithecus* muß, wie der Name sagt, riesig gewesen sein. Den einzigen Nachweis der Existenz eines *Gigantopithecus,* den wir bis heute erbringen können, basiert auf ein paar Exemplaren des massiven Kiefers. Wir wissen daher auch, daß dieses Wesen im Zuge seiner Entwicklung immer größere Kiefer ausbildete und schließlich vor etwa einer halben Million Jahren ausstarb. Zu diesem Zeitpunkt muß er eine Körpergröße gehabt haben, neben der wohl selbst ein Gorilla als Zwerg erschien.

Nicht viel mehr erfahren wir über den *Ramapithecus*: Weder wissen wir, was er tat, geschweige denn, wie er es tat. Aber mit Hilfe von ein paar Kiefer- und Zahnfragmenten, ein paar Stücken von Arm- und Beinknochen (insgesamt von zwölf Individuen) können wir versuchen, ein paar mehr oder weniger zutreffende Vermutungen anzustellen.

Doch zuerst die Tatsachen. Das Lebewesen, das wir *Ramapithecus* nennen, war klein und lebte in der Nähe von Bäumen, was man aus den Fundstellen ihrer versteinerten Überreste schließen kann. Es scheint aber, als hätte der *Ramapithecus* nicht im dichten Urwald gelebt, sondern den Waldsaum und vergleichsweise offenes Buschland bevorzugt. Überreste dieser unserer mutmaßlichen Urväter wurden in Kenia, in Indien, Pakistan, Griechenland, Ungarn, in der Türkei und in China gefunden. Offensichtlich war dieses kleine, menschenaffenähnliche Wesen besonders anpassungsfähig. Zunächst herrschte in der Zone, in welcher der *Ramapithecus* existierte, tropisches Klima, das sich weiter nach Norden erstreckte als heute und deshalb nicht nur ganz Afrika, sondern auch das südliche Eurasien erwärmte. Es gibt einige Anzeichen dafür, daß zu der Zeit, als die »regionalen« Umweltveränderungen in Ostafrika den Großen Graben entstehen ließen – vor 10 bis 15 Millionen Jahren also –, auch die Wälder der Alten Welt über enorme Flächen hinweg schrumpften. Diese Veränderungen beeinflußten nachhaltig die evolutionäre Metamorphose, der der *Ramapithecus* seine Entstehung verdankt.

Edgar Lewis, ein junger Yale-Student, entdeckte 1932 als erster den mutmaßlichen Vorläufer der ersten Hominiden. Bei Ausgrabungen in Haritalyangar, einem Dorf in der Nähe der Berge von Siwalik, etwa 75 Kilometer nördlich von Neu-Delhi, stieß Lewis, der bei seiner Einmannexpedition nur von einem Packpferd begleitet wurde, auf einen versteinerten Kiefer, der fraglos der Variante eines Menschenaffen angehört haben mußte, sich jedoch durch verschiedene, ungewöhnliche Charakteristika so stark von jenem unterschied, daß Lewis sozusagen wissenschaftlich den Sprung ins kalte Wasser wagte und ihn entschlossen der Familie der Menschen zuordnete, den Hominidae. Lewis nannte die von ihm gefundenen Überreste *Ramapithecus brevirostris*. *Ramapithecus* ist Gattungsname und bedeutet Ramas Menschenaffe*, *brevirostris* bezeichnet die Art und heißt plattnasig.

Im Grunde leitete Lewis seine Überzeugung, hier einen ersten

* Rama ist der Name eines Prinzen aus einem indischen Epos.

Hominiden entdeckt zu haben, aus der zu vermutenden, gedrungenen Gesichtsform ab. Dazu kam aber noch, daß er ein Loch im Kiefer entdeckte, das fraglos von einem Augenzahn stammte, den er zwar nicht mehr finden konnte, das ihn jedoch überzeugte, daß dieser Zahn beträchtlich kleiner gewesen sein mußte als der eines Menschenaffen.

Hier war der Beweis für eine neue Spezies, die sich auf den Weg zu anderen Lebensformen gemacht hatte. Doch die wissenschaftliche Welt war noch nicht bereit, Lewis' Entdeckung zu würdigen und ließ sie 30 Jahre lang unbeachtet. Louis Leakey, Richard Leakeys Vater, entdeckte 1961 im südlichen Kenia – und zwar im sogenannten Fort Ternan – ebenfalls Überreste des *Ramapithecus*. Zuerst fand er einen Oberkiefer – genauer gesagt, einen Gaumen –, dann kurz darauf einen Unterkiefer, der zu dem anderen Stück paßte, so daß man vermuten kann, es handle sich um die Kieferhälften ein und desselben Individuums. In der Nähe dieser Fossilien kamen noch zersplitterte Tierknochen zutage, die so aussahen, als wären sie absichtlich aufgeschlagen worden – vermutlich mit einem stumpfen Instrument. Überdies fand Louis Leakey einen Stein, der seiner Meinung nach Anzeichen dafür aufwies, daß er als Schlagwerkzeug benutzt worden war. Sollte der *Ramapithecus* vor 14 Millionen Jahren Tierknochen aufgebrochen haben, um das saftige Mark ausschlürfen zu können? Mag sein. Die Fakten sind jedoch wirklich zu dürftig, um stichhaltig sein zu können. Auf dem Höhepunkt der immer lebhafter geführten Debatte um die Klassifizierung der Menschenaffen des Miozän, die vor allem zwischen Louis Leakey, Elwan Simons und Professor David Pilbeam aus Yale geführt wurde, erfuhr Lewis' These die gebührende Anerkennung. Darüber hinaus wurden noch andere fossile Fragmente von Ober- und Unterkiefern, die in Indien und Pakistan aufgetaucht waren, der Gattung des *Ramapithecus* zugeordnet und der Yaleschen Sammlung einverleibt. Im Laufe der darauffolgenden zehn Jahre fanden Fossilforscher noch etliche Überreste, die als frühe Hominiden kategorisierbar erschienen. Da diese Leute jedoch in der Regel nicht die Möglichkeit hatten, ihre Ergebnisse mit dem Material in Yale zu vergleichen, trieb die Sucht nach Nomenklatur wunderliche Blüten. So wurden Funde als *Graecopithecus, Rudapithecus* und *Keniapithecus* benannt, die alle zum selben Typus gehören. Später wurde auf diese Begriffsinflation verzichtet. Man einigte sich auf die Bezeichnung *Ramapithecus*. Der Typus des *Ramapithecus* entwickelte sich aus den Menschenaffen des fühen Miozän, die Afrika bevölkerten, bevor dieser Kontinent vor rund 16 bis 18 Millionen Jahren mit dem südlichen Eurasien kollidierte –, wodurch das Mittelmeer entstand. In späteren Perioden trocknete dieses neue Meer verschiedentlich aus, so daß nur vier oder fünf riesige »Pfützen« zurückblieben, zwischen denen sich Moor- oder Buschland ausdehnte, das in zyklischen Abläufen vom Atlantik überschwemmt wurde. Erst vor wenigen Millionen Jahren brach der Atlantik sich wieder zwischen Südspanien und Nordafrika Bahn und bildete das Meer, das heute das Spülwasserbecken vieler Nationen ist.

Der *Ramapithecus* konnte sich also vor etwa 15 Millionen Jahren nach Südeuropa ausbreiten, da ihm das Mittelmeer damals noch nicht den Weg versperrte. Länger scheint er allerdings gebraucht zu haben, bis er das südliche Asien erreichte. Daher überrascht es nicht, daß die ersten Fossilien des *Ramapithecus,* die in Eurasien (nämlich in der Türkei) geborgen wurden, etwa 15 Millionen Jahre alt sind, während die aus Pakistan stammenden wesentlich jünger sind. Während der *Ramapithecus* seine Lebensräume auf den neuen Kontinenten, aber auch in seinem Stammland Afrika immer mehr ausdehnte, bildeten sich neue Arten heraus, die sich den regionalen Bedingungen anpaßten, von denen allerdings nur eine einzige in der Lage war, den späteren Hominiden zu entwickeln. Dieser Vorgang konnte nach unserem Dafürhalten ausschließlich in Afrika vonstatten gehen.

Um die Abstammungsgeschichte verfolgen zu können, muß man vor allem die Zähne genau untersuchen, denn sie liefern wesentliche Hinweise. Wenn man die Zähne eines heutigen Gorillas betrachtet, wird man feststellen, daß deren Anordnung spezifische Charakteristika aufweist: Sie sind sozusagen auf drei Seiten eines Rechtecks angeordnet. Die Augenzähne ragen wie spitze Türme über einer Schloßmauer aus dem Kiefer; die Schneidezähne sind breit und die leicht gezackten Backenzähne haben offensichtlich die Aufgabe, die Nahrung zu zermalmen. Die Nahrung eines Gorillas besteht fast ausschließlich aus Blättern und Zweigen – und gelegentlich ein paar fetten Larven, die an der Unterseite der Blätter hängen. Er benutzt seine Schneide- und manchmal auch die Augenzähne, um die Blätter und kleinen Zweige von den größeren Ästen abzustreifen und zermalmt dann die Nahrung zwischen den Backenzähnen – und zwar mit einer Bewegung, die von vorn nach hinten verläuft, denn die vorstehenden Augenzähne verhindern eine parallele Kaubewegung auf beiden Kiefern. Schimpansen dagegen sind weitaus wählerischer bei ihrer Nahrung. Sie fressen neben Früchten und Nüssen auch dann und wann Kleintiere.

Trotzdem gleicht ihr Zahnmuster im wesentlichen dem eines Gorillas. Ihre Augenzähne sind zwar kleiner als die der Gorillas, aber dennoch zu groß, um eine seitliche Kaubewegung zu ermöglichen.

Wie sieht nun im Vergleich dazu der Kiefer des *Ramapithecus* aus? Seine Schneidezähne sind klein, seine Backenzähne groß und durch reichlichen Gebrauch abgenutzt. Auch die Augenzähne sind klein, und der Kiefer ist eher V-förmig als rechteckig. Überdies fällt an Unterkiefer und Kinnbacken die kräftige Ausformung auf. Fast alle diese Kennzeichen deuten darauf hin, daß es sich hier um ein Lebewesen handeln muß, dessen Nahrung fester und zäher war und somit kräftig gekaut werden mußte. Außerdem weisen einige Überreste der Zähne, vor allem jedoch der Gesamtaufbau des Unterkiefers und der Kinnbacken darauf hin, daß der *Ramapithecus* bereits im Miozän seitlich gekaut haben muß – wie heutzutage alle Pflanzenfresser.

Im Vergleich zu der geringen Körpergröße des *Ramapithecus* waren seine Backenzähne ungleich größer als die der Schimpansen und Gorillas. Das gleiche gilt auch für den *Sivapithecus* und den *Gigantopithecus*. Außerdem ist die Schicht des Zahnschmelzes wesentlich dicker als bei den heutigen Menschenaffen. Auffallenderweise hat der heutige Mensch ebenfalls einen starken Zahnschmelz – genau wie seine Vorfahren im Pliozän und Pleistozän.

Diese Übereinstimmung zwischen dem *Ramapithecus* und dem modernen Menschen bei den Zahnformen weist darauf hin, welche Rolle die prähistorischen Nahrungsgewohnheiten im Zuge der Evolution gespielt haben.

Bevor wir uns jedoch ins allzu Spekulative begeben, wollen wir versuchen, aus den armseligen Fragmenten eines versteinerten Exkremitätenknochens eines *Ramapithecus* noch ein paar andere Hinweise abzulesen, und zwar vor allem über die Art der Fortbewegung; schließlich hat der aufrechte Gang eine Schlüsselfunktion in der Evolution des Menschen. Das kleine Stück eines acht Millionen Jahre alten Unterarmknochens, das in Pakistan gefunden wurde, ist so schmal, daß das Geschöpf, von dem dieser Knochen stammt, sich unmöglich auf solchen Armen fortbewegen konnte. Die Frage ist nun, ob dieses Fragment von einem *Ramapithecus* stammt, und wenn ja, ob der *Ramapithecus* sich dann bereits nicht mehr auf seinen vier »Füßen« fortbewegte – wie etwa der heutige Pavian –, sondern versuchte, ausschließlich auf den Hinterbeinen zu gehen? Wir können diese Frage nicht mit letzter Sicherheit beantworten, aber irgendwann einmal muß dies geschehen sein, denn zu der Zeit, aus der die Hominidenfossilien stammen, die wissenschaftlich brauchbar sind (also etwa vor drei Millionen Jahren), gingen unsere Ahnen aller Wahrscheinlichkeit nach bereits völlig aufrecht.

Im frühen Stadium kann daher der Weg vom waldbewohnenden Menschenaffen bis zur Entstehung dessen, woraus allmählich der Mensch wurde, folgendermaßen verlaufen sein: Der erste Schritt wurde getan, als vor 15 bis 12 Millionen Jahren einschneidende Umweltsveränderungen eine neue ökologische Schutzzone für ein waldbewohnendes Lebewesen schufen, das feste Nahrung zu sich nahm. Der zweite erfolgte, als vor etwa 12 bis 3 Millionen Jahren – genauer vor ungefähr 8 Millionen – die Fähigkeit, vom vierbeinigen zum zweibeinigen und somit aufrechten Gang überzugehen, lebensnotwendig wurde. Diese auslösenden Veränderungen zogen dann soziologische und ökologische Anpassungsformen nach sich, und damit kommt die Evolution zum Menschen erst richtig in Gang.

Warum entschied sich der *Ramapithecus,* zähfaserige Nahrung zu sich zu nehmen? Dies bedeutete auf jeden Fall, daß er mehr und mehr Zeit am Erdboden verbringen mußte, statt in den Bäumen. Warum wurden die Augenzähne kleiner? Warum begann er, auf zwei Beinen zu gehen, statt auf vieren, wozu doch ein weitaus geringerer Energieaufwand nötig war? Auf all diese Fragen suchen wir noch eine Antwort – bis jetzt können wir nur Vermutungen anstellen.

Wenn, was wahrscheinlich ist, im mittleren Miozän die riesigen Wälder schrumpften und dadurch die dort lebenden Menschenaffen einer erheblichen Bedrohung durch die Umweltveränderung ausgesetzt waren – wurden dann nicht alle Waldbewohner auf immer enger werdendem Raum miteinander konfrontiert und mußten um die abnehmenden Ressourcen kämpfen? Das würde bedeuten, daß die natürliche Selektion immer einschneidendere Folgen hatte. Aber das Abnehmen der Wälder führte andererseits zu einer Zunahme der Savannen und des Buschlandes. Und darin lag eine evolutionäre Chance. Jedes offene Savannengelände konnte ohne weiteres von kräftigen Pflanzenfressern und Raubtieren bevölkert werden, die ihrerseits wieder von Pflanzen lebenden Tieren als Beute auflauerten. Da der Üerlebenskampf für eine neue Tierart in den geschrumpften Wäldern wenig aussichtsreich war, bot sich ihr das Buschland als ökologische Nische an.

Damit soll natürlich nicht gesagt werden, der *Ramapithecus* hätte sich eines Tages entschlossen, die Nase ein bißchen ins frische Grün zu stecken und sich dann irgendwann einmal in die Savanne zu wagen, um auszuprobieren, ob man dort nicht auch leben könne. Dennoch muß darauf verwiesen werden, daß die höheren Primaten ein nicht zu übersehender ökologischer Opportunismus kennzeichnet. Wer weiß, ob der *Ramapithecus* nicht mit einem besonders hohen Quantum eben dieses Opportunismus ausgestattet war, der ihn dazu ermutigte, die schrumpfenden Wälder und damit die zunehmend schwierigen Lebensumstände zu verlassen und sich woanders anzusiedeln?

Wenn man den Vorgang jedoch weniger positivistisch betrachtet, muß man zu der Hypothese kommen, daß diese Spezies durch den zunehmenden Überlebenskampf schlicht aus ihrem gewohnten Raum gedrängt wurde und deshalb gezwungen war, sich eine neue ökologische Nische zu suchen. Was auch immer die Gründe für die Übersiedlung in einen neuen Lebensraum gewesen sein mögen, eines ist sicher: Der *Ramapithecus* gelangte dadurch nicht in eine Umgebung, die überreich an Nahrung war. Ganz im Gegenteil. Mit hoher Wahrscheinlichkeit läßt sich annehmen, daß er die meiste Zeit des Tages damit zubrachte, Wurzeln, Körner, Zweige, Nüsse, feste Früchte und Insekten zu sammeln, die er dann zwischen seinen kräftigen Backenzähnen wie zwischen Mühlsteinen zerrieb.

Dieses Verhalten ähnelt in gewisser Weise dem des dichtbehaarten Dschelada *(Theropithecus gelada),* der noch heute im äthiopischen Hochland lebt. Diese Tiere bewegen sich den ganzen Tag über im Schaukelgang durch die Gegend, drehen jeden Stein um und suchen nach Wurzeln, Sprossen oder Insekten, um dann die gewonnene Nahrung zwischen ihren abgeflachten, kräftig mahlenden Backenzähnen zu zerkauen. Auch besitzen sie die Fähigkeit, ihre Kiefer seitlich hin- und herzuschieben, um besser kauen zu können, und auch sie haben kleine Augenzähne.

Die Tatsache, daß unsere Vorväter kleine Augenzähne hatten, war jahrelang Gesprächsstoff für alle Paläoanthropologen und Anlaß zu üppig wuchernden Hypothesen. Dazu gehört die weitverbreitete Ansicht, daß kein Primat, der sich nicht selbst in Gefahr bringen wollte, gewagt hätte, im offenen Buschland, geschweige denn in der Savanne zu leben – es sei, er hätte scharfe, schwertähnliche Augenzähne, um Raubtiere damit in die Flucht schlagen zu können. Der *Ramapithecus,* so folgerte man weiter, müsse deshalb also Waffen *erfunden* haben, um die minimale Effizienz seiner Augenzähne zu kompensieren. Diese These paßt natürlich vorzüglich zu der Vermutung, daß der kleine Hominide auch Werkzeuge besessen haben müsse, um in seinem neuen Wohngebiet beispielsweise Wurzeln ausgraben zu können. Ein einfallsreicher Hominide müßte deshalb auch bald in der Lage gewesen sein, diese Werkzeuge als Waffen zu benutzen – um etwa hungrige Raubkatzen zu verscheuchen. So oder ähnlich lautete jedenfalls die Argumentation. Es ist zwar wahrscheinlich, daß der *Ramapithecus* tatsächlich Holzstücke benutzte, um damit Nahrung aus sonst unzugänglichen Ritzen oder Spalten zu kratzen. Es mag auch sein, daß er damit Zweige von den Bäumen geschlagen und Raubtiere verjagt hat. Bei der Abwehr von Feinden wollte er mit dem drohend geschwungenen Stock – wie gelegentlich heute noch die Schimpansen – jedoch eher sein Imponiergehabe intensivieren. Zwischen all diesen Tätigkeiten gibt es aber mit annähernder Sicherheit keine Verbindung zur geringen Größe der Augenzähne.

Um das zu erläutern, wollen wir uns die prachtvollen Exemplare der männlichen Olivenpaviane genauer ansehen. Diese geschmeidigen Tiere haben in ihrem Oberkiefer Augenzähne, die bis zu zehn Zentimeter lang sein können, hell glänzen und scharf sind wie Rasiermesser. Solche Zähne können tödliche Verletzungen beibringen, und doch ist dieses Tier das erste, das sich blitzschnell in den Schutz der Bäume verzieht, wenn ein Raubtier herannaht. Nur als allerletzten Ausweg benutzt das Männchen seine tödlichen Waffen und bleckt – in der sogenannten Drohhaltung – die Zähne gegenüber dem Angreifer.

Die Augenzähne des Pavians mögen also durchaus bei den seltenen Gelegenheiten, bei denen das Tier einer Konfrontation mit einem Raubtier nicht ausweichen kann, wichtig sein. Ausschlaggebend ist jedoch, daß ihre tatsächliche Funktion darin lag, die evolutionäre Schubkraft bei männlichen Tieren zu intensivieren, das heißt, sie spielen eine wichtige Rolle im Sexualverhalten. Und das wiederum bedeutet, daß ein Männchen, das mehr Weibchen begattet als seine Geschlechtsgenossen, auch eine umfangreichere Nachkommenschaft produziert und damit für Zuwachs innerhalb der eigenen Gattung sorgt. Darin liegt eine nicht zu unterschätzende Möglichkeit, dem natürlichen Selektionsprozeß zu trotzen. Männliche Lebewesen befinden sich daher in einem unaufhörlichen, wenngleich meist unterdrückten Wettkampf mit ihren Geschlechtsgenossen um die Gunst der weiblichen Tiere. In der Tierwelt nimmt dieser Wettkampf unzählige Formen an. Der Pfau schlägt ein Rad, das in allen Regenbogenfarben schillert, der Gorilla läßt seine Brust schwellen und sträubt sein silbrig schimmerndes Rückenfell, der Damhirsch trägt ein imponierendes Geweih, dessen Umfang von der Größe des Tieres bestimmt wird, und der Olivenpavian hat seine gleißenden Augenzähne.

Dieses Phänomen, das bereits Darwin vor hundert Jahren entdeckt und »sexuelle Selektion« genannt hat, ist überall in der Tierwelt zu beobachten. Das ist auch der Grund, weshalb die Männchen bei den Vögeln meist sehr attraktiv, die Weibchen eher unauffällig sind – letzteres ist der Preis, den sie dafür zahlen müssen, daß das ganze Gerangel der Männchen nur ihnen gilt. Außerdem soll die prächtige Aufmachung den Rivalen von vornherein davon überzeugen, daß er der Schwächere ist. Diese sexuelle Selektion hat ganz offensichtlich auch in der Humanevolution eine Rolle gespielt, denn bis heute sind Männer im Durchschnitt 10 bis 15 Prozent schwerer als Frauen. Zwar tragen die Männer nicht in allen Rassen Bärte, aber sie sind immer ein Sexualsymbol, das freilich in modernen westlichen Kulturen häufig eliminiert wird. Außerdem sind die Augenzähne der Männer zwar nicht sehr groß, aber immerhin entschieden größer als die von Frauen.

Was nun den *Ramapithecus* betrifft, so wollen wir uns noch einmal bewußt machen, daß die Ausstattung seiner Kiefer eine ökologische Notwendigkeit und keineswegs bereits eine »Kulturerscheinung« ist. Aber was wissen wir über sein Sexualverhalten? Schlichtweg nichts – zumindest nichts, was wir mit Fakten belegen könnten. Deshalb wollen wir zunächst den Gedanken weiterverfolgen, daß sich das Leben unserer frühesten Ahnen unter äußerst schwierigen Umständen abspielte und sie in ihrem neuen Lebensraum weitaus weniger Nahrung fanden als in den Wäldern.

Der *Ramapithecus* war mit an Sicherheit grenzender Wahrscheinlichkeit ein soziales Lebewesen, was insofern keine hergeholte Hypothese ist, als fast alle – vor allem jedoch die höheren – Primaten in einer Gruppengemeinschaft leben. (Eine Ausnahme bildet nur der monogame Gibbon, allerdings hat dessen Verhalten triftige ökologische Gründe.) Vermutlich ist die Ursache des Gruppenlebens darin zu sehen, daß die Mitglieder der einzelnen Gruppe sich gegenseitig – zum Beispiel vor Raubtieren – schützen können; vor allem impliziert das Gruppenleben jedoch ein praktikables, vorgefertigtes Erziehungssystem für die Jungen. Primaten müssen viel lernen; die Gemeinschaft bietet dazu die beste Möglichkeit.

Eine solche Gruppe kann sich aber unterschiedlich funktional zusammensetzen. Zwei extreme Möglichkeiten sind einmal die gemischte Gruppe, wo Männchen, Weibchen und Jungtiere zusammenleben; zum anderen die »Haremsgruppe«, in der mehrere Weibchen mit den Jungen unter Anführung eines einzelnen männlichen Tieres leben. Die Faktoren, die zu der einen oder anderen Gruppenform führten, sind mannigfach, schließen jedoch in beiden Fällen das Prinzip der sexuellen Selektion ebenso mit ein wie ein bestimmtes Versorgungssystem, also die Verteilung lebenswichtiger Nahrungsquellen.

Es ist zwar irreführend, wenn man von heute lebenden Primaten unkritisch auf die Lebensform der frühen Hominiden schließen will; eine sorgsame Analyse kann aber durch Analogieschlüsse bestimmter Verhaltensweisen zu annähernd brauchbaren Modellen führen. Wenden wir uns deshalb noch einmal dem Dschelada zu, den wir keineswegs als perfektes »Modell« für die frühen Hominiden betrachten, aber irgendwo müssen wir mit unseren Fragen ja ansetzen, und der Dschelada ist dafür ein wenig besser geeignet als jeder andere Primat. Wie bereits erwähnt, kommen die von den Zoologen zwischen Pavianen und Makaken angesiedelten Dscheladas im äthiopischen Hochland vor, wo die Nahrung ziemlich knapp ist. Von daher erkärt sich, daß diese Tiere in Haremsformationen leben, und zwar meist so, daß vier Weibchen eine Gruppe bilden, die von einem männlichen Tier zusammengehalten wird, das in der Regel doppelt so groß ist wie ein normales Weibchen. Das Männchen ist außerdem sehr stark behaart und trägt eine mächtige Mähne, die es äußerst eindrucksvoll erscheinen läßt – und zwar vor allem für seine Frauen und jedes männliche Jungtier, das auf der Suche nach einem Weibchen ist.

Evolution und natürliche Selektion determinieren die Form einer Gruppe immer nach Maßgabe dessen, was am meisten der Arterhaltung dient. Wenn in einer bestimmten Umgebung die Nahrung knapp ist, führt das Fortpflanzungsprinzip oft zur Bildung eines Harems, denn dann brauchen die Weibchen sich nicht mit vielen Männchen das Futter zu teilen, und das Männchen braucht nicht ständig um die Gunst der Weibchen zu buhlen. Dennoch gibt es natürlich auch in diesen Haremsformationen gelegentlich Streit um Besitzrechte. Die jungen, männlichen Tiere sind unzufrieden und lauern auf die nächstbeste Gelegenheit, mit einem Weibchen ihren eigenen Harem zu gründen. Wo immer die Art der Gruppenbildung auftritt, ist übersteigertes Sexualverhalten, der sogenannte »sexuelle Dimorphismus« zu beobachten. Ein Beispiel dafür ist die dichte Behaarung und der massige Körperbau des männlichen Dscheladas, ein weiteres die Tatsache, daß die männlichen Gorillas und die ostasiatischen Hulmans (zu den Languren gehörende Schlankaffen) muskulöser sind als die Weibchen – was wie gesagt auch auf die Spezies Mensch zutrifft.

Die Frage ist, ob der *Ramapithecus* ebenfalls in einer Haremsformation lebte, ob die Männer wesentlich kräftiger und größer waren als die Frauen, ob sie stark behaart waren, um noch massiger zu erscheinen, wie etwa die Dscheladas. Es ist möglich, aber wir wissen es nicht. Man kann einwenden, das alles seien dann doch nur unverbindliche Analogien – und bis zu einem gewissen Punkt mag das sogar zutreffen; allerdings nur dann, wenn man alle Fragen zu diesem Komplex jetzt und sofort beantwortet haben möchte. Wer jedoch bereit ist, die Frühzeit vorurteilslos zu betrachten und versucht, aus biologischen Gesetzen zu lernen – an deren Transparenz die Verhaltensforscher allerdings noch immer arbeiten –, wird letzten Endes die Wahrheit über das Leben unserer Ahnen vor 15, 10 oder 3 Millionen Jahren wesentlich besser kennenlernen. Der Tag wird kommen, an dem wir genug fossile Funde haben, um etwa die Frage beantworten zu können, ob die Männer größer als die Frauen waren. Und diese Antwort führt weit über einen simplen Vergleich der Physis beider Geschlechter hinaus: Sie gibt uns die Möglichkeit, die sozialen Fähigkeiten dieser Lebewesen postum erahnen zu können.

Sozialisation bedeutet Erziehung durch die Natur. Heranwachsende lernen im Schutz und unter der Anleitung von Erwachsenen, aber auch durch die schöpferische Phantasie, die jedem Spiel eigen ist, die sie umgebende Welt zu erkennen. Sie lernen dabei nicht nur, was sie essen können, wie und wo sie ihre Nahrung finden, welche Gefahren sie meiden müssen, sondern sie lernen vor allem – und das ist zweifellos das Wichtigste – sich selbst und die anderen Gruppenmitglieder kennen und mit ihnen zusammenzuleben. Je mehr ein Junges zu lernen hat, desto länger verläuft seine »natürliche Schulzeit«. Im Zuge der Humanevolution dauerte die Periode der Kindheit immer länger an, denn je komplexer das Lebewesen Mensch wurde, desto wichtiger wurde die Ausbildung der Intelligenz und Einfallskraft anstelle des vorprogrammierten Instinktverhaltens. Erziehung ist deshalb unabdingbar, um mit der Vielfalt des Gemeinschaftslebens fertig zu werden und darin bestehen zu können.

Der entscheidende Schritt, den der *Ramapithecus* getan hat, ist vermutlich, daß er lernte, aufrecht zu gehen. Wir wissen nicht, wie er lief, bevor er diese so ungewöhnliche Form der Fortbewegung annahm. Vielleicht auf allen vieren, ein wenig schaukelnd, wie etwa der Olivenpavian. Aber wir wissen es nicht genau und sollten auch nicht versuchen, allzu enge Analogien zu den modernen Primaten zu ziehen, denn die frühen Hominiden hatten höchstwahrscheinlich ureigene Verhaltensweisen. Gesichert ist jedoch die Tatsache, daß unsere Ahnen vor drei Millionen Jahren – also im Pliozän – aufrecht gingen, und zwar nicht wesentlich anders als die Menschen heutzutage.

Die Fähigkeit, aufrecht stehen und gehen zu können, gab dem *Ramapithecus* die Möglichkeit, seine Hände sinnvoll zu gebrauchen. Wenn es also zutrifft, daß er sich auf diese Art fortbewegte, so bedeutet dies auch, daß er Dinge tragen konnte, daß er lernte, ein Wurfgeschoß zu bedienen und genau zu zielen, kleine Gegenstände akkurat zu handhaben und vielleicht sogar eine Art Zeichensprache zu entwickeln. Eine neue Welt muß sich ihm eröffnet haben. Die evolutionäre Kraft, die den *Ramapithecus* in diese einzigartige Position katapultierte, muß enorm gewesen sein, denn diese neue Haltung erforderte eine radikale Umstrukturierung des Beckens und der Beine. Denn hier handelte es sich nicht um ein gelegentliches Gehen auf zwei Beinen, zu dem alle Menschenaffen – wenngleich unbeholfen – in der Lage sind, sondern um eine zum Habitus dieser Art gehörende aufrechte Fortbewegung.

Daß es dazu kam, wissen wir ebenso, wie die Vorteile dieser Art der Fortbewegung unbestritten sind. *Weshalb* es jedoch geschah, liegt für uns noch immer im dunkeln, denn die Vorteile werden erst erkennbar, wenn diese Fähigkeit bereits sehr weit entwickelt ist.

Über das Wie und Wann des sogenannten »Bipedalismus«, also des aufrechten Ganges, wurden zwei Theorien aufgestellt, und zwar einmal die »kulturelle«, zum anderen die »ökologische«. Keine von beiden ist allerdings sonderlich überzeugend.

Die Befürworter der »kulturellen« Theorie stellen das Werkzeug in den Mittelpunkt. Es gibt Wissenschaftler, die ernsthaft behaupten, die Notwendigkeit der Werkzeugherstellung habe den *Ramapithecus* geradezu dazu gezwungen, eine aufrechte Haltung zu entwickeln. Dieses Argument ist deshalb nicht überzeugend, weil die frühesten Steinwerkzeuge erst vergleichsweise spät unter den archäologischen Funden auftauchen, nämlich vor etwa drei Millionen Jahren. Außerdem waren sie noch sehr primitiv und können unmöglich von geschickten Händen geschaffen worden sein. Trotzdem waren unsere Vorfahren zu jenem Zeitpunkt bereits bestens für den aufrechten Gang ausgestattet – und dies wahrscheinlich schon seit einigen Millionen Jahren. Nur wer ernsthaft behauptet, die Kulturstufe jener Zeit basiere auf feingeschnitzten Holzstücken, die ja bekanntlich schnell verrotten und somit für den archäologischen Nachweis unwiederbringlich verloren sind, kann sich mit dieser Argumentation zufrieden geben. Da der Vor-Mensch nach einer Phase differenzierter Holzwerkzeuge jedoch kaum anschließend primitive Steinwerkzeuge produzierte, ist diese Version unhaltbar.

Was die früher bereits angedeutete ökologische Argumentation betrifft, so geht die Ansicht der Vertreter dieser Auffassung dahin, der *Ramapithecus* sei als Jäger in die Savannen gezogen, als sich die Wälder lichteten. Der kleine Bursche habe gar keine andere Möglichkeit gehabt, als sich aufzurichten, um überhaupt das hohe Steppengras überblicken zu können. Auch dieses Argument überzeugt nicht. Denn erstens haben wir nicht den geringsten Beweis dafür, daß unsere Vorfahren in jener Periode primär von der Jagd lebten – die Beschaffenheit ihrer Zähne läßt nämlich genau auf das Gegenteil schließen. Und zweitens ist es einigermaßen einleuchtend, daß der *Ramapithecus* diese neue Gangart bereits entwickelte, als er noch am Waldsaum, zumindest jedoch im Buschland lebte. Die Überlegung, daß das Gehen auf zwei Beinen so einem Lebewesen die Möglichkeit gibt, ein größeres Gebiet besser zu überschauen, ist allerdings verführerisch. Wenn der *Ramapithecus* tatsächlich gezwungen gewesen sein sollte, aus einer relativen Höhe ein weites Gebiet zu überblicken, um seine Nahrung zu finden, so war er wohl auch gezwungen, sich selbst einen ungewöhnlich großen Lebensraum abzustecken. Wäre der aufrechte Gang kräftesparender als die Fortbewegung auf vier Beinen, so hätte ihm das natürlich geholfen. Aber das stimmt nicht, denn der zweibeinige Gang erfordert mehr Energie als der vierbeinige. Und damit erweist sich dieses anscheinend plausible Argument als nicht stichhaltig.

Eine weitere Spekulation ist die Vermutung, daß eine Verbindung zwischen dem Energieaufwand, den der zweibeinige Gang erfordert, und der Nacktheit bestehen könnte. Auch wenn wir nicht wissen, ob der Hauptgrund für den Bipedalismus ein weit ausgreifender Lebensraum war, so wissen wir doch, daß die Hominiden sich zunehmend ausdehnten, als sie aufrecht zu gehen vermochten. Vermutlich konnten sie auch bereits Nahrung oder Gerätschaften tragen, was unter der tropischen Sonne eine schweißtreibende Angelegenheit war, die noch durch den zusätzlichen Energieaufwand erschwert wurde, den diese neue Art der

Fortbewegung forderte. Daher war es wichtig, den Körper nicht zu überhitzen, sondern vergleichsweise kühl zu halten. So ist die Entwicklung zahlreicher Schweißdrüsen und der rapide Rückgang der Körperbehaarung zu verstehen, die beide eine Besonderheit des Menschen im Gegensatz zu den Menschenaffen sind.

Wenn das zutrifft, so hätte die Nacktheit unserer Vorfahren eine biologische Bedeutung, die weit über den bloßen Mangel an dichter Behaarung oder Kleidung hinausgeht, denn der *Ramapithecus* hatte höchstwahrscheinlich – wie alle modernen Affen und Menschenaffen – eine rosafarbene Haut, die unter den sengenden Sonnenstrahlen sehr zu leiden gehabt hätte. Die evolutionäre Antwort darauf kann nur sein, daß sich überall am Körper dunkle Pigmentzellen gebildet haben, und die Haut so mit einer braunen Schutzfarbe versehen wurde. Diese frühe Farbtönung ging bei manchen Völkern zu dem Zeitpunkt verloren, als sie kühlere Teile der Welt zu bewohnen begannen, wo die dunkle Hautfarbe die Bildung von Vitamin D verhindert hätte.

Wie intelligent der *Ramapithecus* war, ist natürlich schwer zu sagen, denn wir haben ja nur die versteinerten Zähne und Kiefer gefunden, aber selbst diese wenigen Überreste liefern uns doch den Hauch eines Hinweises.Manche Funde lassen nämlich erkennen, daß die Mahlzähne, die Backenzähne also, verschieden stark abgenutzt sind. Am stärksten ist der vorderste, der erste Backenzahn beansprucht, der zweite etwas weniger und der dritte ist noch intakter. Ähnliche Beobachtungen macht man bei den Gebissen des *Sivapithecus* und *Gigantopithecus,* wobei die unterschiedliche Abnutzung hier allerdings nicht so ausgeprägt ist. Was hat das zu besagen?

Wir wissen alle aus eigener – teils schmerzlicher – Erfahrung, daß sich die zweiten Backenzähne in früher Jugend durch die Kiefer und das weiche Zahnfleisch schieben, wobei erstere an der Vorderseite des Kiefers hervorkommen, die letzten aber ganz hinten. Ein junger *Ramapithecus* mußte also seine Backenzähne benutzen, kaum daß sie aus dem Zahnfleisch schauten, und das heißt, daß sie sofort beansprucht wurden. Die Tatsache, daß der Grad der Abnutzung zwischen dem ersten und dem zweiten Backenzahn beträchtlich differiert, kann nur bedeuten, daß ziemlich viel Zeit zwischen dem Erscheinen des ersten und des zweiten, und dann wiederum des dritten Backenzahns vergangen sein muß. Das läßt nach unserer Meinung auf eine lange Kindheit schließen. Und da eine längere Kindheit wiederum auf intensivere Lebensvorgänge verweist, kann man davon ausgehen, daß der *Ramapithecus* vor etwa zehn Millionen Jahren ein Leben führte, das mehr Intelligenz erforderte als beispielsweise das des *Sivapithecus* oder *Gigantopithecus*.

Der *Giganthopithecus* ist überhaupt ein merkwürdiges Wesen. Er muß groß gewesen sein und hauptsächlich am Boden gelebt haben. Seine breiten, flachen Zähne lassen erkennen, daß er sich wie der *Ramapithecus* von zähen Pflanzen ernährt hat. Diese massige Kreatur scheint wenig Chancen für eine Weiterentwicklung besessen zu haben, denn wir wissen, daß er die gleiche Lebensweise bis ins späte Pleistozän, also vor etwa 500000 Jahren beibehalten hat – zumindest in Indien und China.

Ramapithecus und *Sivapithecus* müssen jedoch unmittelbare »Nachbarn« gewesen sein, denn ihre versteinerten Überreste werden oft zusammen gefunden. Die großen Schneide- und die hervorstehenden Augenzähne bedeuten allerdings, daß der *Sivapithecus* anders gelebt haben muß als sein kleinerer Zeitgenosse: Möglicherweise aß er mehr Blätter und weiche Früchte, was wiederum darauf hindeutet, daß er viel Zeit in den Bäumen verbrachte und aus luftiger Höhe seinen Verwandten bei deren Tätigkeiten am Boden zuschaute. Der den Wald beherrschende *Sivapithecus* könnte also in der Tat eine der Ursachen dafür gewesen sein, daß der *Ramapithecus* sein Glück auf dem Boden und außerhalb der Wälder versuchte.

Kapitel 3

Das unbekannte Dunkel

Wenn man an der Vorderseite des Lagers von Koobi Fora steht und in die untergehende Sonne schaut, sieht man die gegenüberliegende dunkle Bergkette als Silhouette vor dem klaren blauen Horizont. Aber das ist keine normale Bergkette, sondern ein Teil der Randaufwölbung des Ostafrikanischen Grabens.

Obwohl sich dieser Graben kaum merklich um einen Millimeter pro Jahr erweitert, wird er in einigen zehnmillionen Jahren kein Graben mehr sein, sondern ein Meer. Das warme, blaue Wasser des heutigen Indischen Ozeans wird dann langsam über die Randaufwölbung fließen. Das ist eine unvermeidliche Tatsache, die uns wieder einmal die Vergänglichkeit unserer Spezies auf dem Planeten Erde vergegenwärtigt.

Früher oder später wird auch der *Homo sapiens* aussterben. Denn wer will schon behaupten, daß seine Nachfahren in 20 Millionen Jahren noch immer existieren werden, um in diesem neuen Ozean, der sich dann nach Afrika hineinzieht, zu fischen und zu baden?

Die biologischen Gesetze geben jedenfalls keinerlei Anlaß zu solchem Optimismus. Dennoch wird jedermann klar sein, daß der Mensch in seiner allmählichen Evolution aus jener animalischen Welt etwas Neues erfand – und dieses Neue nennt man Kultur. Damit sind in unserem Zusammenhang nicht jene Schöpfungen gemeint, die Kunstgalerien schmücken oder Bücher füllen. Es ist die Fähigkeit, unserer Umwelt unseren Willen zu diktieren, statt mit Furcht und Zittern auf jeden Impuls von außen zu reagieren. Die einzigartige Mischung aus biologischen Gesetzmäßigkeiten und der Fähigkeit, sich aktiv mit seiner Umwelt auseinanderzusetzen, macht den *Homo sapiens* zu einem Lebewesen sui generis.

Selbstverständlich ist jede Gattung und Art auf ihre Weise einmalig – etwa durch ihr Aussehen oder durch bestimmte Verhaltensweisen –, denn nur dadurch definiert sich der Begriff »Spezies«. Menschen unterscheiden sich von anderen Gattungen und Arten nicht so sehr wegen der Dinge, die sie *tun,* sondern wegen der

Tatsache, daß wir Menschen mehr oder weniger tun *können,* was wir *wollen.* Das ist im Grunde das Geheimnis einer hoch entwickelten Kultur. Nur dies wird dann auch das Überleben der Spezies bestimmen.

Diese Mischung aus biologischer Gesetzmäßigkeit und Kulturfähigkeit, die das Phänomen Mensch bestimmt, kennt kein anderes Lebewesen. Nach der zoologischen Klassifikation, die Carl von Linné in der Mitte des 18. Jahrhunderts einführte, ist der *Homo sapiens* der einzige lebende Vertreter der Gattung *Homo* und der Familie der *Hominidae* (bekannter ist der Terminus Hominiden). Das heißt, der Mensch hat heute keine engen genertischen Verwandten mehr. Seine nächsten lebenden Verwandten sind die in der Familie der Menschaffen (*Pongidae*) zusammengefaßten Orang-Utans, Schimpansen und Gorillas. Etwas absolut Ungewöhnliches muß in unserer lang zurückliegenden Vergangenheit geschehen sein, das uns zu dem wahrhaft außergewöhnlichen Lebewesen machte, das wir heute sind, uns andererseits aber aller unserer einst lebenden Artverwandten beraubte. Dies führte dazu, daß im Gegensatz zur humangeschichtlichen Frühzeit heute kein anderer Hominide auf unserem Planeten mehr existiert.

Aber wie konnte dies geschehen? Wie konnten unsere Vorfahren die biologischen Zwänge sprengen und eine Kultur entwickeln? Und was bedeutet das für die Zukunft unserer Spezies? Wir stellen diese Fragen nicht nur deshalb, weil die hartnäckige, neugierige Intelligenz eine spezifisch menschliche Qualität ist, sondern weil die Antwort auf diese Fragen den Schlüssel zum langfristigen Überleben des *Homo sapiens* enthält. Wir müssen also, um unsere Zukunft gestalten zu können, unsere Vergangenheit kennen.

Es gab eine Zeit, in der man sich darauf kaprizierte, der Mensch müsse sich von einem affenähnlichen Ursprung aus völlig geradlinig entwickelt haben, gleichsam wie auf einer Treppe, deren Stufe jeweils einen weiteren Entwicklungsschritt kennzeichnete und mithin eine stetige Verbesserung eines bestimmten Grundmusters implizierte. Allerdings war es zu jener Zeit tatsächlich möglich, die fossilen Funde in den Rahmen der »einsamen Spezies«, wie man es nannte, zu pressen. Heute hat diese Theorie kaum noch Anhänger. Die neueren Befunde zeigen alle, daß sich aus dem Grundtypus *Ramapithecus* vor 13 Millionen Jahren drei hominide Untergruppen entwickelten, und zwar der Typus *Homo* und die beiden *Australopitheci*. Dies vollzog sich in einem Zeitraum vor ungefähr fünf Millionen Jahren. Weil aber aus der Zeit zwischen acht und vier Millionen Jahren vor unserer Gegenwart aus verschiedenen Gründen keine fossilen Funde vorliegen, können wir nur vermuten, wie sich unsere Vorfahren damals entwickelten. Die Struktur der Humanevolution ist jedoch klar: Es beginnt mit unserem ersten Ahnen, dem *Ramapithecus* vor 15 Millionen Jahren; vor drei Millionen Jahren hat sich die Hominiden-Familie bereits endgültig in eine Reihe verwandter Lebewesen aufgespalten, zu denen auch der Typus *Homo* gehört, aus dem sich schließlich der heutige Mensch entwickelte. Während der letzten evolutionären Phase starben alle anderen Hominiden aus. Der Geschichte einer anfänglichen Ausweitung der Hominidenfamilie folgte deren Reduzierung.

Wenn wir uns an den bisherigen fossilen Überresten orientieren, können wir daraus mit größter Wahrscheinlichkeit schließen, daß die dramatischsten Ereignisse auf dem Wege der Evolution auf dem afrikanischen Kontinent stattfanden. Der neuzeitliche Mensch bevölkert fast jeden Winkel dieser Erde von Afrika bis zur Arktis – was für jene enorme Anpassungsfähigkeit spricht, die uns zu so erfolgreichen Lebewesen machte. Der waldbewohnende Menschenaffe der Vorzeit muß jedoch warme Klimazonen bevorzugt haben, denn wir finden seine Überreste in Afrika, im südlichen Asien und in Teilen Europas, die vor 15 Millionen Jahren erheblich wärmer waren als heute. Die Hominiden, die vor fünf bis zwei Millionen Jahren lebten, scheinen allerdings wesentlich wählerischer gewesen zu sein: Bis heute tauchen ihre Spuren nur in Afrika und nirgendwo sonst auf.

Obwohl dieser Sachverhalt jedem Forscher bekannt ist, könnte es sich hierbei um Zufälle handeln. Denn daß aus dieser Periode keine nennenswerten Ausgrabungsorte in Europa und Asien vorhanden sind, mag auch daran liegen, daß die Überreste der Hominiden hier vielleicht zu tief in den Erdschichten vergraben und dadurch unzugänglich sind. Oder aber, daß sie während der drei Millionen Jahre durch Erosionen verweht oder durch die Klimaveränderungen während der Eiszeit vernichtet wurden. Es ist deshalb nicht von vornherein auszuschließen, daß wir auch außerhalb Afrikas fossile Überreste früher Hominiden entdecken. Es gibt Forscher, die die berechtigte Hoffnung haben, aufgrund ihrer Ausgrabungen in Pakistan, wo sie einige Reste des *Ramapithecus* zutage förderten, in jüngeren Gesteinsschichten höher entwickelte Hominiden zu finden. Aber vorerst ist die Tatsache nicht zu ignorieren, daß trotz beträchtlicher Anstrengungen Hominiden-

Fossilien, die ein Alter von fünf bis zwei Millionen Jahren aufweisen, ausschließlich in Afrika gefunden wurden.

Längst bevor das erste Fossilfragment in Afrika das Licht des Tages erblickte, hatte schon Charles Darwin postuliert, Afrika müsse die Wiege der Menschheit sein. In seinem Buch *Die Abstammung des Menschen und die geschlechtliche Zuchtwahl* von 1871, das er zwölf Jahre nach seinem epochemachenden Werk *Die Entstehung der Arten durch die natürliche Zuchtwahl* veröffentlichte, schrieb er: »Überall auf der Welt sind die lebenden Säugetiere ihren ausgestorbenen Artgenossen nahe verwandt. Daher scheint es möglich, daß Afrika vor langer Zeit von heute ausgestorbenen Menschenaffen bewohnt wurde, die dem Gorilla oder Schimpansen nahe verwandt waren; da diese beiden Arten nun aber die nächsten Verwandten des Menschen sind, ist es wahrscheinlicher, daß unsere frühesten Vorfahren in Afrika gelebt haben als anderswo.« Nur die Zeit und geduldiges Forschen in den geeigneten Erdschichten wird Darwin bestätigen oder widerlegen können. Beim gegenwärtigen Stand der Forschung spricht jedoch alles zu seinen Gunsten.

Eine weitere Vermutung, die uns in der Annahme bestärkt, Afrika sei die Heimat der Hominidenfamilie, liegt in der ständigen geologischen Unruhe des Ostafrikanischen Grabens, die zu sehr divergierenden Umweltsbedingungen geführt hat. Darin mag auch der Grund dafür zu sehen sein, daß es außerhalb Afrikas offensichtlich keine Hominiden während des Pliozän gab. Triftiger scheinen jedoch klimatische Bedingungen zu sein.

Während der letzten 50 Millionen Jahre muß die Erdtemperatur langsam, aber ständig zurückgegangen sein. Selbst in gemäßigten Zonen ist sie wohl um etwa 10° Celsius gefallen. Diese Abkühlung ging jedoch nicht gleichmäßig, sondern in zyklischen Wellen vonstatten. Auf kühlere Phasen folgten wieder wärmere. Wollte man dies also graphisch nachzeichnen, so dürfte man keine gerade, sondern müßte eine wellenförmige Linie ziehen. Geht die Kurve nach oben, dehnen sich die tropischen Regionen aus; geht sie nach unten, so schrumpfen sie.

Eine solche Ausdehnung der Tropen kann ungefähr vor 15 Millionen Jahren stattgefunden haben, und zwar kurz nachdem der afrikanische Kontinent wieder mit dem eurasischen zusammengestoßen war. Zu diesem Zeitpunkt besiedelten der *Ramapithecus* und andere tropische Säugetiere auch den südlichen Teil Eurasiens. Niemand hat bis heute für die nachfolgende Vermutung einen fossilen oder geologischen Nachweis erbringen können, aber es ist nicht von der Hand zu weisen, daß sich zu der Zeit, als sich allmählich aus dem *Ramapithecus* die weiteren Hominiden entwickelten, die Tropen wieder zurückzubilden begannen. Da das südliche Eurasien klimatisch für solche Tropenbewohner wie die ersten Hominiden ungeeignet war, ist es denkbar, daß sich der *Ramapithecus* und die auf ihn folgenden Hominiden einfach deshalb nicht weiter in Südeurasien ausgedehnt haben, weil das tropische Klima dort zurückging. Dennoch waren aller Wahrscheinlichkeit nach eine Vielzahl von Faktoren im Spiel, um Afrika zur Wiege der Menschheit zu machen, vermutlich sogar ein ganzes Netz wesentlicher Interaktionen, die für uns nur noch nicht erkennbar sind.

Wann immer ein Fossilfragment unserer Vorfahren ausgegraben wird, das zwei Millionen Jahre in den staubtrockenen Erdschichten Afrikas gelegen haben mag, kommen wir unserem Problem einen kleinen Schritt näher. Und wann immer eine prähistorische Lagerstätte unter den sorgsamen Händen eines Archäologen wieder das Licht der tropischen Sonne erblickt, können wir hoffen, die Lücken in unserer frühesten Geschichte erneut um ein winziges Stück aufzufüllen. Bedauerlicherweise liegen auf dem Weg, den die Menschheit während ihrer Entwicklung hinter sich gelassen hat, nur kleine, vereinzelte Bruchstücke: das Stück eines Unterschenkels, Schädelfragmente, Teil eines Fußes, ein halber Kiefer, zahlreiche Zähne, dann und wann ein fast vollständiger Schädel und mitunter ein paar Steinwerkzeuge. Mehr finden wir jedoch nicht in den Schichten der Erde, auf denen unsere frühesten Ahnen einst ihr Leben verbrachten.

Eine neuer wissenschaftlicher Zweig, die sogenannte Taphonomie, hat uns jüngst gelehrt, daß nach dem Tode eines Lebewesens die Chance relativ gering ist, daß es lange genug intakt bleibt, um überdeckt zu werden und zu versteinern. Das gilt für die sterblichen Überreste der frühesten menschlichen Geschöpfe ebenso wie für die eines jeden anderen. Allerdings mußte man das Fossilforschern nicht erst wissenschaftlich begründen, denn sie wußten es bereits aus bitterer, frustrierender Erfahrung. Man wird bescheiden, wenn man bedenkt, daß ein paar Tischplatten in einem einzigen Raum genügen, um alles auszubreiten, was an fossilen Überresten von unseren Vorvätern – eingeschlossen all ihrer biologischen Verwandten! – aus einem Zeitraum von fünf bis eine Million Jahren mit so viel Mühe ausgegraben wurde. Und was noch schlimmer ist: Eine ganz normale Schuhschachtel würde ausreichen, um die Fossilfunde aus der Zeit von 15 bis sechs Millionen Jahren vor unserer Gegenwart zu fassen!

Ein paar Meilen westlich der Schlucht von Olduvai fanden Mary Leakey und ihre Kollegen an einem Ausgrabungsplatz Kieferfragmente von Lebewesen, die vor fast vier Millionen Jahren existiert haben müssen und unsere direkten Vorfahren gewesen sein könnten. Zur Zeit ist sie damit beschäftigt, die versteinerten Fußabdrücke auszugraben, die diese Lebewesen vermutlich in der weichen vulkanischen Asche zurückgelassen und somit im wahrsten Sinne des Wortes ihre Spuren in den Sand der Zeit gegraben haben. Eine französich-amerikanische Gemeinschaftsexpedition, die in Südäthiopien arbeitet – und zwar genau an der Stelle, wo der breite Omo seinen orangefarbenen Schlamm ins jadegrüne Wasser des Turkana-Sees schiebt –, entdeckte winzige Quarzfragmente, die von Werkzeugen stammen, die vor rund zwei Millionen Jahren von Hominiden benutzt worden sind. Im nördlichen Teil Äthiopiens fanden Don Johanson und seine Mitarbeiter das erstaunlicherweise vollständig erhaltene Skelett einer jungen Frau, die vor drei Millionen Jahren gelebt hat und zu einer ungewöhnlichen Hominidenart zu zählen ist. Johanson nannte sie »Lucy«. Er und sein Stab stießen aber auch noch auf die Überreste einer Gruppe von etwa 30 Individuen, deren Knochen vor gut dreieinhalb Millionen Jahren in einer Schlucht in der Nähe des Sees begraben worden sind. Die Archäologin Hélène Roche fand unweit der Stelle, wo »Lucy« ausgegraben wurde, zweieinhalb Millionen Jahre alte Werkzeuge, die damit die unbestritten ältesten Gerätschaften im bisherigen archäologischen Bestand sind. Vom Ostufer des Turkana-Sees stammt der berühmte – manche sagen allerdings auch: der berüchtigte – Schädel, der nur die Nummer 1470 bekam. Dies ist der vollständigste Schädel, den wir von einem menschlichen Individuum besitzen, das vor wenig mehr als zwei Millionen Jahren existiert haben muß. In jüngster Zeit hat man aus den Ablagerungen am Seeufer bemerkenswert entwickelte Schädel von Individuen zutage fördern können, die vor eineinhalb Millionen Jahren gelebt haben. Diese jüngsten Ausgrabungen geben uns enorm wichtige Hinweise auf eine besonders kritische Phase unserer Evolutionsgeschichte – auf die Periode nämlich, als ein Teil unserer Vorfahren das heimatliche Afrika verließ und sich anderswo auszubreiten begann.

All diese Entdeckungen tragen mit dazu bei, unser Verständnis der menschlichen Vorgeschichte zu erweitern. Die direkte Aussage beschränkt sich allerdings auf die physische Erscheinungsform unserer Ahnen und ihrer nahen Verwandten, beziehungsweise, sie geben uns, um genauer zu sein, ein paar Hinweise auf die

Physis der frühen Hominiden, die auf den *Ramapithecus* folgten. Solange niemand das Glück hat, das komplette Skelett eines dieser Hominiden zu finden, können wir allerdings nur vermuten und raten.

Wir haben jedoch nicht nur kein vollständiges Skelett, das unserem Verständnis weiterhelfen könnte, sondern der gesamte Bestand der Fossilfunde reicht nicht einmal aus, um aus allen Bruchstücken eine identische Nachbildung herstellen zu können! Wenn wir versuchen würden, alle Fragmente, die wir bis jetzt besitzen, zum Skelett eines *Homo* zusammenzusetzen, würden wir nicht lange dazu brauchen – und zwar einfach deshalb, weil wir so wenig besitzen, was wir zusammenfügen könnten. Das Produkt wäre recht armselig: ein Schädel, ein Stückchen Armknochen, zwei Beine, ein halber Fuß und noch ein paar andere Teile.

Aus dem so rekonstruierten Skelett könnte kein Medizinstudent etwas über die Anfangsgründe der Anatomie lernen. Trotzdem kann der Prähistoriker erstaunlich viel daraus ableiten. Er kann zum Beispiel erkennen, daß das Gehirn unserer Vorfahren vor zwei Millionen Jahren größer wurde, daß der Kiefer anders geformt war als der eines jeden Menschenaffen, und daß diese Lebewesen aufrecht gingen – nicht anders als wir heute. Wir könnten also das Äußere dieser Lebewesen mit Hilfe eines solchen Skeletts doch recht sinnvoll rekonstruieren. Aber wir sind ja eigentlich daran interessiert, zu erfahren, *was unsere Vorfahren taten,* wie sie lebten, was wichtig für ihre Gemeinschaft war.

Knochen versteinern selten, Verhaltensweisen nie. Allerdings müssen wir erst das Verhalten unserer Vorfahren kennen, um uns selbst besser verstehen zu können. Immerhin sind ein paar aufschlußreiche Relikte erhalten geblieben, wie zum Beispiel steinerne Werkzeuge, verschwommene Konturen einer prähistorischen Lagerstätte, Tierknochen, die vermutlich Bestandteil eines Mahls gewesen sind, Fragmente eines Ockersplitters und schließlich, bei den jüngsten Fossilfunden, Hinweise auf ein Bewußtsein des Todes – als unsere Vorfahren nämlich begannen, ihre Toten zu bestatten. Trotzdem wird diese Aufzählung einer so komplexen sozialen Organisation nicht gerecht, die schon zu einer Zeit bestanden haben muß, als ihre Träger keine animalischen Verhaltensweisen mehr besaßen, aber auch noch keine vollständig entwickelten Menschen im heutigen Sinne waren. Die Lebensweise unserer Vorfahren war weder eine primitive Stufe unserer eigenen, noch die besser entwickelte eines Menschenaffen. Sie war etwas ganz Eigenes – und wir wollen herausbekommen, wie diese spezifische Verhaltensweise strukturiert war.

Wenn wir aus den fossilen Beständen, die wir nun gleichsam auf einer Tischplatte vor uns liegen haben, diejenigen aussortieren wollten, die ungefähr drei bis zwei Millionen Jahre alt sind, könnten wir sie in verschiedene Kategorien einteilen.

Natürlich ähneln sich die Knochen der einzelnen Kategorien sehr – schließlich gehören sie zur selben Familie, eben den Hominiden. Und dennoch repräsentiert jede Kategorie einen absolut verschiedenen Typus. Da wir jedoch so wenig Beweisstücke haben, bleibt natürlich sehr viel Spielraum für die unterschiedlichsten Interpretationen. Diese Problematik wird noch dadurch verschärft, daß jede Spezies in sich eine große Bandbreite verschiedenster Erscheinungsformen aufweist – man braucht ja nur die eigenen Mitmenschen zu betrachten.

Es könnte sein, daß die Unterschiede im Aussehen ausgestorbener Völker so groß sind, daß ein Forscher zu der Fehlinterpretation gelangt, es handele sich um unterschiedliche Gattungen, obwohl es in Wirklichkeit nur Varianten ein und derselben Spezies sind. Und als wäre dies nicht schon kompliziert genug, muß man der Wahrheit halber hinzufügen, daß sich die Paläoanthropologen bis heute noch nicht auf brauchbare Kategorisierungen einigen konnten, die es erlauben, Fossilien verläßlich der einen oder anderen Gruppe zuzuordnen. Deshalb kann es nicht überraschen, wenn sechs Forscher mit aller Wahrscheinlichkeit sechs verschiedene Rubrizierungen vornehmen. Sicher ist es verständlich, daß es einige Meinungsverschiedenheiten wegen der Zuordnung zu den einzelnen Kategorien gibt, aber die Divergenzen beginnen ja schon damit, daß man sich über die Anzahl der Untergruppen nicht einigen kann. Mit anderen Worten: Der Dissens geht nicht nur darüber, aus welchen verschiedenen Typen sich die Familie der Hominiden vor drei oder zwei Millionen Jahren zusammengesetzt hat, sondern welches Fossil welchem Typus zugeordnet werden soll.

Wesentlich ist jedoch einzig und allein die Tatsache, daß zu diesem Zeitpunkt mehr als *ein* hominider Typus existierte. Manche Wissenschaftler werden sich, wie gesagt, unserer Argumentation verschließen. Wir gehen jedoch davon aus, daß in Ostafrika mindestens drei verschiedene Hominidentypen mehr oder weniger gleichzeitig und nebeneinander lebten. Da ist zunächst der nur etwas über einen Meter große *Australopithecus africanus,* dann der ihm nahe verwandte *Australopithecus boisei,* der etwa so groß war wie der *Homo habilis,* aber weniger muskulös. Außerdem hatte er mächtige Kiefer und einen massigen Schädel. Schließlich der *Homo habilis* selbst. Er ging aufrecht, maß etwa 120 bis 150 Zentimeter und hatte einen bemerkenswert großen Schädel. Möglicherweise gibt es noch eine vierte Gruppe, die wir jedoch kaum zu spezifizieren vermögen, der aber Don Johansons »Lucy« angehört haben könnte. Es ist denkbar, daß es sich dabei um die letzten Nachfahren des menschenaffenähnlichen, am Waldsaum lebenden *Ramapithecus* gehandelt hat.

Trotz vieler Ähnlichkeiten lebte jeder Typus auf andere Weise und teilte sich, um zu überleben, mit dem anderen die Nahrungsquellen. Dabei waren ihre unterschiedlichen Existenzformen einfach die Folge einer evolutionären Divergenz. Diese Koexistenz dürfte über einen langen Zeitraum hinweg angedauert haben, aber dann muß etwas geschehen sein, was alles veränderte. Vor ungefähr einer Million Jahren existierte nämlich nur noch ein einziger hominider Typus, aus dem sich allmählich dann der *Homo sapiens* entwickelte. Die anderen drei starben aus und hinterließen keine Abkömmlinge. Wir heutigen Menschen sind die einzigen Überlebenden aus der Familie der Hominiden.

Wenn wir uns die Entwicklung unserer Vorfahren seit dem Miozän noch einmal vor Augen halten wollen, so sehen wir ein Wesen, das, wie auch immer, in das unbekannte Dunkel vor acht Millionen Jahren vordrang, um fünf Millionen Jahre danach aufrechten Hauptes und Gangs wieder aufzutauchen. Und so entstanden aus einem Urwesen, eingehüllt in bislang ungelichteten Nebel, vier verschiedene Typen, nämlich eine Art Überbleibsel des *Ramapithecus,* der *Australopithecus boisei,* der *Australopithecus africanus,* und schließlich der *Homo habilis*.

Kapitel 4

Vier hominide Typen

Der erste Eindruck, den man von der weiteren Umgebung des Turkana-Sees gewinnt, ist der eines trockenen Brachlandes, das nur ein sehr bescheidenes Dasein ermöglicht. Während der Trokkenperiode erwärmt die Sonne den braunen Sandstein tatsächlich bis zur Siedehitze. Man kann sich kaum vorstellen, daß sich Leben in dieser flirrenden Hitze behaupten kann. Aber am Ufer leben mehr als 300 verschiedene Vogelarten, zu denen auch zahllose Flamingos, Pelikane, Löffelreiher, Störche und Gänse gehören. Überall räkeln sich Krokodile und Flußpferde, im Ufergras weiden nicht weniger Zebras, Steppengazellen und Leierantilopen als sonstwo in Afrika; im Schutz der Uferböschung leben Rhinozerosse und Warzenschweine. Ein Mitarbeiter unseres Forschungsstabs war so angetan von dem Interesse, das zwei solche Tiere seiner Arbeit entgegenbrachten, daß er die Gegend »Warzenschwein-Canyon« taufte. Die pflanzenfressenden Tiere liefern ausreichend Nahrung für Löwen, Schakale und Hyänen, und vor weniger als 100 Jahren gab es noch große Elefanten- und Wasserbüffelherden.

Heute gleicht die Topographie einem Flickenteppich aus trokkenem Sandsteingelände, grasbewachsenem Ufer, Buschland und schmalen Waldsäumen, die sich den zahlreichen Flußbetten entlang zum See hinunterwinden. Genießbares stehendes Wasser außerhalb des Sees gibt es nur bei Derati, einer Quelle am östlichen Abhang der Randaufwölbung des Großen Grabens. Der See selbst ist alkalihaltig. Alle drei Wochen fahren ein paar Arbeiter vom Koobi-Fora-Camp mit einem Lastwagen nach Derati und holen fast 4000 Liter kristallklares Wasser. Leider bleibt das köstliche Naß nicht lange frisch, denn im Camp muß es in alte Benzinkanister umgefüllt werden.

Obwohl das Seeufer zur Hälfte Brachland ist, weist es eine reiche Flora auf. Nach kurzen, aber äußerst heftigen Regenfällen im April, Mai und November steht das ganze Land im Schmuck der schönsten Blüten. Schon ein paar Tage, nachdem es geregnet hat, breitet sich ein purpurner Blütenteppich bis zum sandigen Ufer aus, und wo immer statt Sand ein wenig Erde liegt, verfärbt sich der Teppich gelb von winzigen Butterblumen, die ihre Blüten mit der Sonne von Ost nach West wenden. Wer einmal in dieser Periode üppigster Blüten und Farben auf der kleinen Piste von Koobi Fora gelandet ist, wird diesen Eindruck nie vergessen. Die Akazien, die man in dieser Gegend »Anabaum« nennt, beginnen schon zwei bis drei Wochen vor den großen Regenfällen zu blühen. Sonst strecken sie das ganze Jahr über ihre dürren Äste mit den zahlreichen Dornen in die Luft, aber kurz bevor der Regen kommt, verändern sie sich völlig, sind über und über mit zarten weißen Blüten bestäubt, als wäre Schnee darauf gerieselt.

Am Ufer des Turkana-Sees wächst auch die Sanseverie, die hier einfach »Olduvai« genannt wird. Sie wird weniger ihrer Blüten als ihrer Heilkräfte wegen geschätzt. Sie wächst fast überall im Ostafrikanischen Graben und hat auch der Schlucht von Olduvai den Namen gegeben. Wenn man die dicken, geraden Blätter zerreibt, tritt eine klare Flüssigkeit aus, die wegen ihrer antiseptischen und ihrer Wunden verschließenden Wirkung als Wundpflaster geeignet ist. Wie die Nomaden dieser Gegend, so haben sich auch zwei Generationen von Leakeys dieser Heilpflanze bei allen möglichen Verletzungen während ihrer Exkursionen bedient, denn sie hat größere therapeutische Kräfte als alles, was die pharmazeutische Industrie unseres Jahrhunderts auf diesem Gebiet entwickelt hat. Bill Montague, dem Leiter des Primaten-Forschungszentrums in Oregon, hat diese Pflanze nach einem schlimmen Unfall im Jahre 1976 in der Nähe von Koobi Fora so geholfen, daß er beschloß, den Saft der Sanseverie wissenschaftlich analysieren zu lassen, um die Ursachen seiner Wirkung zu erforschen. Da Richard Leakeys Frau Meave 1972 den Beweis dafür erbringen konnte, daß der *Homo habilis* vor zwei Millionen Jahren am Ufer des Turkana-Sees lebte, kann man davon ausgehen, daß die Heilkraft dieser Pflanze wohl auch schon unseren frühesten hominiden Vorfahren bekannt war.

Für Meave Leakey ist 1972 ein Jahr, das sie nie vergessen wird. Damals wurde nicht nur ihr erstes Kind, Louise, geboren, sondern sie war auch hauptverantwortlich für die mühselige Aufgabe, einen außerordentlich wichtigen Hominiden-Schädel zu rekonstruieren, der in etwa zwei Millionen Jahre alten Ablagerungen in der Nähe von Koobi Fora gefunden worden war. Und wie sich erweisen sollte, ergab sich ein nicht unwesentlicher Zusammenhang zwischen Louises Geburt und der Rekonstruktion dieses Schädels.

Louise wurde im März in einem Krankenhaus in Nairobi geboren. Vier Monate später war sie das jüngste Mitglied der Forschungsgruppe von Koobi Fora. Im Spätsommer landete sie im Arm ihrer Mutter in einer einmotorigen Maschine auf der kleinen Landebahn. Meave Leakey, die über Primatenanatomie promovierte, hatte sich schon sehr lange mit tierischen Fossilien, vor allem Affen, beschäftigt und war nicht bereit, ihre Arbeit in Koobi Fora wegen ihrer Mutterschaft aufzugeben. Louise kommt heute noch regelmäßig zu Besuch nach Koobi Fora und hat jetzt in ihrer jüngeren Schwester Samira auch eine Spielgefährtin.

Vier Tage bevor Meave und Louise mit Richard Leakey nach Koobi Fora flogen, war Bernard Ngeneo, ein Mitarbeiter, ungefähr 20 Kilometer in nordöstlicher Richtung gefahren, um dort routinemäßige Felduntersuchungen durchzuführen. In der dortigen Gegend schneiden die kurzen, heftigen Regenfälle tiefe Schneisen in die Jahrmillionen alten Sedimente, die in ihrer Zusammensetzung denen rings um den See sehr ähnlich sind. Eine bestimmte Schneise war immer wieder durchforscht worden, so daß allmählich ein gut begehbarer Pfad entstanden war. Dicht daneben lagen ein paar meist kleine Knochenfragmente. Viele Menschen mußten sie schon gesehen haben, ohne darauf zu achten. Bernard Ngeneo machte sich die Mühe, sie genauer zu betrachten, ohne ein bestimmtes Motiv dafür zu haben. Er untersuchte sie sorgfältig und stellte fest, daß es Knochenfragmente eines Schädels, und zwar eines Hominidenschädels sein mußten.

Die Partie, die Ngeneos Aufmerksamkeit zuerst erregt hatte, gehörte zur Stirn, aus deren Krümmung abzulesen war, daß es sich hier um einen ungewöhnlich großen Schädel handeln mußte. Wind und Regen hatten diesen Knochen mindestens ein Jahr zuvor schon ausgewaschen, so daß er sich jetzt bereits zu zersetzen begann. Da jedoch so viele Knochenfragmente bereits freigelegt waren, schien die Chance groß, noch genügend Teile zu finden, um aus der Gesamtheit beurteilen zu können, ob es sich hier tatsächlich um einen ganz besonderen Hominidenschädel handelte. Die Aufregung in Koobi Fora war groß und wuchs immer mehr, je mehr Knochenfragmente sorgsam ausgesiebt und zum Lager gebracht wurden. Meave übernahm sofort die Aufgabe, die Teile zusammenzusetzen, weil sie, wie sie sagte, sich ja ohnehin um Louise kümmern und deshalb im Lager zurückbleiben müsse. Nach und nach kamen etwas mehr als 300 Einzelteile zusammen, die manchmal die Größe einer Streichholzschachtel hatten, meist jedoch kleiner als ein Fingernagel waren. Meave Leakey sagte: »Mir kommt es wie ein dreidimensionales Puzzlespiel vor, von dem man nicht weiß, wie groß es sein wird, welche Form es haben soll und aus wievielen Teilen es besteht. Das ist sehr spannend.« Die meisten Menschen würden die Aufgabe, ein solches Puzzle zusammenzusetzen, als Alptraum empfinden. Nicht so Meave. Für sie war es eine phantastische Erfahrung. »Man ist ganz außer sich vor Freude, wenn man wieder ein passendes Stück gefunden hat, denn man denkt die ganze Zeit daran, man träumt sogar davon. Manchmal kommt einem mitten in der Nacht eine Idee, wo sich ein bestimmtes Stück einpassen lassen könnte, und dann muß man es sofort ausprobieren.«

Fünf Wochen lang beschäftigte sich Meave damit. Manchmal halfen ihr die anderen mit mehr oder weniger Geschicklichkeit. Fünf Wochen lang mußte sie unzählige Einzelheiten im Kopf behalten, sich an Form und Größe der einzelnen Teile erinnern, allmählich die Form des Schädels rekonstruieren und Stück um Stück mühsam immer wieder verschieben, bis jedes an der Stelle war, wo es hingehörte. In der erfrischenden Kühle der Strohhütte, die nur ein paar Schritte von den sanft dahinrollenden Wellen des grünschillernden Sees entfernt liegt, unterbrach sie ihre Arbeit nur, um Louise zu füttern oder gelegentlich ein wenig auszuruhen. »Man kann sich nicht unentwegt damit beschäftigen – vor allem dann nicht, wenn es nicht weitergehen will. Manchmal gibt es Tage, wo man nicht ein einziges passendes Stück findet – und das ist dann ganz schön frustrierend.« Aber Meave hat nicht nur eine ungewöhnliche Geduld und Ausdauer, sondern eine wirkliche Begabung für dieses komplizierte Spiel. »Ich habe immer gerne Puzzles gemacht, und als Kind habe ich alle Stücke durcheinandergeworfen, wenn ich eines zu leicht fand.«

Sobald der Schädel wieder Form annahm, bestätigte sich die erste Vermutung. Es war klar, daß es sich hier tatsächlich um etwas Besonderes handelte: Das Schädelvolumen war auffallend groß (fast 800 Kubikzentimeter), der Kopf selbst jedoch schmaler und das Kinn trat weniger hervor als bei primitiveren Australopithecinen. Im Endstadium der Rekonstruktion wurde der Schädel in das Museum von Nairobi gebracht, wo der englische Anatom Alan Walker die letzten Korrekturen vornahm. Während dieser Zeit hatte Louis Leakey in dem Arbeitszimmer des Museums, das ihm zur Verfügung stand, Gelegenheit, den Schädel eingehend zu untersuchen. Für ihn war dies eine besondere Genugtuung, denn damit bestätigte sich seine Überzeugung, daß sich die Spezies *Homo* schon vor über zwei Millionen Jahren entwickelte. Zu diesem Zeitpunkt teilten die wenigsten Fachleute Leakeys Ansicht. Kurz danach trat Louis Leakey eine Vortragsreise durch Europa und die Vereinigten Staaten an. Eine Woche nach Beginn seiner Fahrt erlag er am 1. Oktober 1972 in London einem Herzanfall.

Aus irgendeinem Grund bekam dieser Schädel nie einen richtigen Namen. Als er sich noch in Koobi Fora befand, sprach man einfach von »Ngeneos Schädel«, und schließlich wurde er ganz prosaisch mit der Katalognummer des Nationalmuseums bezeichnet, nämlich als »1470«. Es besteht kein Zweifel, daß es sich hier um die Spezies *Homo* handelt, also um einen unserer direkten Vorfahren, der vor ungefähr zwei Millionen Jahren am Ufer des Turkana-Sees lebte und starb.

Die Bedeutung von »1470« liegt nicht nur in seinem Alter, sondern auch darin, daß es sich hier nach der sorgsamen Rekonstruktion um den größten Fund dieser Art handelt. Schädeldecke und Gesicht sind völlig intakt, wohingegen der Unterkiefer fehlt. Vielleicht hat eine hungrige Hyäne oder ein anderer Aasfresser diesen Teil aus dem Kopf des Toten gerissen. Wir werden es nie erfahren, da der Unterkiefer trotz gründlicher Durchforschung der umliegenden Sedimente nie gefunden wurde. Erkennbar ist lediglich, daß der Schädel von »1470« kurz nach seinem Tod von einer Maus angenagt wurde, denn noch heute sind die winzigen Spuren deutlich sichtbar.

Inzwischen können wir ziemlich sicher sein, daß die Rekonstruktion von »1470« dem Schädel entspricht, der vor ungefähr zwei Millionen Jahren in der heißen afrikanischen Sonne zu bleichen begann. Es gibt nämlich ein unangefochtenes Gesetz im Forschungszentrum von Koobi Fora, wonach zur Rekonstruktion nur die Teile benutzt werden dürfen, deren Zugehörigkeit zu den anderen Partien unbestritten ist. Die Versuchung, dem Restaurierungstrieb freien Lauf zu lassen, ist mitunter sehr groß, aber es hat wenig Sinn und führt nur zu Irrtümern, ein paar fossile Stücke in eine Unmenge Gips einzupflastern – nur um etwas »rekonstruiert« zu haben.

Zwar gibt die Vergangenheit ihre Geheimnisse nicht gerade großzügig preis, aber gerade deshalb müssen wir alle erdenkbare Vorsicht walten lassen, damit wir die wenigen Funde nicht falsch interpretieren. Am besten erläutert dies das Beispiel des Schädels »1470«. Noch heute, fünf Jahre nach seiner Entdeckung, gibt es im Hominidenraum des Nationalmuseums von Nairobi eine Lade, in der man ein paar Splitter aufbewahrt, die immer wieder herausgeholt und neu in den Schädel eingepaßt werden. Doch solange sie nicht haargenau in die offenen Stellen eingefügt werden können, bleiben sie erst einmal, wo sie sind, bis sie eines Tages vielleicht doch am genau richtigen Platz sitzen.

Als »1470« und seine Zeitgenossen lebten, war die Region um den Turkana-See feuchter, der Wasserstand höher und die Ufer etwa 15 bis 20 km länger. Auch die Vegetation war üppiger als jetzt, alles blühte und grünte wie auf einem Flickenteppich aus Wiesen und Wäldern. »1470« sah nicht nur die gleichen Tiere, Vogelarten und Pflanzen, die heute dort leben, sondern noch ein paar mehr.

Diese gemischt-ökologische Fauna und Flora in Wassernähe ist überall dort zu finden, wo bisher in Ostafrika hominide Funde entdeckt wurden: im Hadar, am unteren Omo und in der Schlucht von Olduvai. Alle diese Regionen kennzeichnet dieselbe ökologische Formation. Die meisten Tiere müssen nahe genug am Wasser leben, um mindestens einmal am Tag ihren Durst stillen zu können. Im Vergleich zu den Tieren sind Menschen jedoch – und aller Wahrscheinlichkeit nach auch die ersten Hominiden – in besonderem Maße vom Wasser abhängig. Sinnvollerweise suchten sich daher unsere Vorfahren ihren Lebensraum am Ufer eines Sees oder eines Flusses. Allerdings basiert diese Hypothese notwendigerweise auf dem archäologischen Befund, da es an Orten, wo kein Wasser sanft an ein Seeufer schwappt oder breite Ströme ihren feinen Schlick abladen, überhaupt nicht die Möglichkeit gibt, daß etwas versteinern kann. Daher besteht auch keine Chance, anderswo als in den beschriebenen Formationen Äonen später die Spuren eines hominiden Skeletts zu finden.

Selbstverständlich lebte »1470« im Umfeld anderer prähistorischer Geschöpfe und manche Lebewesen glichen heutigen, für die meisten gibt es sogar moderne »Modelle«, mit Ausnahme des *Australopithecus africanus* und *Australopithecus boisei.* Diese beiden Hominiden gingen aufrecht. Neben dem Menschen gibt es jedoch kein einziges Lebewesen, das einen habituell aufrechten Gang ohne Benutzung der oberen Extremitäten ausführen könnte.

Deshalb bildeten also drei verschiedene Hominidentypen vor zwei Millionen Jahren ein wichtiges Element des Lebens in der Turkana-Region. Als viertes, allerdings weniger ins Auge fallendes, wäre noch ein Abkömmling des *Ramapithecus* dazuzuzählen. Die Paläoanthropologen konnten sich lange Zeit in den Fragen der Nomenklatur nicht einigen. Auch heute streitet man sich gelegentlich noch darüber, ob ein bestimmtes Fossil dem *Homo habilis* zuzuschreiben sei oder dem *Australopithecus*. Aber selbst die Unterscheidung zwischen dem *Australopithecus robustus/boisei* (auch *Paranthropus*) und dem *Australopithecus africanus/gracilis* ist nicht stringent genug, um nicht beide gelegentlich doch derselben Spezies zuzuschreiben. Deshalb sind die verschiedenen Bezeichnungen noch nicht endgültig sanktioniert. Manche Fachwissenschaftler unterscheiden darum zwischen dem *Paranthropus* und den Australopithecinen, andere rechnen beide zu den Australopithecinen, indem sie den *Paranthropus* unter der Bezeichung *Australopithecus robustus* führen.

Wahrscheinlich lebten alle Arten dicht zusammen und teilten sich die Wasserquellen. Vielleich zogen sie auch gemeinsam durch die ausgetrockneten Betten von Regenflüssen zu frischen Quellen wie heute noch die Dassanetch nach Derati – vielleicht auch zu Quellen, die inzwischen gar nicht mehr existieren. Möglicherweise lagen sie wie heutige Afrikaner unter Bäumen, um Schutz vor der gleißenden Mittagssonne zu finden. Vielleicht lebten sie aber auch absichtlich voneinander getrennt – die einen am Waldrand, die anderen im Buschland, die dritten am Seeufer und die vierten womöglich irgendwo dazwischen. Wir wissen es nicht. Die Logik biologischer Gesetzmäßigkeiten legt jedoch die Vermutung nahe, daß ihre Lebensform eher die einer teilweisen Integration als die einer strikten Absonderung war.

Aus dem fossilen Bestand, den wir um den Turkana-See gewonnen haben, läßt sich ablesen, daß die drei wichtigsten hominiden Typen über einen Zeitraum von mindestens einer, wahrscheinlich sogar von zwei Millionen Jahren hinweg zusammenlebten und die Australopithecinen vor ungefähr einer Million Jahren allmählich ausstarben. Zumindest in der Frühzeit ihrer Existenz an den Ufern des Turkana-Sees waren sich die beiden Australopithecinen und der *Homo* physisch ziemlich ähnlich, unterschieden sich jedoch durch ihre Lebensform. Tiere können über lange Zeit hinweg auf dem gleichen Raum miteinander auskommen, sofern sie sich aus absolut verschiedenen Ressourcen nähren. So können zum Beispiel Schimpansen und Gorillas im selben Gebiet leben, obgleich beide überwiegend Pflanzenfresser sind, weil Gorillas nur Blätter und Zweige, Schimpansen dagegen auch gerne Früchte und andere Nahrung fressen. Man kann daraus mit einiger Sicherheit schließen, daß die Nahrungsgewohnheiten der verschiedenen Hominiden einigermaßen voneinander abwichen, obgleich sie sich sicherlich dann und wann überschnitten. Wäre das nicht so gewesen, dann wäre infolge des unerbittlichen Gesetzes der natürlichen Selektion die eine oder andere Art schon wesentlich früher zum Untergang verurteilt gewesen.

Im Laufe der Zeit lösten sich die Verhaltensweise und die Art der sozialen Organisation des *Homo* von denen seiner hominiden Verwandten. Statt einer *Ökologie* des reinen Überlebens entwikkelte er allmählich eine frühmenschliche Form gezielter *Ökonomie.* Darüber wird in einem späteren Kapitel noch ausführlich zu sprechen sein.

Zunächst jedoch die Frage, wie die Hominiden vom See eigentlich aussahen. Beginnen wir mit dem *Australopithecus boisei.* Das erste große Relikt wurde im Jahre 1969, als diese Gegend zum erstenmal systematisch nach ihrem fossilen Bestand durchforscht wurde, in den Uferschichten des Turkana-Sees gefunden. Während einer vorbereitenden Exkursion im Vorjahr hatten die drei Team-Mitglieder Kamoya Kimeau (der stellvertretende Leiter des Projekts) Nzube Mutwiwa und Mwongela Muoka schon jeder ein Fragment eines australopithecinen Kiefers gefunden. Diese aufregende Entdeckung bestätigte in Zusammenhang mit dem offensichtlich reichen fossilen Potential der weiten Sandsteinschichten, auf deren Oberfläche tierische Versteinerungen in Hülle und Fülle lagen, die nur darauf warteten, gesammelt zu werden, die Vermutung, daß es wohl lohnen würde, in dieser Gegend nach den Spuren unserer Vorfahren aus dem Pliozän und Pleistozän zu suchen. Eine Vermutung, die sich als zutreffend erwies.

Der erste Schädel eines *Australopithecus boisei* wurde 1969 von einer kleinen Kamelkarawane im Landesinneren gefunden. Drei Tagesreisen vom kühlen Lager von Koobi Fora entfernt, rastete die Gruppe, die am nächsten Tag die äthiopische Grenze erreichen wollte. Aber dieses Ziel wurde nie erreicht, denn tags darauf entdeckte man den Schädel des *Australopithecus boisei.*

Um sechs Uhr morgens ging es nach einer kräftigen Tasse Tee zu Fuß auf einen Erkundungsgang. Gegen zehn hatte man schon ein ordentliches Stück Land durchforstet und war recht durstig. Also kehrte man auf dem kürzesten Weg zu den angepflockten Kamelen zurück. Und auf eben diesem Weg entdeckte man plötzlich den Schädel, der aufgerichtet im ausgetrockneten Bett eines versandeten Flusses lag. Natürlich war der Durst sofort vergessen. Der glänzend weiße Schädel war fast wie eine Fata Morgana. Jeder Fossilsucher träumt davon, ein einziges Mal eine solche Entdekkung zu machen – und da war sie nun. Eine Vision war Wahrheit geworden. Nur ein paar Monate später hätte sich der Traum in den Strömen der Regenzeit in Nichts aufgelöst. Über die Mitte des Schädels verlief eine Knochennaht (die sogenannte Sagital- oder Pfeilnaht), an der die Muskeln verankert waren, die den schweren Kiefer stützten, der allerdings – und das scheint unvermeidlich zu sein – auch hier fehlte. Nachdem der Sand von den breiten Jochbögen abgetragen worden war, kam ein enorm flaches und vorspringendes Gesicht zutage, dessen Konturen in starkem Kontrast zu dem kleinen Gehirnvolumen standen, das nur etwa 500 Kubikzentimeter betrug. Die weiten Augenhöhlen waren mit einer weißen Sandsteinmasse gefüllt, die dem Schädel fast etwas Geisterhaftes verlieh. Vor zwei Millionen Jahren aber hatte jenes Geschöpf in dieser Gegend gelebt und sich am Ufer eines Sees erfrischt, der damals viel größer war als heute. Es war der erste *Australopithecus boisei,* der in Kenia gefunden wurde.

Aufgrund später entdeckter *boisei*-Fragmente wissen wir, daß er riesige Zähne und einen außerordentlich starken Kiefer hatte. In einem auffallend massiven Unterkiefer befanden sich vorn winzige Schneidezähne, dahinter etwas größere, aber nicht hervorstehende Augenzähne und am Ende Backenzähne wie Mahlsteine. Selbst die vorderen Backenzähne waren ungewöhnlich groß und glichen den hinteren, das heißt, sie konnten ebenso die Nahrung – wie immer sie beschaffen gewesen sein mag – zermalmen. Manche Backenzähne sind bis zu zweieinhalb Zentimetern lang, die meisten von jahrelangem Gebrauch sichtbar abgenutzt.

Die Entdeckung des *Australopithecus boisei* vom Turkana-See war insofern ein erstaunlich anmutender persönlicher und historischer Zufall, als sie fast auf den Tag genau zehn Jahre, nachdem Mary Leakey den ersten *boisei* in der Schlucht von Olduvai gefunden hatte, erfolgte, und zufälligerweise war Mary Leakey genau an diesem Tag zu einem Besuch nach Koobi Fora gekommen. Der Unterschied lag nur darin, daß der Schädel von Olduvai im Laufe von mehr als einer Million Jahren in über 400 Stücke zerbrochen war, und daß Louis und Mary Leakey bereits seit 1931 nach den Spuren von Hominiden gesucht hatten. Fast 30 Jahre lang fanden sie zwar zahlreiche Steinwerkzeuge in den Sedimenten eines nicht mehr existierenden Sees, aber nicht den geringsten Hinweis auf Hominiden, die dort einstmals gelebt hatten. Mary Leakeys Entdeckung vom August 1959 brach endlich den Bann. Ein Jahr später wurde dann auch der Teil eines – allerdings ebenfalls zersplitterten – Schädels entdeckt, der später als *Homo habilis* bezeichnet wurde.

1959 fanden mehrere Wissenschaftler Exemplare vom Typus

des *Australopithecus* in den Höhlen von Swartkrans und Kromdraai, die im Sterkfontain-Tal in Südafrika liegen. Diese Ausgrabungen wurden in Südafrika schon seit 1924 durchgeführt, als Professor Raymond Dart ein fossiliertes Hominidenkind exkavierte, das sogenannte »Taung-Kind«. Viele Prähistoriker zweifelten zwar an der Echtheit dieses Taung-Kindes, weil sie noch immer unter dem Eindruck der berühmt-berüchtigten Piltdown-Fälschung standen, die sich 1955 als Zusammensetzung zwischen einem menschlichen Schädel und dem Kiefer eines Orang-Utan erwies. Dart klassifizierte seine Entdeckung jedoch entschieden als hominiden Typus und rubrizierte sie als *Australopithecus africanus*.

Auf seinen Exkursionen wurde Dart von dem südafrikanischen Paläontologen Robert Broom begleitet. Später nahmen dann auch John Robinson und Phillip Tobias teil. Heute gibt es in Südafrika fünf große Höhlen, in denen Ausgrabungen durchgeführt werden. Neben den beiden schon genannten handelt es sich um die Höhlen von Sterkfontein, die fast in Sichtweite zu Swartkrans und Kromdraai liegen, dann im Nordosten um die von Makapansgat und im Südwesten die Taung-Höhlen, wo das »Taung-Kind« gefunden worden war. In den Sedimenten von Sterkfontein, Makapansgat und Taung hat man ausschließlich den Typus *Australopithecus africanus* gefunden, während die Australopithecinen von Swartkrans und Kromdraai die Bezeichnung *Australopithecus robustus* erhielten.

Elizabeth Vrba, eine südafrikanische Wissenschaftlerin, stellte die Hypothese auf, wonach die Unterschiede zwischen den beiden verwandten Australopithecinen das Resultat einer verschiedenartigen Ökologie gewesen sein könnten. Sie untersuchte nämlich die versteinerten Antilopenknochen, die mit den Hominidenfossilien in den Höhlen gefunden worden waren und stellte dabei fest, daß Tiere, die bekanntermaßen in der Savanne leben (wie Springböcke und Gazellen) weitaus häufiger zusammen mit dem *Australopithecus robustus* auftauchen, während bei dem *Australopithecus africanus* überwiegend die Reste von Tieren gefunden worden sind, die meist im Buschland lebten.

Vorerst ist Elizabeth Vrbas These jedoch in der Tat nichts anderes als eine verführerische Theorie und wird es wohl auch noch einige Zeit bleiben, denn die Erkenntnisse aus den südafrikanischen Höhlen sind insgesamt sehr umstritten. Das liegt vor allem daran, daß es bis heute noch schwierig ist, das Alter der verschiedenen Fossilien mit hinreichender Sicherheit bestimmen zu können.

Es mag zwar sein, daß Hominiden gelegentlich in Höhlen lebten und Knochen von Tieren liegen ließen, die sie dort verzehrt hatten, es mag auch sein, daß sie sich dort zum Sterben niederlegten. Möglich ist auch, daß die Hominidenüberreste von Flüssen in die Höhlen geschwemmt wurden, oder – und das trifft wohl am ehesten zu – daß sie von Leoparden, Hyänen, (heute ausgestorbenen) Säbelzahntigern oder Löwen hineingeschleppt worden sind, um dort aufgefressen zu werden.

In einer Analyse des Höhlensystems von Swartkrans weist Bob Brain nach, warum dies ein Futterplatz von Raubkatzen gewesen sein muß. Aus den Antilopenknochen, die man dort gefunden hat, läßt sich schließen, daß zu einer Zeit, als die Höhlen noch zugänglich waren, das umgebende Terrain ein sanft gewelltes Buschland war. Also kann es außer ein paar vereinzelten wilden Feigen oder Stinksträuchern nur wenige große Bäume gegeben haben, die in den geschützten Bodenvertiefungen gediehen, hinter denen oft der Eingang zu den unterirdischen Höhlen gelegen haben dürfte. Diese Beschreibung trifft auch auf das Sterkfontein-Tal in seiner heutigen Beschaffenheit zu. Wir wissen, daß zu jener Zeit bereits Leoparden in diesem Tal lebten und diese Raubkatzen die Angewohnheit haben, ihre Beute auf Bäume zu schleppen, um sie dort vor Hyänen und anderen Aasfressern zu sichern.

Brain stellt nun die etwas abenteuerliche These auf, daß auch Australopithecinen gelegentlich von Leoparden auf Bäume gezerrt worden sein müssen, um dort ihr Ende zu erwarten. Es könnte also sein, daß Australopithecinen zusammen mit Tierknochen von Zeit zu Zeit herunterfielen und möglicherweise in die Höhlen rollten, um sich dort mit anderen Knochen und Steinbrokken zu vermischen. Wenn pro Jahr nur zehn Knochen hineingefallen sind, kommt zusammen, was wir heute vorfinden.

Im Laufe der Jahrmillionen verhärtete sich dann die Mischung aus Staub und Knochen zu dem festen Kalkstein, aus dem heute die kostbaren Fossilien herausgebrochen werden.

Viele Forscher haben versucht, das Alter dieser südafrikanischen Konglomerate durch indirekte Datierungsmethoden zu bestimmen, allerdings ist dies bisher noch immer nicht überzeugend gelungen. Man nimmt jedoch an, daß das Höhlensystem von Sterkfontein und Makapansgat vor dreieinhalb bis zwei Millionen Jahren noch zugänglich war, wobei Makapansgat wohl das etwas ältere ist (nämlich etwa drei Millionen Jahre). Kromdraai kann wohl auf einen Zeitraum von zwei bis eine, Swartkrans auf zwei bis eineinhalb Millionen datiert werden, während Taung, wo die ersten Funde gemacht worden sind, vielleicht nicht immer, im Großen und Ganzen aber während einer Periode vor drei bis etwas unter einer Million Jahren zugänglich gewesen sein muß.

All diese Unsicherheiten sind schon bedenklich genug. Aber sie werden – wie Bob Brain nachweisen konnte – durch ein ständiges Verschließen und Wiederauffüllen noch erschwert. Die »alten« Ablagerungen von Swartkrans wurden zum Beispiel teilweise von dem Regenwasser aufgelöst, das durch die Ritzen drang, wodurch ein kanalartiges Netz entstand, das seinerseits mit neuen Ablagerungen aufgefüllt wurde. Das Endergebnis ähnelt einer komplizierten Klöppelarbeit, die das ohnehin schon schwierige Datierungsproblem zu einem chronologischen Alptraum macht.

Dagegen zeichnen sich die ostafrikanischen Fossilien dadurch aus, daß man sie einigermaßen zuverlässig datieren kann. Dies ist dadurch möglich, daß die vielen Vulkane entlang dem Ostafrikanischen Graben ihre Asche einigermaßen periodisch ausspien. Jedes Sediment zwischen dem südlichen Olduvai und dem nördlichen Hadar mit seinem reichen Fossilbestand ist mit vulkanischer Asche durchsetzt. Der Zeitpunkt, zu dem ein Vulkan tätig war, kann mit einer Reihe äußerst komplizierter geophysikalischer Techniken bestimmt werden. Außerdem eignen sich Ablagerungen in vulkanreichen Gebieten besonders für die Datierung mit Hilfe der Kalium-Argon-Methode. Bei dieser Methode wird das Isotop 40 des Kaliums verwendet, das sich in Argon 40 umwandelt, und zwar in einer Weise, daß die Hälfte der Atome in 1 330 000 000 Jahren diese Umwandlung vollzieht. Mit dieser Methode wurden die Schichten in Olduvai datiert.

Wenn man zum Beispiel fossile Überreste findet, die *unterhalb* einer Aschenschicht liegt, deren Alter man auf zwei Millionen Jahre datieren kann, aber *über* einer anderen, die zweieinviertel Millionen alt ist, so läßt sich daraus schließen, daß der Fund aus dem dazwischenliegenden Zeitraum stammen muß. In der Praxis sind die Angaben jedoch wesentlich präziser, weil die Vulkane sehr häufig ausbrachen und Asche wie Gase wesentlich öfter als nur alle 250 000 Jahre ausspien. Der Gedanke hat etwas Bewegendes, daß die Hominiden des Pliozän so manchen Abend am Ufer des Turkana-Sees gesessen, in die blutrot untergehende Sonne geschaut und sich über die Wolken von Gas und funkelnder Asche gewundert haben mochten, aus denen wir heute ihre Herkunft ablesen können.

Dieser kleine Exkurs über die Ausgrabungsarbeiten in den südafrikanischen Höhlensystemen und über die Funde in der Olduvai-Schlucht zeigt nicht nur, wie wichtig die genaue Datierung des Fossilbestandes ist, sondern verweist auch auf entscheidende Unterschiede bei den Australopithecinen. Die Geschöpfe, die in Südafrika gelebt haben – wo sie ja zuerst entdeckt worden sind – waren mit Sicherheit untersetzte, wohl etwas über eineinhalb Meter große und mit einer kräftigen Muskulatur ausgestattete Gestalten. Daher bezeichnete man sie auch als *Australopithecus robustus*.

Inzwischen hat sich erwiesen, daß alle ostafrikanischen robusten Australopithecinen denselben Körperbau besaßen wie ihre südafrikanischen Verwandten – allerdings mit der einen Einschränkung, daß sie noch beträchtlich größer waren.

Nachdem Louis Leakey die Schädelfragmente, die seine Frau 1959 entdeckte, genau bestimmt hatte, entschloß er sich, sie dieser Eigenschaft wegen nicht nur einer anderen Spezies, sondern sogar einer anderen Gattung zuzuordnen. Er gab ihnen den vorläufigen Namen *Zinjanthropus boisei* (Zinj ist eine alte arabische Bezeichnung für Ostafrika, und Charles Boise hatte die Ausgrabungen zum Teil finanziert). Der Schädel, der meist nur abgekürzt als »Zinj« bezeichnet wird, bekam wegen seiner großen Zähne außerdem den Spitznamen »der Nußknacker«. Frühere Wissenschaftler rechneten den »Zinjanthropus« zusammen mit einer Reihe anderer Fossilfunde zur Gattung *Paranthropus*, unterschieden aber außerdem zwischen den südafrikanischen und den ostafrikanischen Australopithecinen. Der deutsche Paläonthologe Gerhard Heberer unterscheidet zwischen einem zarter gebauten »A-Typ« und dem robuster gebauten »P-Typ«.

Wir wissen nicht, weshalb die robusten Australopithecinen aus Ostafrika so viel größer waren als die südafrikanischen. Evolutionäre Zwänge können oft dazu führen, daß eine Spezies größer wird, sofern es die ökologischen Umstände erlauben. Es kann also sein, daß die Gegebenheiten in Ostafrika den Bedürfnissen dieser Vormenschen mehr entgegenkamen. Aber das ist nur eine Vermutung. Auf jeden Fall waren sich diese Wesen so ähnlich, daß man ihre ostafrikanischen Vertreter nun allgemein als *Australopithecus boisei* bezeichnet, sie aber der gleichen Spezies zurechnet, der auch die südafrikanischen Australopithecinen angehören. Wenn man sich am Beispiel heute lebender Menschenaffen orientiert, um Hinweise darauf zu erhalten, ob wir es hier mit zwei unterschiedlichen Spezies und nicht vielmehr mit einer Subspezies zu tun haben, zeigt sich, daß der uns vertraute Schimpanse (*Pan troglodytes*), der in West- und Mittelafrika lebt, und der Zwergschimpanse (*Pan paniscus*), der nur noch sehr selten in Zaire vorkommt, unzweifelhaft zwei verschiedene Spezies darstellen, da sie nicht miteinander gekreuzt werden können. Es ist also durchaus möglich, daß auch der süd- und der ostafrikanische *Australopithecus* zwei genetisch unterschiedlichen Spezies angehörten. Zum gegenwärtigen Zeitpunkt lassen sich jedoch noch keine Gesetzmäßigkeiten erkennen, ob es sich möglicherweise um geographische Variationen ein und derselben Spezies oder um zwei verschiedene Arten handelt.

Neben den robusten Australopithecinen existiert die kleinere Art, der *Australopithecus africanus,* und zwar ebenso in Südafrika wie am Turkana-See. Im Gegensatz zu den Ausgrabungsstätten in Südafrika wissen wir von den kenianischen jedoch genau, daß beide Australopithecinen zur gleichen Zeit und am gleichen Ort lebten. Allerdings mag die topographische und ökologische Vielfalt rings um den See eine *gewisse* Absonderung erlaubt haben. Der *Australopithecus africanus* war wohl um fast einen halben Meter kleiner als sein kompakter Verwandter, und außerdem fehlt bei seinem Schädel die Verankerung für die Kiefermuskulatur. Sein Gehirnvolumen ist mit durchschnittlich 450 Kubikzentimetern um fast 100 Kubikzentimeter kleiner als das des *Australopithecus boisei,* was aber nicht bedeuten muß, daß er weniger »intelligent« gewesen wäre; sein Gehirn mußte nur einfach einen kleineren Körper steuern. Sein Gesicht war so breit und flach wie das des *boisei,* die Zähne allerdings unterschieden sich. Schneide- und Augenzähne waren zwar gleich groß wie die des *boisei,* obgleich *africanus* ein so viel kleineres Geschöpf war. Die Backenzähne waren jedoch wesentlich kleiner – andererseits für so ein zierliches Wesen doch wieder relativ groß.

Oft wurde die Frage gestellt, ob die Australopithecinen behaart gewesen seien, der *Homo habilis* hingegen schon eine glattere Haut besessen hätte, sozusagen »menschenartiger« ausgesehen habe. Bildliche Rekonstruktionsversuche halten sich jedenfalls an dieses Muster. Da dies mit Hilfe der Archäologie aber gewiß nicht mehr festzustellen ist, dürfte diese Frage wohl für immer ein Lieblingsthema für unerschöpfliche Spekulation bleiben.

Aufgrund des evolutionären Divergenzgrades, den die Hominiden bereits vor drei Millionen Jahren aufwiesen, kann man vermuten, daß sich die Nachfahren des *Ramapithecus* schon vor sechs bis fünf Millionen Jahren in eine andere evolutionäre Richtung zu entwickeln begannen. Möglicherweise spaltete sich der *Ramapithecus* zunächst in eine Art *Proto-Homo* und so etwas wie einen *Proto-Australopithecus* auf, wobei letzterer sich möglicherweise wieder in *africanus* und *boisei/robustus* unterteilt hat. Bis jetzt haben wir allerdings noch keinerlei Hinweis dafür. Es mag auch sein, daß uns eine so differenzierte Rubrizierung niemals möglich sein wird, denn je älter die Fossilien sind, desto schwieriger sind sie zu klassifizieren und kategorisieren, weil sie sich untereinander ebenso wie ihren Vorläufern immer mehr gleichen.

Angenommen, der *Ramapithecus* hätte vor sechs Millionen Jahren in Afrika vielfältige ökologische Lebensmöglichkeiten gehabt, so könnte man daraus folgern, daß mit fortschreitender Spezialisierung der Grundtypus immer stärker zurückging und weiter entwickelten Nachfahren Platz machen mußte. Bis vor wenigen Jahren durfte man davon ausgehen, daß diese Hypothese einigen Sinn hatte. Dann allerdings stellte man fest, daß immer wieder merkwürdig primitive Kieferfragmente in Koobi Fora zum Vorschein kamen, die in dieses chronologische Schema nicht einzufügen waren. Damit stellte sich die Frage, ob es sich möglicherweise um Überreste eines späten *Ramapithecus* handeln könnte. Eine Frage, die natürlich niemand zu beantworten vermochte – bis Don Johanson im November 1974 im Hadar eine der bemerkenswertesten Entdeckungen des ganzen Jahrzehnts machte.

An einem glühend heißen Sonntag war Johanson kurz vor Mittag mit Tom Gray, einem seiner bereits graduierten Studenten, zu einer Stelle gefahren, die er aus dem Vorjahr noch als möglicherweise vielversprechenden Ausgrabungsort in Erinnerung hatte. Dann kehrten sie müde mit ihrem Landrover auf dem kürzesten Wege durch einen ausgetrockneten See zurück, in den die Zeit und die Elemente tiefe Furchen gegraben hatten. Zufällig schaute Johanson noch einmal zurück und sah plötzlich das Fragment eines kleinen Armknochens. Er war sofort überzeugt, es könne sich nur um einen Hominidenknochen handeln. Gray allerdings blieb zunächst skeptisch, weil der Knochen so klein war und eigentlich eher von einem Affen zu stammen schien. Beide stiegen aus und schauten ihn sich genau an. Gray machte den Vorschlag, den Knochen mit zum Lager zu nehmen, um ihn mit anderen vergleichen zu können. Plötzlich entdeckten sie drei Stücke eines hominiden Schädels. »Da wurde uns klar, daß wir auf eine hochinteressante Sache gestoßen waren.« Sie gingen ein Stückchen weiter den Abhang hinauf und sahen dort überall hominide Knochen liegen – »als hätten sie unmittelbar vor unseren Augen Gestalt angenommen«, erzählte Johanson.

Er war buchstäblich über ein Skelett »gestolpert«, das noch zu ungefähr 40 Prozent erhalten war – etwas noch nie Dagewesenes in der Vorgeschichte, soweit sie mehr als 100000 Jahre zurückliegt. Dieser Hominide war jedoch mindestens drei Millionen Jahre alt!

Wie es das Unglück will, waren jedoch vom Schädel nur ein paar kleine Fragmente übriggeblieben, so daß wir nichts über die Größe des Gehirns sagen können. Der Unterkiefer war jedoch diesmal erhalten, ebenso wie die Rippen, Armknochen, ein Teil des Beckens, des Rückgrats, des Oberschenkelknochens und ein paar Splitter vom Schienbein. Dadurch wurde es zum erstenmal möglich, die Proportionen eines einzelnen Individuums miteinander zu vergleichen. Das erwies sich als sehr wichtig, denn so konnte zum Beispiel festgestellt werden, daß die Arme im Verhältnis zu den Beinen sehr lang waren. Vermutlich hatte dieses Wesen also sehr geschickt in den Bäumen klettern können.

Ebenso wichtig war jedoch das Entwicklungsstadium dieses Hominiden, das insofern als »fortgeschritten« bezeichnet werden kann, als er ohne jeden Zweifel aufrecht ging. Vergleichsweise primitiv ausgebildet war der Kiefer, der an den eines *Ramapithecus* erinnerte. Er war nämlich V-förmig, wobei die verhältnismäßig großen Backenzähne flach und die ersten, vorderen Backenzähne nicht eingeschnitten waren und somit den sehr wenig entwickelten von Menschenaffen glichen.

Aus der Form des Beckens ist man geneigt zu schließen, daß es sich um ein weibliches Wesen gehandelt haben muß, worauf auch der insgesamt sehr kleine Körperbau hinweist. Das ganze Geschöpf war nur ungefähr einen Meter groß, jedoch nicht etwa ein junges Mädchen, sondern, wie anhand der Zähne festzustellen ist, bereits voll ausgewachsen.

Eines Abends kam im Hadar kurz nach der Entdeckung des Skeletts wieder einmal die Rede darauf. Irgendjemand ließ ein Tonband mit dem Beatles-Song »Lucy in the Sky with Diamonds« laufen. Weil allen diese Musik der Band aus Liverpool so gut gefiel, sagte plötzlich jemand: »Wißt Ihr was – wir nennen sie einfach Lucy.« Unter diesem Namen wurde das Skelett mit der Katalognummer AL 288 in der ganzen wissenschaftlichen Welt bekannt.

Nachdem die Nummer AL 288 nun also »Lucy« getauft worden war, ging es darum, sie zu kategorisieren. Sicher ist, daß sie nicht dem »bekannten« *Australopithecus africanus* zuzuordnen ist, denn das verbietet die merkwürdige Mischung aus primitiven und entwickelten Zügen. Einige Forscher sind allerdings der Ansicht, sie verkörpere eine bisher unbekannte Spezies des *Australopithecus* und Johanson selbst möchte sie dem *Australopithecus afaren-*

sis, mithin dem Vorläufer aller späteren Hominiden zugeordnet wissen. Aber das Argument ist nicht von der Hand zu weisen, daß »Lucy« eine Art Restbevölkerung des *Ramapithecus* repräsentiert, die es irgendwie fertigbrachte, zu überleben und den Kampf mit ihren weiter entwickelten Nachfahren zu bestehen. Wenn das zutreffen sollte, so würde durch »Lucy« ein wenig Licht ins evolutionäre Dunkel, das heißt, die fundlose Zeit, gebracht, denn dann gäbe es vermutlich auch kaum einen Unterschied zwischen ihr und ihren Vorläufern, die vor mehr als acht Millionen Jahren lebten.

Kapitel 5

Die ersten »Menschen«

Wie wir bereits gesehen haben, werden die Geheimnisse der menschlichen Vorgeschichte durch die überaus zahlreichen Funde, die längs dem Ostafrikanischen Graben gemacht werden, immer mehr gelüftet. Aber selbst die jüngsten Entdeckungen haben uns gelehrt, daß das spannende Moment, das jede Ausgrabung begleitet, keineswegs nachläßt. Wir stellen immer wieder fest, daß es noch genug zu lernen gibt. Die Funde, die unlängst gemacht wurden, decken den Bereich des Großen Grabens nicht nur geographisch ab, sondern umspannen auch den ganzen Zeitraum zwischen dem Pliozän und dem Pleistozän, eine Periode der Humanevolution also, für die wir handfeste Beweise und nicht nur Vermutungen haben. Aus Tansania und Äthiopien stammen die Überreste unserer primitiven Vorfahren aus der Gattung *Homo,* die dort vor dreieinhalb Millionen Jahren gelebt haben; die Forschungsarbeiten im kenianischen Koobi Fora haben den Beweis erbracht, daß der *Homo erectus* – also die weiter entwickelte evolutionäre Stufe, die auf den *Homo habilis* folgte und gleichzeitig die Vorstufe zu *Homo sapiens* bildete – tatsächlich und nachweislich seine »Wiege« in Afrika hatte.

Im Norden von Tansania, ungefähr 40 km westlich der Schlucht von Olduvai liegt die Gegend von Laetoli. Der Name stammt von dem Wort Laetoli aus der Sprache der Massai und bezeichnet eine rote, üppig wuchernde Lilie. Die fossilhaltigen Schichten dieser Region wurden im Lauf der Zeiten durch Treibsand und vulkanische Aschen gebildet. Im Gegensatz zu den anderen Ausgrabungsorten in der weiteren Umgebung gab es dort im Pliozän weder einen See noch einen Fluß. Aber es muß Wasser in der Umgebung vorhanden gewesen sein (zum Beispiel der inzwischen ausgetrocknete Olduvai-See und wahrscheinlich auch dessen Zuflüsse), denn wir haben den versteinerten Nachweis reichen kreatürlichen Lebens. In den fast 200 m tiefen Schichten finden wir Überreste von Giraffen, Rhinozerossen, Deinotherien (elefantenartige Tiere, deren Stoßzähne jedoch aus dem Unterkiefer ragten und nicht zu beiden Seiten des Rumpfes herabhingen), Affen, Nagetieren und Hyänen. Sie alle lebten in Laetoli vor über drei Millionen Jahren – und zwar zusammen mit dem *Homo*.

Mary Leakey und ihre Mitarbeiter fanden Unterkiefer und einzelne Zähne von insgesamt 13 Lebewesen. Es sind dies unbestritten Überreste von Hominiden, die möglicherweise bereits eine primitive Stufe des *Homo* bildeten. Allerdings ist dies schwer zu verifizieren, da wir nur sehr spärliche Beweisstücke haben.

Eine der aufsehenerregendsten Entdeckungen der jüngsten Zeit läßt die Vermutung zu, daß diese Urbewohner von Laetoli ihre Spuren im wortwörtlichen Sinne im Sand der Zeit zurückgelassen haben, aber das ist, wie gesagt, nur eine Vermutung. Andrew Hill, ein englischer Wissenschaftler, der in Nairobi arbeitet, fand während einer routinemäßigen Sommerexkursion in der dortigen Umgebung merkwürdige, versteinerte Konturen. Der Ausgrabungsort liegt an einem prähistorischen Wasserloch, an dem vor über dreieinhalb Millionen Jahren alle möglichen Tiere ihren Durst gestillt haben. Im Spaß sagte Hill zu seinen Kollegen: »Schaut mal, ich habe versteinerte Fußspuren gefunden!« Aber es stellte sich heraus, daß es gar kein Witz, sondern wirkliche Fußspuren waren und zwar von den verschiedensten Tierarten, die inzwischen aber fast alle ausgestorben sind.

Vermutlich war die Asche eines nahe gelegenen Vulkans in die flachen Spuren gerieselt, die sich in dem festen, aber doch feuchten Schlamm abgezeichnet hatten. Im Laufe der Jahrmillionen härtete sich die Asche zu Stein und bewahrte dadurch das Abbild längst erloschenen Lebens. Mary Leakey untersuchte die Abdrücke genauer und stellte dabei fest, daß sechs Spuren nicht nur in einer Linie hintereinander lagen, sondern auch von demselben Lebewesen stammen mußten – und daß dieses Wesen sich von den anderen unterschieden haben muß. Sie hatten eine eigenartige Ähnlichkeit mit den Fußspuren heutiger Menschen: Zwar waren sie auffallend breiter, aber die große Zehe zeigte im Unterschied zu der des Menschenaffen kerzengerade nach vorne. Von daher läßt sich auch annehmen, daß dieses Geschöpf aufrecht zu seiner Wasserquelle gehen konnte. Die Frage liegt also nahe, ob es sich hier um die ersten menschlichen Fußspuren, um Jahrmillionen alte Markierungen des *Homo,* dem direkten Vorläufer des modernen Menschen handeln kann. Es wird schwierig sein, diese Vermutung jemals zu beweisen. Dennoch haben verschiedene Wissenschaftler bereits mit der mühevollen Aufgabe begonnen, die Biomechanik der Fußabdrücke daraufhin zu untersuchen, welche Gangart diese

Lebewesen hatten. Diese Untersuchungen werden, wenn sie erst einmal abgeschlossen sind, einen aufregenden Einblick in unsere früheste Geschichte vermitteln. Fast gleichzeitig mit der Entdekkung der Schätze von Laetoli konnten Don Johanson und seine Mitarbeiter nachweisen, welch lohnendes Ausgrabungsgebiet der 1500 km weiter nördlich in Äthiopien gelegene Hadar ist. Dort fanden sie nämlich auf kleinstem Platz an einem Abhang eine ganze Reihe von Knochen, die unserer Meinung nach von einem primitiven *Homo* stammen. Sie entdeckten Teile eines Schädels, einen vollständigen Unterkiefer, in dem noch die Zähne steckten, Arm-, Hand-, Bein- und Fußknochen.

Dieses unverhoffte Forscherglück ereignete sich eines Morgens im November 1975. Mike Bush rief seinen Kollegen Tom Gray zu sich und sagte: »Ich glaube, ich habe hier etwas Interessantes gefunden.« Bush war zum erstenmal mit bei den Ausgrabungsarbeiten. Gray war erhitzt, müde und hungrig und dachte, daß Bush eben einen Nashornknochen oder etwas ähnliches entdeckt hätte – »was die Leute am Anfang halt immer so finden«. Deshalb ging er ohne sonderliche Begeisterung zu Bush hinüber, der am unteren Ende einer tiefen Schneise stand, die den Abhang durchzog. Da sah er, daß vier Hominidenzähne aus einem Stück Sandstein ragten. Bush hatte also tatsächlich einen Hominiden gefunden! Gray rief Johanson hinzu, um die Zähne noch einmal genauer zu inspizieren, dann beschlossen sie, am nächsten Morgen in aller Frühe mit den Arbeiten zu beginnen, denn an diesem Tag war es bereits zu spät dafür.

Zufällig waren sowohl ein französisches Filmteam als auch ein Fotograf der Zeitschrift *National Geographic* anwesend, die sich über diese Entscheidung besonders freuten, weil das Licht für die Kameras am nächsten Morgen besser sein würde. In der Frühe begannen also die Ausgrabungsarbeiten. Die Kameras surrten, die Fotoapparate klickten. Plötzlich kam Michele Cavillon, Toningenieurin des französischen Teams, aus dem Schatten eines Baumes hervor, der am oberen Ende der Böschung stand, und zeigte Tom Gray ein paar Knochen. Sie dachte, sie hätte etwas gefunden. »Sie brachte uns unentwegt irgendwelche Knochen«, erzählte Tom Gray, »aber meistens waren sie nichts wert.« Doch diesmal war es anders, denn jetzt waren außer ein paar unbrauchbaren Knochen- und Steinkonglomeraten zwei hominide Knöchel dabei. Eine Toningenieurin als Fossilforscher! Sofort ging ein anderer aus der Gruppe den Abhang hinauf und fand einen Beinknochen. Dann entdeckte Mike Bush zwei weitere Knochen, und »plötzlich«, so erinnerte sich Tom Gray, »rannten alle los und sammelten die Knochen auf«. Ein solcher Schatz an hominiden Fossilien war bislang einmalig in der Geschichte der Paläoanthropologie.

Das Resultat akribischen Suchens und ein paar kleinerer Grabungen ergab schließlich mehrere hundert Knochen und Zähne, die von 34 Erwachsenen und zehn Kindern stammten, von denen eines jünger als vier Jahre alt gewesen sein mußte, als es starb. Abgesehen von der Entdeckung selbst, die schon spektakulär genug war, ergab sich dadurch erstmals die Möglichkeit, die Variationsbreite körperlicher Merkmale einer Hominidengruppe beurteilen zu können. Vordem mußte man Individuen miteinander vergleichen, die zu verschiedenen Zeiten und an verschiedenen Orten gelebt hatten, aber die Gruppe von Hadar starb zur gleichen Zeit und am selben Ort.

Don Johanson brachte es in sorgfältigster Restaurierungsarbeit fertig, aus einer Vielzahl von Handknochen, die von verschiedenen Individuen stammen mußten, das Skelett einer kompletten Hand nachzubilden. Bei diesem – in Koobi Fora verpönten Vorgehen – stellte er zu seinem großen Erstaunen fest, daß die Hände des *Homo* – vorausgesetzt, seine Nachbildung trog nicht – den unseren sehr ähnlich waren. Wir wissen zwar nicht, ob der *Homo* seine Hände gleich geschickt wie wir bewegen konnte, ob er bereits diffizilere handwerkliche Fähigkeiten besaß; aber gewiß ist nunmehr, daß die Struktur seiner Hände bereits weit entwickelt war. Aus der Größe der Hand und einiger Extremitätenknochen läßt sich schließen, daß diese Geschöpfe im Gegensatz zu der kleinen »Lucy« bereits eine respektable Größe aufwiesen. Wahrscheinlich waren sie etwa 1,60 Meter groß.

Allem Anschein nach war eine Gruppe von Hominiden vor fast dreieinhalb Millionen Jahren das Opfer einer unerwarteten Katastrophe geworden. Vermutlich handelte es sich um eine Art Proto-Familie, deren einzelne Mitglieder nahe miteinander verwandt waren. Das heißt, sie bildeten eine soziologische Einheit, der wir immer wieder in der Geschichte der Menschheit begegnen. Zunächst sah es so aus, als hätte sie eine Springflut überrascht, aber die geologische Beschaffenheit dieser Region schließt diese Möglichkeit aus. Vielleicht hatte sie eine heimtückische Krankheit befallen oder sie hatten versehentlich giftige Beeren oder Pilze gegessen. Vielleicht waren sie aber an giftigen, vulkanischen Gasen erstickt – wir werden es vermutlich nie erfahren. Don Johanson hat einmal gesagt: »Je älter ich werde und je weiter ich mich in diese Dinge vertiefe, desto mehr verliere ich mich in meinen eigenen Interpretationen.«

Manche Wissenschaftler mögen der Ansicht sein, Johansons Hominidengruppe sei das Opfer eines Massakers durch eine »feindnachbarliche Horde« geworden, um einen Ausdruck von Konrad Lorenz zu zitieren. Natürlich ist das nicht auszuschließen; die Knochen zeigen jedoch keinerlei Merkmale eines gewaltsamen Todes. Aus welchem Grunde soll man auch in jedem Skelett das Opfer eines Mordes sehen und die gesamte Prähistorie als ein Zeitalter ungezügelter Aggression betrachten? Will man damit nicht nur jenes Blutvergießen rechtfertigen, das heute überall auf der Welt stattfindet? Falls es den Beweis für ein aggressives Verhalten unserer prähistorischen Vorfahren gibt, werden wir ihn finden. Aber es ist unverantwortlich, Feindseligkeit und angeborene Habsucht als genuines Verhalten der vorgeschichtlichen Lebewesen zu postulieren, wenn es nicht den geringsten Hinweis auf etwas gibt, was diese Interpretation rechtfertigen könnte.

Während man also in Tansania und Äthiopien wertvolle Entdekkungen machte, waren auch die Wissenschaftler in Koobi Fora nicht untätig. In den letzten Jahren sind dort bemerkenswerte Überreste der Spezies *Homo erectus* aufgetaucht. Dieser evolutionäre Nachfahr des *Homo habilis* lebte sogar noch bis vor 500000 Jahren in weiten Teilen Asiens und Europas. Aus ihm entwickelte sich der Grundtypus des *Homo sapiens,* der über den Umweg des Neandertalers schließlich vor etwa 50000 Jahren den Menschen hervorbrachte, wie er heute beschaffen ist. Bevor die ersten Schädel des *Homo erectus* in Koobi Fora entdeckt wurden, war es nicht sicher, ob diese vormenschliche Spezies tatsächlich ihren Ursprung in Afrika hatte. Bis dahin galt es immer noch als möglich, daß der *Homo erectus* in einem anderen Teil der Welt als Nachfahr eines aus Afrika ausgewanderten Hominiden entstanden oder sich aber als Nachfahre eines Hominiden entwickelt hatte, der gar außerhalb des afrikanischen Kontinents entstanden war.

Einer der Schädel des *Homo erectus,* der in Koobi Fora gefunden wurde, ist ungefähr eineinhalb Millionen Jahre alt, die anderen beiden sind etwas jünger; interessanterweise gleicht er auffallend dem *Homo erectus* aus China, dem sogenannten »Peking-Menschen«.

Ein anderer, erst unlängst bei Koobi Fora entdeckter Schädel, der rund 500000 Jahre alt ist, trägt seinerseits mit dazu bei, das

Mosaik der menschlichen Frühgeschichte zu vervollkommnen. Er wirkt zwar zunächst nicht besonders auffällig, bei näherer Betrachtung erweist sich jedoch, daß das Cranium, das zunächst einem *Homo erectus* zugehörig schien, entschieden die Züge eines frühen *Homo sapiens* zeigt. Es handelt sich also um ein Mitglied unserer direkten Vorfahren, um einen Vertreter des Grundtypus *Homo sapiens.* Sollte sich erweisen, daß dieser Schädel akribischen wissenschaftlichen Untersuchungen standhält, so bildet er ein Glied in einer einmaligen Kette fossiler Funde, die in einer umgrenzten Region aufgetaucht sind, einer Kette hominider Überreste, die einen Zeitraum von über zwei Millionen Jahren umspannt, und somit vom *Homo habilis* über den *Homo erectus* bis hin zum *Homo sapiens* reicht.

Die Bezeichnung *Homo erectus*, die bereits vor vielen Jahren geprägt wurde, bedeutet »aufrechter Mensch«. Aber wir wissen, daß schon der *Homo habilis* und selbst der primitive Typus *Homo,* der in Laetoli und im Hadar gefunden wurde, aufrecht ging (wie vermutlich auch Hominiden von anderen Ausgrabungsorten). Der aufrechte Gang ist also nichts, was nur den *Homo erectus* auszeichnete, denn Hominiden kannten diese Art der Bewegung seit langer Zeit. Das Besondere war jedoch, daß diese Art sich soweit vervollkommnet hatte, daß sie zum erstenmal in der Lage war, den klimatischen Zwängen auszuweichen und auch anderswo zu leben. Daher war es dem *Homo erectus* möglich, in kühlere Zonen abzuwandern. Es liegt in der menschlichen Natur, daß das, was möglich ist, auch durchgesetzt wird. So zogen also vor mehr als einer Million Jahren Gruppen afrikanischer Hominiden vom Typus *Homo erectus* nach Asien und später nach Europa. In allen drei Kontinenten wurde kraft einer nicht aufzuhaltenden Evolution aus diesem Hominiden allmählich der *Homo sapiens.*

Diese besondere Primatenart, die ihre Entstehung evolutionärer Zweckmäßigkeit verdankt, in den verschiedenartigsten Wohngebieten heranwuchs und im Zuge zunehmender Reife eine Form der Ökonomie entwickelte, die man als »Jäger- und Sammlerwirtschaft« bezeichnet, machte sich auf, auch andernorts zu jagen und zu sammeln und die übrige Welt zu besiedeln*.

Trotz der geringen Relikte der menschlichen Frühgeschichte, die wir haben, können wir uns relativ gut vorstellen, wie

* Anmerkung d. Redaktion: Funde in Vallonet (Südfrankreich) und Rumänien lassen allerdings auch die Interpretation zu, daß der Mensch Europa bereits auf der Stufe eines *Australopithecus* besiedelte. (Vgl. François Bordes, *Faustkeil und Mammut. Die Altsteinzeit,* München 1968.)

unsere Vorväter lebten, wie sie gingen, was sie aßen, welche Technologie sie besaßen und wie sie diese entwickelten.

Die Abbildungen phantasiebegabter Maler, die einen über und über behaarten Australopithecinen neben einem »menschlicheren« Typus *Homo* zeigen, stellen in aller Regel den letzteren auch als ein Wesen dar, das gereckten Hauptes aufrecht schreitet, während der arme Australopithecine hinterherschlurft und ganz offensichtlich nicht in der Lage ist, anständig auf zwei Beinen zu gehen. Inzwischen wissen wir, daß dies nicht zutrifft, und daß es sich hier um eine Überheblichkeit zu Lasten des *Australopithecus* handelt, der man jede Berechtigung absprechen muß. Ja, es könnte sogar sein, daß die Australopithecinen besser gehen konnten als der *Homo habilis* vor zwei Millionen Jahren!

Owen Lovejoy, Anthropologe an der Kent State Universität hat sich, statt sich mit Rätselraten und Vorurteilen abzugeben, mit Biomechanik beschäftigt und ist dadurch zu äußerst überraschenden und wichtigen Erkenntnissen bezüglich der hominiden Fortbewegungsart gekommen.

Zwänge der natürlichen Selektion haben aus Gründen, die für uns nach wie vor im Dunkel liegen, innerhalb eines Zeitraums von 15 bis 3 Millionen Jahren dazu geführt, daß die aufrechte Gangart entstand. Das heißt, daß diese Art der Fortbewegung sehr alt ist. Dabei spricht eigentlich mehr für die vierbeinige Fortbewegung als für den aufrechten Gang, denn erstens ist es kräftesparender, auf »allen vieren« zu gehen, und außerdem wird die Anstrengung, die das Gehen für den Rumpf ebenso wie für die Gliedmaßen bedeutet, dadurch auf vier statt auf zwei Schwerpunkte verteilt. Sobald man aber auf zwei Beinen steht, wird der Körper nicht nur an zwei statt an vier Punkten belastet, sondern die gesamte Mechanik ändert sich drastisch.

Unsere Beine werden von zwei Hauptmuskelsträngen in Bewegung gesetzt, und zwar einmal vom Oberschenkelabduktor, der das Bein streckt, und vom zweiköpfigen Schenkelmuskel (Adduktor), der es abwinkelt. Bei vierbeinigen Geschöpfen liegt die wichtigste Muskelarbeit bei den Adduktoren, die dafür sorgen, daß der Körper bewegt wird, bei Zweibeinern dagegen liegt sie bei den Abduktoren. Das ist der eine Unterschied. Der andere liegt darin, daß wir gerade gehen und nicht wie Enten watscheln – oder auch wie Schimpansen schlurfen, wenn sie sich gelegentlich auf ihren Hinterbeinen fortbewegen. Das bedeutet, daß der Winkel zwischen Kniegelenk und Oberschenkelbein (Femur) groß genug sein muß, um unsere Füße im großen und ganzen neben der Mittelachse unseres Körpers zu halten. Das läßt sich ganz leicht überprüfen, wenn man seine eigenen Spuren im Schnee oder Sand betrachtet: Sie bilden nämlich eine gerade Linie. Schimpansen dagegen haben zwei verschiedene Fußabdrücke, denn sie verlagern ihr Gewicht aufs rechte Bein, wenn sie nach rechts wollen und aufs linke, wenn sie in diese Richtung streben. Daher rührt also der Watschelgang. Menschen dagegen plazieren ihre Füße entschieden unterhalb der Körpermitte.

Da der Winkel zwischen Kniescheibe und Oberschenkelbein beträchtlich ist, besteht die Gefahr, daß der Abduktor bei jeder Berührung mit dem Knie (an dem die Muskeln ja festsitzen) herausgerissen werden könnte. Glücklicherweise hat sich die Natur etwas einfallen lassen, um dieser Gefahr vorzubeugen. Am unteren Teil des Oberschenkelbeins sitzt der seitliche Gelenkhöcker, der verhindert, daß die Kniescheibe ausklinkt.

Überdies besteht im Grunde bei jedem Schritt die Gefahr, daß der Körper umfällt, oder zumindest zusammensackt, sowie ein Bein angehoben wird. Aber auch hier hat die Natur vorgesorgt. Dieses Absacken wird durch eine Reihe von Muskeln verhindert, die das Becken mit dem Oberschenkelbein verbinden und den Körper beim Gehen aufrechthalten.

All diese Strukturen und Bewegungen hat Lovejoy sowohl anhand von Knochen zeitgenössischer Menschen als auch bei einem Fossil analysiert, das 3300000 Jahre alt ist und den Namen »Johansons Knie« bekommen hat. Johanson, Anthropologe am Cleveland-Museum in Ohio, verfügt natürlich über seine beiden eigenen Knie, aber das, womit Lovejoy sich beschäftigt hat, stammt aus dem reichen Ausgrabungsgelände in der Nähe des Flusses Awash in Äthiopien. An einem Spätnachmittag Ende Oktober 1973, dem zweiten Jahr der amerikanisch-französischen Gemeinschaftsexpedition, sah Johanson bei seiner Arbeit in den sonnendurchglühten Sedimenten eines prähistorischen Sees plötzlich ein kleines Stück Schienbein herausragen. Es war der erste Fund, den die Expedition auf diesem Gelände machte. Johansons verständliche Erregung wuchs noch, als er in nächster Nähe die untere Hälfte eines Oberschenkelknochens erblickte. Beide Knochenteile paßten zusammen und bildeten somit ein vollständiges Knie, das ohne jeden Zweifel von ein und demselben Lebewesen stammte. Johanson kann zwar den genauen hominiden Typus nicht bestimmen, da aber sein Alter auf nahezu dreieinhalb Millionen Jahre festgelegt ist, läßt es sich mit einiger Verläßlichkeit als »primitiv« klassifizieren.

»Johansons Knie« – das ist eines der wesentlichsten Merkmale – ist besonders gut erhalten. Lovejoy konnte es dadurch einer ebenso gründlichen Analyse unterziehen, als wäre es ein moderner Knochen.

Lovejoy fiel zuerst der auffallend breite Winkel zwischen Knie und Oberschenkelknochen ins Auge, der mit dem eines neuzeitlichen menschlichen Gelenkes durchaus vergleichbar war. Dieser erste, aber bereits abgesicherte Hinweis darauf, daß jenes Lebewesen aufrecht gegangen sein mußte, wurde noch dadurch unterstützt, daß der seitliche Gelenkhöcker besonders stark ausgeprägt war und dadurch verhinderte, daß die Kniescheibe sich verschob. Die anatomische Struktur war also »modern«. Das gleiche trifft auch auf die Biomechanik zu. Dieses Knie hielt den kompliziertesten und ausgefeiltesten analytischen Methoden stand; die Ergebnisse der Untersuchungen, die belegen sollten, daß dieses Lebewesen aufrecht gehen konnte, waren nach jedem Test positiv.

An diesem Knie läßt sich also mit absoluter Sicherheit erkennen, daß mindestens ein hominider Typus zur Zeit des Pliozän vollständig aufrecht ging. Unglücklicherweise haben wir nicht genug gut erhaltene fossile Knie, um jeden einzelnen hominiden Typus daraufhin überprüfen zu können, aber wir haben den oberen Teil des Oberschenkelbeins und das Becken. Die entsprechenden australopithecinen Knochen unterscheiden sich beträchtlich von denen des Typus *Homo* und ganz entschieden von denen des modernen Menschen. Das Becken der Australopithecinen ist nämlich enger und langgestreckter. Die Oberschenkelpfanne ist kleiner, der Hals, der die Pfanne mit dem mittleren Knochenteil verbindet, jedoch erstaunlicherweise ziemlich flach. Früher wurde diese Differenz dahingehend interpretiert, daß die Australopithecinen ausgesprochen schwerfällig gegangen seien und zwar deshalb, weil sich ihr Knochenbau von dem des *Homo* in dieser Hinsicht unterscheidet.

Lovejoy hat sich natürlich auch mit dieser Problematik auseinandergesetzt und ist stolz darauf, eine abweichende Meinung zu vertreten, denn seine These lautet, der *Homo* hatte aufgrund seiner Becken- und Oberschenkelknochenformation viel größere Schwierigkeiten, aufrecht zu gehen, als der *Australopithecus*. Er gelangte zu der Überzeugung, jeder heute lebende Australopithecine würde uns, was die Gangart anbetrifft, übertreffen.

Lovejoy ist der Meinung, das Becken und die Oberschenkelknochen des *Homo* hätten sich von denen des *Australopithecus* unterschieden, weil der Kopf eines *Homo* größer ist als der eines

Australopithecus. Das mag sich zwar zunächst merkwürdig anhören, erklärt sich aber insofern, als der Geburtsweg im Becken breiter werden mußte, um Säuglinge mit größeren Köpfen heil in die Welt entlassen zu können. Während des Geburtsvorgangs mußten auch die Mutterbänder in der Lage sein, sich zu dehnen, um dadurch das Becken noch ein wenig zu weiten. Trotzdem wird der Kopf des Neugeborenen so gequetscht, daß er mit einem leicht zugespitzten Schädel seine gefährliche Reise vom Mutterleib in die Außenwelt antreten muß.

Selbst die Männer, haben ein breiteres Becken als die Frauen. Nach Lovejoys Meinung rührt diese Differenz daher, daß die männlichen Hüftgelenke 20 bis 30 Prozent weniger beansprucht werden als weibliche. Es ist also denkbar, daß die Hüftgelenke der Australopithecinen mit ihrem schmaleren Becken noch weniger beansprucht waren. Der lange Oberschenkelhals und der kleinere Schenkelhalskopf sind wahrscheinlich nur Adaptionen an die geringere biomechanische Beanspruchung der Hüftgelenke bei den Australopithecinen.

Verschiedenheiten des Körperbaus bedingen jedoch nicht notwendigerweise auch Unterschiede in den Funktionen. Dennoch waren die Hüftgelenke der Australopithecinen vermutlich effizienter, was sowohl die Belastbarkeit als auch den dafür erforderlichen Energieaufwand angeht. Die Effektivität des aufrechten Gangs wird jedoch wesentlich geringer gewesen sein. Solange man nicht das Gegenteil zu beweisen vermag, geht man also davon aus, daß alle Hominiden sich aufzurichten und mit ausgreifenden Schritten ihren Lebensraum zu durchschreiten vermochten.

Diese Erkenntnisse besagen, daß der aufrechte Gang eine urlang geübte Praxis hominider Bewegung war, die sich vermutlich bis über das Pliozän hinaus weit in den fossilen Leerraum des Miozäns erstreckt und somit an die acht Millionen Jahre alt ist. Das ist insofern bemerkenswert, als unser Blickwinkel auf prähumane Adaptionsmöglichkeiten dadurch erheblich erweitert wird. Wir können deshalb heute in unseren Interpretationen weiter gehen als noch vor wenigen Jahren. Üblicherweise geht man davon aus, daß die vornehmsten prähumanen Tätigkeiten darin bestanden, Steintechnologien zu entwickeln, gelegentlich im Gruppenverband zu jagen und auch die Nahrung in Form einer sogenannten »partitiven Ökonomie« zu teilen. Diese Verhaltensmerkmale haben zwar fraglos die menschliche Entwicklung entscheidend beeinflußt, spielten jedoch kaum eine Rolle beim Übergang von der vier- zur zweibeinigen Fortbewegung.

Die meisten Primaten beschäftigen sich überwiegend mit der Nahrungssuche, was allem Anschein nach auch auf die Hominiden vor zwei oder drei Millionen Jahren zutraf. Was mögen sie wohl gegessen haben? Die »traditionelle« Wissenschaft meint belegen zu können, daß der *Homo* ein Gemisch aus pflanzlicher Nahrung und Fleisch – sowohl erlegtes als auch Aas – zu sich nahm. Der *Australopithecus boisei* wird als reiner Vegetarier angesehen, während man den *Australopithecus africanus* irgendwo zwischen den beiden anderen ansiedelt. Er wird gerne mit dem heute lebenden Olivenpavian verglichen, der überall nach Wurzeln, Sprossen, Insekten und manchmal auch Kleintieren sucht. Diese These ist so vage, daß sie im Grunde gar nicht falsch sein kann. Ausbaufähig ist sie jedoch nicht gerade.

Unser Ausgangsmaterial besteht aus Zähnen und Steinwerkzeugen. Manchmal finden wir offensichtlich bearbeitete Steinwerkzeuge zusammen mit tierischen Knochen, woraus wir folgern können, daß sich vor zwei, möglicherweise sogar drei Millionen Jahren ein bestimmter Hominidentypus seine Fleischnahrung wie sonst kein anderer Primat verschaffte. Unserer Ansicht nach kann es sich dabei nur um den Typus *Homo* handeln. Außerdem sind wir weiterhin der Meinung, daß in jener Periode eine ökonomische Mischform entstand, wobei Männer und Frauen die pflanzliche und die tierische Nahrungsbeschaffung unter sich aufteilten. Dies bedeutete nicht nur eine Umwälzung in der Ernährungsweise, sondern auch im Sozialverhalten, die einen Höhepunkt in der Entwicklung zum heutigen Menschen darstellt. Wir wollen diesen Aspekt jedoch fürs erste außer acht lassen und uns dem Problem der Zähne zuwenden.

Zunächst muß festgehalten werden, daß die Backenzähne sämtlicher Hominiden im Verhältnis zu ihrer Körpergröße beachtlich waren. Der Zahnschmelz auf der Außenseite ist ebenfalls ungewöhnlich dick und übertrifft dessen Stärke bei modernen Menschenaffen erheblich. Nun könnten wir davon ausgehen, daß pflanzliche Nahrung auf dem langen Marsch des evolutionären Fortschritts sowohl für den *Homo* als auch für die Australopithecinen von überaus großer Bedeutung gewesen sei. Bleibt die Frage, welche Vegetabilien diese Hominiden besonders schätzten, denn immerhin gab und gibt es eine reiche Auswahl zwischen Nüssen, Früchten, Blättern, Samen, Zweigen, Wurzeln, Knospen und Gras. Die meisten großen Primaten bevorzugen zwar einen bestimmten vegetabilen Typus, wie zum Beispiel Früchte, Blätter oder Wurzeln und Samen, aber im Grunde fressen sie doch alles, was sie bekommen können, nämlich auch Vogeleier, Eidechsen, Larven, Insekten, Vögel und kleine Säugetiere. Mit all diesen Tieren frischen sie ihren Speisezettel auf, wann immer sich die Gelegenheit dazu bietet. Die Hominiden verhielten sich aller Wahrscheinlichkeit nach genauso; dennoch müssen wir uns fragen, was sie besonders bevorzugten.

Selbst ein flüchtiger Blick auf den Kiefer eines *Australopithecus boisei* dürfte den Betrachter davon überzeugen, daß diese enormen Zähne eine unglaubliche Kraft gehabt haben müssen, mit der auch die zäheste Nahrung zerkleinert werden konnte. Diese Überzeugung wird noch dadurch bestärkt, daß der Kiefer mit einem Muskeldruck von über einem Kilopond rhythmisch-motorisch bewegt wurde. Doch leider stimmt diese so überzeugend anmutende These mit an Sicherheit grenzender Wahrscheinlichkeit nicht. Alan Walker kam in einer glänzenden Forschungsarbeit zu dem Ergebnis, daß der *Australopithecus boisei* trotz der enormen Größe seiner Zähne, trotz des riesigen Kiefers und trotz des Muskeldrucks nicht mehr Beißkraft besaß und seine Nahrung nicht kräftiger zermalmen konnte als der *Homo sapiens*. So eindrucksvoll also die Größe des Kiefers ist, so bescheiden bleibt seine Effizienz.

Der *Australopithecus boisei* hatte einfach deshalb einen so massiven Kiefer, weil er ein sehr großes Lebewesen war und sehr viel Nahrung brauchte, um seinem Körper die nötige Energie zuzuführen. Mit Hilfe seines großen Mundes und der breiten Mahlzähne konnte er die riesigen Nahrungsmengen aufnehmen, die Tag für Tag erforderlich waren.

Vermutlich zogen es die großen Australopithecinen vor, in der offenen Savanne auf Nahrungssuche zu gehen und nicht nur Gras, sondern auch Samen, Wurzeln und Insekten zu vertilgen, während die kleinere Art wahrscheinlich mehr im Schutz der Büsche und Bäume lebte, denn der *Australopithecus africanus* war mit Sicherheit weniger gegen Raubtiere gefeit als der weit größere *Australopithecus boisei*. Die endgültige Antwort wird sich aus sehr genauen Untersuchungen der uns zur Verfügung stehenden Zähne ergeben.

Beide Arten beschafften sich ihre Nahrung zweifellos in kleinen Gruppen. Jeder einzelne hatte jedoch für sich selbst zu sorgen, wie das auch bei Schimpasen, Gorillas, Pavianen und allen anderen rezenten Primaten der Fall ist. Alle sammeln gemeinsam, aber essen alleine. Nachts haben die kleinen Australopithecinen-Gruppen vermutlich wieder den Schutz eines Baumes oder eines

Felsvorsprungs aufgesucht, um sich schlafen zu legen – auch dies entspricht dem Verhalten rezenter Schimpansen und Paviane.

Die Lebensweise des langsam sich entwickelnden *Homo* unterschied sich dagegen vermutlich von der der Australopithecinen. Der plausibelste Beweis dafür sind die Steinwerkzeuge, die eigentlich überhaupt das greifbarste Faktum der gesamten Prähistorie bilden. Hominiden begannen schon vor zweieinhalb Millionen Jahren – und vermutlich sogar noch früher – Werkzeuge aus Stein anzufertigen, die einen vorbedachten Sinn und Zweck zu erfüllen hatten. Dazu kommt noch, daß sie – gelegentlich jedenfalls – diese Steinwerkzeuge an bestimmten Orten herstellten und also keineswegs dauernd kieselsammelnd durch die Landschaft wanderten. Das heißt mit anderen Worten, daß wir Beweise für das Vorhandensein frühester Lagerstätten haben. Im Verlauf zwischen drei und einer Million Jahren vor unserer Zeit, als unsere Vorfahren langsam begannen, sich auch in Europa und Asien anzusiedeln, finden wir in zunehmender Zahl Lager und entdecken mehr und mehr Werkzeuge, die ihre Bewohner dort zurückgelassen haben. Es sind die stummen Zeugen einer unglaublichen intellektuellen und sozialen Revolution, welche die Hominiden auf ihrem evolutionären Vormarsch voranbrachte.

Wenden wir uns noch einmal dem KBS-Lager in der Nähe des Turkana-Sees zu, mit dem wir uns schon im 1. Kapitel beschäftigt haben. Hier ist offenkundig, daß die Werkzeuge nicht das Zufallsprodukt müßiger Hände waren, denn die Hominiden, die dieses Lager verlassen haben, mußten einige Kilometer weit wandern, um die Lavasteine zu finden, aus denen sie das Werkzeug anfertigten. Das setzt sowohl planerische Fähigkeiten als auch eine gewisse Weitsicht und nicht zuletzt körperliche Anstrengung voraus. Allerdings war diese Technologie noch recht primitiv: Von Geröllsteinen in der Größe eines Tennisballs wurden vier, fünf Splitter abgeschlagen, um so eine Art Hackmesser zu bekommen; aus eckigen Kieseln, die in der Mitte durchgeschlagen waren, entstanden sogenannte Diskoide; Steinsplitter dienten als Messer; und außerdem fand man kleine spitze Splitter und sogenannte Polyeder. Welche Verwendung diese Werkzeuge im Alltagsleben unserer Vorfahren fanden, können wir nur vermuten. Wahrscheinlich benutzten sie die spitzen oder messerähnlichen Abschläge, um Fleisch zu schneiden, scharfe Steinkanten, um die Grabstöcke anzuspitzen, die Diskoiden, um Tierhäute zu walken oder Rinde zu glätten und alle möglichen schweren Kiesel, um Nüsse aufzuschlagen und Knochen zu zertrümmern, damit sie an das Mark gelangen konnten.

Es ist zweifellos sinnvoller, die verschiedensten Arbeiten mit den unterschiedlichsten Werkzeugen in Verbindung zu bringen, als jedem einzelnen Werkzeug eine bestimmte Funktion zuzuordnen. Alles andere wäre nur ein Zeitvertreib ohne jegliche wissenschaftliche Aussagekraft. Ein wesentlicher Bestandteil des Alltagslebens hinterläßt keinerlei Spuren. Sowohl Pflanzen als auch Werkzeuge aus Holz verwesen, bevor sie versteinern können. Dabei wurden die Steinwerkzeuge vermutlich auch dazu benutzt, feinere Geräte aus Holz zu fertigen oder auch Nahrung zuzubereiten. Dies wird allzuoft vergessen, wenn man sich das Leben der Hominiden vorzustellen versucht und es nur als ein einziges Niedermetzeln von Tieren oder als blutigen, mit Steinwaffen ausgetragenen Dauerstreit darstellt.

Sollten die Hominiden im Tal des unteren Omo vor zweieinhalb Millionen Jahren jemals schwere Steinwaffen besessen haben, so sind sie verschwunden. Bis auf den heutigen Tag hat man nur Werkzeuge entdeckt, die aus Fragmenten des milchig geäderten Quarzes bestehen und stets nur ein paar Zentimeter groß sind. Vermutlich war die »technische« Entwicklungsfähigkeit unserer Vorfahren einfach durch das Nichtvorhandensein des erforderlichen Ausgangsmaterials in dieser Gegend begrenzt. Die einzigen großen Steinbrocken, die ihnen zur Verfügung standen, setzten sich aus Quarzgeröll zusammen, das der Fluß aus den 25 Kilometer entfernten Bergen angeschwemmt hatte. Dies eignet sich jedoch nicht für die Herstellung schwerer, scharfer Gerätschaften.

Auf den ersten Blick sehen diese Quarzabschläge so unscheinbar aus, daß man sie zunächst gar nicht für Werkzeuge hielt. Sie hätten auch auf natürliche Weise entstanden sein können. Wenn man sie jedoch genau betrachtet, stellt man fest, daß sie bearbeitet worden sind, um spitze Kanten zu erzielen. Außerdem weisen sie Spuren von Gebrauch auf, die vermutlich darauf zurückzuführen sind, daß diese Werkzeuge zum Zerkleinern festen Materials dienten. Die Werkzeuge vom unteren Omo sind also ein Beweis für das Vorhandensein einer Steinkultur, deren Qualität vermutlich meist von der Beschaffenheit des Rohmaterials abhängig war.

Die ältesten Werkzeuge von Menschenhand entdeckte die amerikanisch-französische Gemeinschaftsexpedition im Hadar. Sie stammen von Hominiden, die vor mehr als zweieinhalb Millionen Jahren lebten. Die Geräte selbst sind zwar sehr einfach, aber ihre Entdeckung war ein aufregender Fortschritt in der Erforschung der Menschheitsgeschichte. Hélène Roche, eine junge französische Archäologin, war fest davon überzeugt, eines Tages Werkzeuge zu finden, die von den Hadar-Hominiden hergestellt wurden, die ihrerseits wohl dem Typus *Homo* zuzuordnen sind. Einige Jahre lang widmete sie sich dieser Forschungsarbeit, entdeckte aber nur verhältnismäßig junge Steinwerkzeuge, ohne auf das zu stoßen, was sie eigentlich suchte. Aber im Herbst 1976, als sie eines Morgens eine ihrer Routine-Untersuchungen durchführte, fiel ihr Blick plötzlich auf eine ausgetrocknete Wasserrinne, deren Sedimente Steinwerkzeuge enthielten. Es waren zwar nur grobe Schaber und Hackmesser aus Lavageröll, aber es handelte sich ohne jeden Zweifel um das Werk menschlicher Hände. Hélène Roche ließ ein geologisches Gutachten anfertigen, um das Alter der Werkzeuge bestimmen zu können. Sie war begeistert, als sie erfuhr, daß die Werkzeuge mindestens zweieinhalb Millionen Jahre alt und somit die ältesten Artefakte waren, die jemals gefunden worden sind. Aber das genügt ihr nicht. Sie ist fest davon überzeugt, daß sie eines Tages noch ältere Werkzeuge finden wird.

Die wertvollsten Entdeckungen aus ganz Ostafrika wurden jedoch in der tansanischen Schlucht von Olduvai gemacht. Im Verlauf von zwei Millionen Jahren vor dem Beginn der Neuzeit ist dort ein seinen Umfang ständig verändernder, abflußloser See, der sich etwa 30 Kilometer in nord-südlicher und etwas über 20 Kilometer in ost-westlicher Richtung erstreckte, in der Hitze der tropischen Sonne allmählich verdunstet. Im Südosten begrenzten die vulkanischen Höhenzüge von Ngorongoro, Lemagrut und Olmoti den Horizont. Die grüne Savanne dehnte sich von dem flachen Sumpfufer des Sees hin bis zu den bewaldeten Hügeln im Norden, Osten und Süden. Aus dieser Savanne, vor allem aus dem Osten, mündeten die meisten Zuflüsse in den See. Die Fauna und Flora rings um den See war außerordentlich reich. Heute ist das Wasser verdunstet, der einstige See nur noch eine trockene Vertiefung in der Serengeti-Ebene. Ein nur in der Regenzeit Wasser führender Fluß hat in neuerer Zeit eine knapp 100 Meter tiefe Schlucht in die Sedimente gegraben und dadurch bemerkenswerte Beweise prähistorischen Lebens freigelegt.

In dieser Schlucht trägt Mary Leakey seit mehr als 30 Jahren geduldigen Forschens und Suchens Werkzeuge zusammen, die die Entwicklung einer Steintechnologie während zwei Millionen Jahren dokumentieren: Die Hominiden, die vor fast zwei Millionen Jahren am ehemaligen Seeufer lebten, benutzten ein grobes Steinwerkzeug, das dem aus dem KBS-Lager sehr ähnlich ist. Man nennt diese Art des Werkzeugs, das überwiegend aus primitiven Messern, Schabern und Splinten besteht, »olduvanisch«. Es bildete das Fundament für die prähistorische Technologie während einer Million Jahre. In dieser erstaunlich langen Zeit entwickelten sich allmählich differenziertere Formen. Aus der Periode vor eineinhalb Millionen Jahren datieren zehn besser gefertigte Werkzeuge, die Mary Leakey, um sie gegen die älteren Funde aus Olduvai abzugrenzen, zur sogenannten »fortgeschrittenen olduvanischen Technologie« zählt.

Interessanterweise entwickelte sich während des Zeitraums, in dem sich die »fortgeschrittene olduvanische Technologie« herausbildete, eine ähnliche, wenngleich nicht identische, am Turkana-See. Es könnte sein, daß diese sogenannte »Karari-Werkstatt« von Nachfahren jener Hominiden errichtet wurde, die eine Million Jahre zuvor im KBS-Lager gelebt hatten. Der technologische Fortschritt zu jener Zeit ist natürlich keineswegs mit dem Tempo der modernen Industriegesellschaft vergleichbar, aber das bedeutet nicht, daß auch der soziale und das Verhalten prägende Prozeß ähnlich schleppend verlief. Zweifellos ging der technologische Fortschritt ausgesprochen langsam vonstatten. Aber wer weiß, ob diese Hominiden ihren Erfindungsgeist nicht lieber darauf verwandten, den Gebrauch der einzelnen Werkzeuge zu verbessern, als ganz neue Geräte zu entwickeln?

Vor eineinhalb Millionen Jahren entwickelte sich in Olduvai eine zweite Werkzeugkultur, die lange neben der dort verwurzelten »fortgeschrittenen olduvanischen« existierte. Für diese sogenannte »acheuleische Technologie« ist vor allem das Vorkommen einer Art Handaxt charakteristisch, ein sorgfältig angefertigtes Gerät, dessen Verwendungszweck allerdings bis heute noch nicht geklärt werden konnte. Manche sind so schwer, daß es fast unvorstellbar ist, wie man sie jemals handhaben konnte. Andere dagegen liegen gut in der Hand und machen durchaus den Eindruck, sie seien tatsächlich zu dem Zweck verwendet worden, auf den die Bezeichnung der Wissenschaftler verweist.

Diese ständig differenzierter werdende »acheuleische Kultur« dauerte bis zum Ende der olduvanischen Periode an und wurde dann von Hominiden, die nordwärts zogen, mitgeführt. So wurden in Europa acheuleische Werkzeuge bis vor 200000 Jahren benutzt. Die Hominiden in Asien fertigten dagegen Werkzeuge an, die mehr der »fortgeschrittenen olduvanischen Technologie« entsprachen. Sie existierte allerdings nicht so lange wie die »acheulei-

Sonnenuntergang am Turkana-See

Auf der Landzunge von Koobi Fora befindet sich seit 1963 das gleichnamige Forschungszentrum. Kühler Zufluchtsort vor der glühenden Hitze im Hinterland.

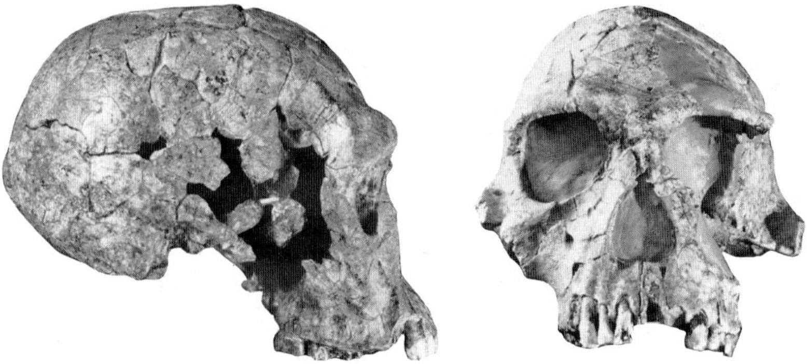

Australopithecus africanus (Katalognummer 1813)

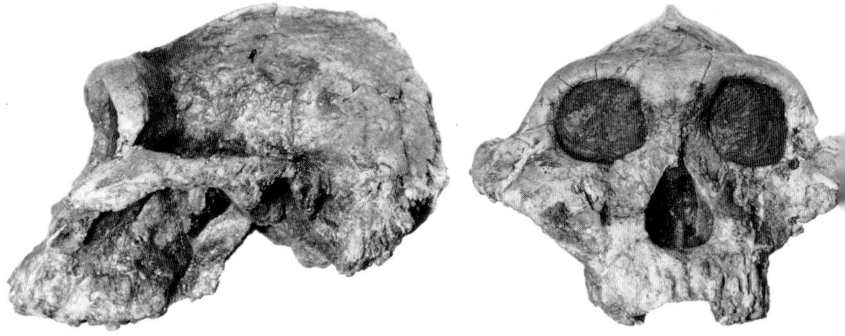

Australopithecus boisei (Katalognummer 406)

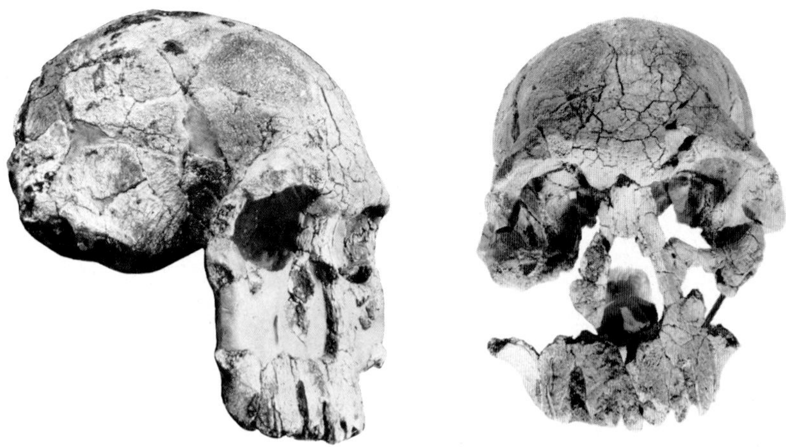

Homo habilis (Katalognummer 1470)

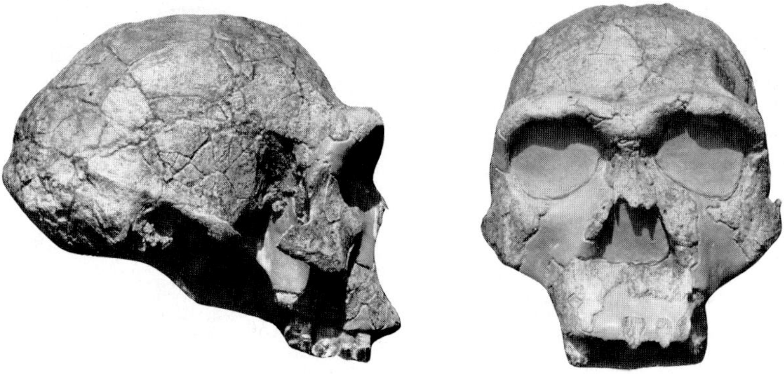

Homo erectus (Katalognummer 3733)

Links und oben: Die Schädel dieser vier hominiden Arten wurden am Ostufer des Turkana-Sees und an anderen Ausgrabungsorten in Afrika gefunden. Der *Australopithecus africanus* lebte gleichzeitig mit dem *Australopithecus boisei*, war jedoch kleiner. Der *Homo habilis* war der Vorläufer des *Homo erectus*.

Unten: Oberschenkelknochen des *Homo erectus, Homo sapiens sapiens, Australopithecus boisei* und *Australopithecus africanus* (von links nach rechts.) Alle Hominiden, die vor zwei Millionen Jahren lebten, gingen aufrecht auf zwei Beinen.

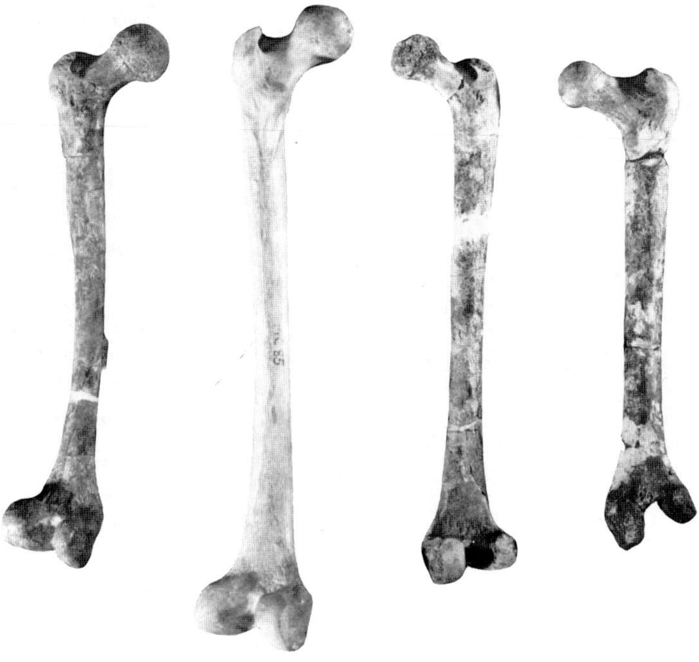

Im ausgetrockneten Bett eines Regenflusses untersucht Richard Leakey einen hominiden Kiefer. Während der Regenzeit waschen reißende Ströme den Sandstein hinweg und legen die Versteinerungen bloß.

Richard Leakey gräbt den Schädel eines *Homo erectus* in Koobi Fora aus. Kamoya Kimeau und Meave Leakey suchen nach weiteren Fragmenten.

Richard und Meave Leakey befreien den zerbrechlichen Schädel sorgsam von Sand und Steinchen. Das Fundstück liegt umgekehrt in den Ablagerungen.

Meave Leakey legt vorsichtig das Erdreich um den Schädel herum frei.

Ein Sonnensegel wird aufgespannt.

Richard Leakey härtet den Schädel mit einer Flüssigkeit, damit er nicht zerbrechen kann.

Hier benützt R. Leakey ein Dentistenhäkchen, um die letzten Sandpartikel von der Ober- und Rückseite des Schädels abzukratzen.

Der Schädel liegt nun mit der Schädeldecke nach oben auf Sand in einem Behälter. Leakey gibt noch mehr von dem flüssigen Härtemittel hinzu.

R. Leakey untersucht den entkrusteten Schädel.

Die weiteren Untersuchungen führt Leakey im Lager von Koobi Fora durch. Hier ein besonders schönes, etwa 1,3 Millionen Jahre altes Exemplar.

Luftaufnahme des Ausgrabungsgeländes am Ostufer des Turkana-Sees. Auffallend sind die Sanderosionen.

Richard Leakey steht vor den Sandsteinablagerungen von Koobi Fora. Eine Wüstenrose und ein Dornbusch wachsen aus der ausgedörrten Erde.

sche Technologie«, die letzten Endes dominierte, bis auch sie von einer verfeinerten Werkzeugherstellung abgelöst wurde.

Wie kam es jedoch dazu, daß die Hominiden von Olduvai zur gleichen Zeit und über eine Periode von einer halben Million Jahre zwei absolut unterschiedliche Arten von Werkzeugen entwickelten?

Möglicherweise stammten sie von zwei verschiedenen hominiden Arten ab, die olduvanische etwa von einer Restbevölkerung des *Homo habilis* und die acheuleische vom *Homo erectus,* der sich dort ansiedelte, um schließlich die Ureinwohner zu verdrängen. Es kann aber auch sein, daß sie von zwei verschiedenen Stämmen desselben hominiden Typus entwickelt wurden, die damit möglicherweise ihrem Identifikationsbedürfnis Ausdruck verleihen wollten, wie es noch heute bei Völkern zu beobachten ist, die auf einer technologisch primitiven Stufe leben. Vielleicht hat dann einfach eine Technologie die andere überflügelt.

Es ist aber auch denkbar, daß die olduvanischen Werkzeuge für bestimmte Verrichtungen besonders geeignet waren und die acheuleischen für andere, so daß die Hominiden vom Turkana-See eine der beiden Techniken für den jeweils geeignetsten Zweck verwendeten. Da wir keine konkreten Aussagen machen können, empfiehlt es sich, mehrere Möglichkeiten offen zu lassen und dogmatische Festlegungen zu vermeiden.

Erfahrung hat uns gelehrt, daß der Mensch ein kreatives Wesen ist und improvisiert, wann immer es die Situation erfordert. Wenn man zum Beispiel eine Schraube anziehen muß, aber keinen Schraubenzieher zur Hand hat, sieht man sich eben nach etwas um, das man statt dessen verwenden könnte – ein Messer etwa, eine Münze oder einfach den Daumennagel. Unsere hominiden Vorfahren mußten sich zwar nicht mit solchen Problemen herumschlagen, aber ihr Alltagsleben erforderte vermutlich ständig die Fähigkeit zur Improvisation, um sich in allen anfallenden Situationen behaupten zu können. Wenn wir uns noch einmal an unsere Szene vom Leben im KBS-Lager erinnern, so könnte beispielsweise der Mann, der das Wasserloch gegraben hat, den Schulterknochen einer Antilope verwendet haben, der gerade in der Nähe lag. Außerdem wäre es merkwürdig, wenn die vielen Tierzähne, die wir als dürftige Zeugen prähistorischen Lebens gefunden haben, nicht auch gelegentlich als Schneidewerkzeuge von den Hominiden verwendet worden wären. Um in der Gegenwart ein solches Beispiel zu finden, brauchen wir nur die Yanomamo-Indianer in Südamerika zu beobachten. Die Yanomamos benutzen den Unterkiefer eines Wildschweins, um Holzwerkzeuge glatt zu schaben und die scharfen Hauer, um damit Holz aufzusplinten.

Im Gegensatz zu Raymond Dart, der das Vorhandensein einer speziellen Horn- und Knochenkultur annimmt, sind wir jedoch der Meinung, daß Knochen, Zähne und Horn aller Wahrscheinlichkeit nach stets spontan für den Zweck verwendet worden sind, für den sie im entsprechenden Moment am besten geeignet erschienen.

Dart prägte den Begriff »osteodontokeratische Kultur« (d.h. aus Knochen, Zähnen und Horn bestehend), nachdem er die Tierknochen aus den Kalksteinhöhlen von Makapansgat analysiert hatte. Zu seiner These regte ihn vor allem die Tatsache an, daß in den dortigen Ablagerungen bestimmte Skelett-Teile besonders häufig vorkamen. 1957 schrieb er: »Das Nichtvorhandensein von Schwanzwirbeln kann vermutlich darauf zurückgeführt werden, daß Schwänze als Signale und Jagdpeitschen verwendet worden sind. Schwanz- und andere Wirbel können auch deshalb verloren gegangen sein, weil sie vermutlich als Wurfgeschoße und die Wirbelenden (sofern vorhanden) als Hebel oder Spitzen dienten. Ober- und Unterschenkelknochen (Tibiae) waren denkbar gut geeignet als Keulen. All diese Dinge wurden natürlich außerhalb der Höhlen verwendet, was vermutlich der Grund dafür ist, daß sie seltener gefunden werden. Am häufigsten treffen wir auf Oberarmknochen (Humeri), wahrscheinlich weil diese wohl vorwiegend von Frauen und Kindern in der Höhle als Werkzeuge benutzt worden sind.«

Dart war davon überzeugt, daß die Hominiden in Höhlen lebten und ihre Technologie aus den reichlich vorhandenen Knochen entwickelten. Selbstverständlich ist dieses Angebot der Natur von Zeit zu Zeit immer wieder genutzt worden, ohne aber daß daraus eine spezielle »osteodontokeratische Kultur« in Makapansgat entstand. Bob Brain vom Transvaal-Museum in Prätoria hat in einer für ihn typischen, äußerst gründlichen Analyse nachgewiesen, daß bestimmte Knochen verwesen, wenn sie den Elementen oder den scharfen Zähnen von Aasfressern ausgesetzt sind, während andere erhalten bleiben; beides hängt allein von der Beschaffenheit und Größe der Knochen ab. Deshalb überrascht es nicht, daß verschiedene Knochen, die besonders »dauerhaft« sind, (wie Arm- und Beinknochen und Kiefer) auch besonders häufig in den Höhlen von Makapansgat gefunden wurden. Das heißt, die stabilen Knochen blieben in der Höhle erhalten, während die schwächeren aufgefressen wurden oder verwesten. Die Höhlen dienten den Hominiden aller Wahrscheinlichkeit nach höchst selten, wenn überhaupt, als Wohnstätte.

Es hat sich also erwiesen, daß die »osteodontokeratische Kultur« ein Trugschluß ist, der einfach auf einem Mißverständnis der Tatsache beruht, daß Aasfresser manche Knochen zerbeißen können, andere aber nicht, und daß überdies natürliche Korrosionsprozesse eine nicht zu unterschätzende Rolle gespielt haben. Dieser Trugschluß sollte ein warnendes Beispiel für diejenigen sein, die den prähistorischen Funden unbedingt eine »unwiderlegbare Signifikanz« abzuringen versuchen.

Im Verlauf seiner sorgfältigen Untersuchung stellte Brain gleichzeitig fest, daß das menschliche Skelett, etwa im Vergleich zu Antilopenknochen, überhaupt kein Problem für Raubtiere darstellt. Sie können mit Ausnahme des Schädels und des Unterkiefers alle Knochen fressen. Brain experimentierte zwar mit heute lebenden Primaten und Fleischfressern, aber diese Tatsache gilt zweifellos auch für die frühen Hominiden und erklärt somit, weshalb die Knochenfunde aus der Vergangenheit vor allem aus Schädel und Kiefer bestehen. Am häufigsten sind die Unterkiefer des *Australopithecus robustus,* die offensichtlich die widerstandsfähigsten Knochen der gesamten Vorgeschichte waren.

Wir haben uns nun ausführlich genug mit Knochen und Steinwerkzeugen beschäftigt, um uns mit den gewonnenen Erkenntnissen als Grundlage der Untersuchung der Lebensweise unserer Vorväter zuwenden zu können. Wir werden nun ihre ökonomische, intellektuelle und soziale Entwicklung verfolgen und dann beobachten, wie sich allmählich die Aggression als wesentliches Element menschlicher Interaktion entwickelte.

Kapitel 6

Eine uralte Lebensform

Die Entwicklung des Ackerbaus vor rund 10000 Jahren führte erst langsam, dann immer unaufhaltsamer zum Untergang der Lebensform des Sammelns und Jagens, die mindestens zwei Millionen Jahre, möglicherweise sogar viel länger die menschliche Existens bestimmt hatte. Die evolutionären Kräfte, die während des späten Pliozän und Pleistozän menschliches Denken, Verhaltensweisen und soziales Verantwortungsbewußtsein geprägt hatten, waren in die Lebensform des Sammelns und Jagens eingebunden. Angesichts dieses langen Zeitraumes erleben wir im Grunde genommen unsere gegenwärtige, hochtechnisierte Zivilisation aus der Verhaltens-, Denk- und Gefühlswelt der Sammler und Jäger.

Um den Kern menschlichen Wesens besser verstehen zu können, sollten wir uns den wenigen Völkern zuwenden, die noch kaum von der Technik berührt sind. Diese heute noch lebenden Sammler und Jäger – von denen es ja ohnehin nur noch ein paar hunderttausend (angesichts einer Gesamtweltbevölkerung von mehr als vier Milliarden Menschen) gibt, gehören keinesfalls »fossilierten« Volksstämmen an, deren Verhaltensweisen aus grauer Vorzeit überkommen sind. Sie sind moderne Menschen, deren Wurzeln tief in die Ursprünge der Menschheitsgeschichte zurückreichen.

Was also können uns diese Völker lehren, wie können wir aus dem komplexen Netz ihrer Verhaltensweisen jene Fäden herauslösen, die uns bis zu den Anfängen der Menschheit führen?

Die Fragen, die wir hier stellen, betreffen die soziale Organisationsform von Sammler- und Jägergemeinschaften, was ihnen wert und wichtig ist, welche Fertigkeiten – und zwar sowohl intellektueller als auch sozialer Natur – sie haben, um ihren Lebensunterhalt innerhalb der Gruppe zu bestreiten und die Beziehungen, die sie zu ihrer Umgebung haben.

Das waren auch die Fragen, die den amerikanischen Anthropologen Napoleon Chagnon beschäftigten, als er vor zehn Jahren zum ersten Mal ein Dorf der Yanomamo betrat. Die Yanomamo-

Indianer, die zu beiden Seiten der dichtbewaldeten Grenze zwischen Venezuela und Brasilien leben, sind Sammler und Jäger, bauen jedoch auch Gemüse an. Sie jagen, wenngleich mit mäßigem Erfolg, alles von der Eidechse bis zum Affen und sammeln in den umliegenden Wäldern Pilze, Wurzeln, Nüsse und Früchte. Den wesentlichsten Teil ihrer Nahrung bauen sie aber in ihren »Dorfgärten« an. Chagnon lebte 18 Monate mit den Yanomamo. Als er zu ihnen kam, wußte er wenig über sie und seine erste Begegnung mit ihnen versetzte ihm einen Schock. Voll Neugier und Spannung auf das erste Zusammentreffen mit Angehörigen des Volkes, das er sich für seine anthropologischen Studien ausgewählt hatte, kroch er durch das niedrige Eingangstor, das ins Dorf führte, und sah sich »einem Dutzend stämmiger, nackter, schmutziger, abstoßender Männer« gegenüber, die »uns über ihre gespannten Bogen hinweg anstarrten!« Sie hatten dicke grüne Tabakblätter zwischen ihren unteren Zähnen und Lippe geklemmt und grüner Schleim floß oder tropfte aus ihren Nasen, der ihren Anblick noch widerlicher machte ... Ich war vor Schreck wie erstarrt ... sollte das etwa der Empfang sein?«. Später nannte er sie »die wilden Leute«, weil aggressives Verhalten eines ihrer wesentlichsten Charaktermerkmale ist.

Zur gleichen Zeit, als Chagnon sich damit befaßte, die Motive kennenzulernen, aus denen sich die Kultur der Yanomamo entwickelte, untersuchte eine Gruppe von Wissenschaftlern die Gemeinschaftsform und die auf den nackten Lebensunterhalt ausgerichtete Versorgungsweise eines echten Sammler- und Jägervolkes im nördlichen Botswana. Hier in Dobe, einer ausgedörrten Hügellandschaft am nördlichen Rande der Kalahari, leben die !Kung San*. Sie leben von dem, was die Natur ihnen zu bieten hat, jagen (mit ebenfalls bescheidenem Erfolg), sammeln Nüsse, Wurzeln und allerlei Grünzeug, bauen aber selbst nichts an. Sie wurden aufgrund der sorgfältigen Studien der beiden Anthropologen Richard Lee und Irven DeVore zu einem Modell für die typischen Verhaltensformen eines Sammler- und Jägervolkes. Die !Kung werden »die freundlichen Leute« genannt. Der Grund dafür wird klar, sobald man sich näher mit ihnen befaßt.

Die »freundlichen Leute« sind echte Sammler und Jäger, wäh-

* Die !Kung San sprechen ebenso wie die benachbarten G/wi eine sogenannte Schnalzsprache. Das ! bedeutet ein Zahn-Gaumen-Schnalzen, das dadurch entsteht, daß die Zunge fest gegen den Gaumen gepreßt und dann schnell weggeschnalzt wird. Das / bedeutet ein Zahnschnalzen, das entsteht, wenn man die Zunge hinter die oberen Vorderzähne preßt und sie dann jäh zurückzieht, so daß ein Laut wie »tsk« gebildet wird.

rend die »wilden Leute« zusätzlich in begrenztem Maße Ackerbau betreiben. Dies ist einer der Unterschiede, der die zwei Gesellschaftsformen kennzeichnet. Beide sind jedoch modellhafte Beispiele für die Veränderung des ökonomischen und kulturellen Verhaltens, die sich vor 10000 Jahren vollzog, als unsere Vorfahren allmählich vom Sammeln und Jagen zum Ackerbau übergingen. Im Schlußkapitel werden wir einige Unterschiede zwischen diesen beiden Lebensformen aufzeigen und auch auf gewisse durch sie bedingte, psychologische Verhaltensnormen zu sprechen kommen. Vorerst interessieren uns aber die Gemeinsamkeiten eines einfachen Versorgungssystems.

Die herkömmliche Anthropologie geht davon aus, daß die Sammler- und Jägervölker auf einem partriarchalischen Ordnungsprinzip basieren, welches aus drei wesentlichen Teilen besteht: Erstens darf nicht innerhalb der Gruppe geheiratet werden. Zweitens müssen die Frauen nach der Heirat sich der Gruppe ihrer Männer anschließen, und drittens leben die einzelnen Gruppen in streng voneinander getrennten, nachdrücklich verteidigten Territorien. Einer weit verbreiteten Ansicht zufolge ist der Sippenverband der Sammler und Jäger also ein starres Wabensystem, das sich durch die Vorherrschaft der männlichen Mitglieder und starke soziale Bindungen kennzeichnet, wobei diese »Horden«, wie sie gelegentlich auch genannt werden, von dem leben, was auf dem ihnen zuerkannten Gebiet an Nahrung vorhanden ist.

Anhänger dieser herkömmlichen Version halten, wie so oft, mehr von einer gängigen, bequemen Lösung als von der Wahrheit. Es hat sich erwiesen, daß diese Theorie zu starr und unflexibel ist, obwohl das eine oder andere durchaus auf die unter dem wissenschaftlichen Begriff »patrilokal« zusammengefaßten Sammler- und Jägergruppen zutrifft. Wir wissen inzwischen, daß die überwiegende Mehrheit der Sammler- und Jägervölker in vergleichsweise offenen sozialen Gruppen leben und sich ihren Existenzbereich teilen, wo er sich mit dem ihrer Nachbarn überschneidet. Dies gilt für Sammler und Jäger auf der ganzen Welt, von den Bewohnern der Glutwüsten Afrikas bis zu denen der eisigen Weiten der Arktis. Und dies hat auch einen guten Grund, denn die Anpassungsfähigkeit der Gruppen untereinander ebenso wie die an ihren Lebensraum hat entscheidende soziale und wirtschaftliche Vorteile. So können zum Beispiel Spannungen viel leichter abgebaut werden und vorübergehende örtliche Nahrungsknappheit oder Überfluß untereinander ausgeglichen werden. In der Sprache der Anthropologen ausgedrückt heiß das: Ihre Lebensform ist sozial und ökologisch anpassungsfähig und flexibel.

Das Netz, das die Gruppen unter- wie miteinander zusammenhält, ist das Verwandtschaftsprinzip. Die Hauptkomponenten, ohne die ihr System nicht funktionsfähig wäre, sind Nahrungsteilung und Zusammenarbeit. Dies trifft sowohl auf die Yanomamo als auch auf die !Kung zu, trotz ihrer so unterschiedlichen Verhaltensweise und der darauf beruhenden Kultur.

Die !Kung San gehören zu einem Volksstamm, der seit 10000, wahrscheinlich sogar schon seit 50000 Jahren im Süden Afrikas lebt. Ihre Lebensweise unterscheidet sich, soweit feststellbar, kaum von der ihrer Vorväter vor Jahrtausenden. Die !Kung und ihre Nachbarn leben nicht etwa in der unwirtlichen Kalahari-Wüste, weil europäische Kolonisten sie dorthin verdrängt haben, sondern einfach, weil sie schon immer dort wohnten. Bevor 1650 die ersten holländischen Siedler ansässig wurden, bevölkerten die San allerdings das gesamte südliche Afrika zwischen Sambesi und dem Kap der Guten Hoffnung. Die holländischen Eindringlinge rotteten im Laufe der Zeit den größten Teil dieses Volkes aus. Übrig blieben nur die Sippen, die am Rande der Kalahari leben, dort wo sie an Botswana, Namibia und Angola angrenzt. Die Holländer waren es auch, die den !Kung San den diskriminierenden Namen »Buschmänner« gaben, eine Bezeichnung, die man nicht mehr verwenden sollte.

Das Leben der !Kung wird überwiegend vom spärlichen Vorhandensein des Wassers bestimmt. (Vermutlich waren auch die frühen Hominiden den größten Teil ihrer Zeit mit der Suche nach Wasser beschäftigt, da ihnen wahrscheinlich brauchbare Gefäße fehlten, um es transportieren zu können.) Zwischen Juni und September regnet es in der nördlichen Kalahari nie. Während dieser Trockenperiode versammeln sich die !Kung an den acht Wasserlöchern in der Region von Dobe und errichten relativ große Lagerplätze. In den heißen Sommermonaten von Oktober bis Mai füllt der spärlich fallende Regen vorübergehend ein paar Wasserlöcher, meist sind es jedoch nur flache Vertiefungen zwischen den sanften Hügeln oder Löcher in Mongongo-Nußbäumen. Während dieser Zeit, wenn hier und da eine kleine Wasserfläche inmitten der sonst trockenen Landschaft aufglitzert, teilen sich die !Kung wieder in kleinere, meist aus etwa 25 Mitgliedern bestehende Gruppen und schlagen ihre Lager jeweils für ein paar Wochen in der Nähe dieser kurzlebigen Oasen auf. Im Gegensatz zu dem gern zitierten Märchen, wonach die einzelnen Gruppen aus Nahrungsmangel ruhelos von Ort zu Ort ziehen müssen, wechseln Sammler- und Jägervölker ihre Lagerplätze in regelmäßigen Abständen, um an anderer Stelle frische Nahrung zu finden, wobei sie das neue Lager meist ganz in der Nähe des alten aufschlagen.

Interessanterweise handeln die G/wi San, die fast 500 km südöstlich von Dobe in einem noch trockeneren Teil der Kalahari leben, nach einem genau entgegengesetzten Muster: Während der kurzen Regenperiode von sechs bis acht Wochen, wenn sich die Wasserlöcher vorübergehend füllen und die !Kung sich in kleinere Gruppen auflösen, bilden die G/wi größere Gruppen und trennen sich erst wieder, wenn die Regenzeit vorbei ist (dann also, wenn ihre Vettern aus dem Norden sich wieder zusammenscharen). *Ökologisch* läßt sich das Verhalten der G/wi damit erklären, daß sie im Gegensatz zu den !Kung keine ständigen Wasserlöcher haben. Den größten Teil des Jahres leben sie in kleinen Gruppen. Während dieser Zeit stehen ihnen als Flüssigkeitsspender nur bittere Melonen oder andere saftige Früchte zur Verfügung. Sie sind vermutlich das einzige Volk auf der Erde, das über einen so langen Zeitraum ohne direkte Wasserquellen auszukommen vermag.

Die *sozialen* Gründe für diese Fluktuation innerhalb der Gruppenstruktur sind unterschiedlichster Natur. Erstens ist die Geselligkeit, die diese Stämme sehr lieben, in größeren Gruppen viel ausgeprägter und erlaubt es überdies, alte Kontakte wieder herzustellen, die sonst verloren gehen könnten. Zweitens ändert sich die Zusammensetzung der einzelnen Gruppen durch den ständigen Wechsel. Große Sippen werden aufgesplittert, mehrere kleinere verschmelzen zu einer neuen Gruppe, ganze Familien wechseln von einer Sippe zur anderen über. Die ständige Bewegung innerhalb der Gruppen, die es ermöglicht, daß unversöhnliche Sippenmitglieder voneinander getrennt werden können, oder Familien, die sich gut verstehen, zusammenziehen, ist wahrscheinlich der Grund dafür, daß bei den G/wi kaum Feindseligkeiten entstehen und soziale Spannungen rasch abgebaut werden.

Zweifellos ist diese Flexibilität eine tief verwurzelte Verhaltensweise von Sammlern und Jägern, die so weit geht, daß sie sich gelegentlich selbst täuschen, nur um auf diese Abwechslungen nicht verzichten zu müssen.

Colin Turnbull berichtet von zwei verschiedenen Jägergruppen der Mbuti-Pygmäen, die in den Wäldern von Ituri am Kongo leben. Die einen jagen mit Netzen, was die Zusammenarbeit von mindestens sechs Familien voraussetzt. Die einzelnen Gruppen sind also recht groß. Wenn jedoch die kurze Honigsaison kommt, und für eine Nahrung sorgt, die alle Sammler und Jäger sehr schätzen, wobei sie nicht nur den goldgelben, flüssigen Honig, sondern auch die Waben und Larven gleich mitvertilgen, teilen sie sich in kleine Gruppen auf, um auf die Honigsuche zu gehen. Sie behaupten, die Jagd sei während dieser Zeit so leicht, daß man Tiere mit bloßen Händen fangen könne. Wenn die herrliche Honigzeit vorüber ist, schließen sie sich wieder zu großen, mit Netzen jagenden Gruppen zusammen, wobei sie großen Wert darauf legen, daß etwaige Feindseligkeiten aus der gerade beendeten Jagdperiode beigelegt werden. Dies geschieht etwa, indem einer der beiden Widersacher ohne großes Aufheben zu einer anderen Gruppe geschickt wird.

Die mit Pfeil und Bogen jagenden Mbuti-Pygmäen verhalten sich genau entgegengesetzt und begründen ihr Vorgehen mit dem exakten Gegenteil. Die Jagd mit Pfeil und Bogen kann nur von kleinen Gruppen von Jägern ausgeführt werden. Die Mbuti-Männer jagen am liebsten zu dritt. Sie behaupten, so könnten sie die meiste Beute erlegen. Wenn jedoch die Honigsaison herannaht, kommen sie alle zusammen und bilden große Gruppen, weil sie der Ansicht sind, die Jagd sei zu diesem Zeitpunkt am schwierigsten und alle müßten sich gegenseitig helfen, um zu einigem Erfolg zu kommen. Dies ist die Zeit ihrer Geselligkeiten, die ihnen gleichzeitig – im Gegensatz zu den anderen Mbuti – die Möglichkeit gibt, etwaige Spannungen untereinander abzubauen.

Thomas Hobbes, ein englischer Philosoph des 17. Jahrhunderts, schrieb, das Leben primitiver Völker sei »schrecklich, grausam und kurz«, was sich auch mit der Ansicht vieler Leute über das äußere Erscheinungsbild unserer frühen Vorväter deckt. Heute wissen wir aufgrund der in den vergangenen Jahren gefundenen Fossilien, daß diese Ansicht falsch ist, und somit hat sich auch Hobbes geirrt.

Wie bei den meisten Sammlern und Jägern wird auch bei den !Kung die Beschaffung der Nahrung zwischen Männern und Frauen aufgeteilt. Während die Männer jagen, sammeln die Frauen Nüsse, Wurzeln und Pflanzen, je nachdem, was die Jahreszeit an Schmackhaftem bietet. Ein Erwachsener beschäftigt sich im Durchschnitt 12 bis 19 Stunden pro Woche mit der Nahrungssuche, wird also kaum überfordert. Mädchen werden etwa mit 15 Jahren erwachsen, Jungen in der Regel jedoch nicht vor ihrem 20. Lebensjahr. Mit 60 Jahren beginnt der »Lebensabend«. Die alten Leute sind hoch geachtet und werden bis ans Ende ihrer Tage versorgt. Man schätzt ihre Erfahrung und Weisheit. Während der

Kindheit und im Alter sind die !Kung frei von Pflichten, Anstrengungen und Sorgen.

Wie soll man eine Gesellschaftsform definieren, in der die Zeit des Arbeitens mit 15 Jahren beginnt, mit 60 endet und wo jeder Erwachsene nicht mehr als zweieinhalb Stunden am Tag für den Nahrungserwerb aufwenden muß? Der amerikanische Anthropologe Marshall Sahlins hat für diese Daseinsform, in der das Lebensnotwendige mit einem Minimum an Aufwand erreicht wird, den Begriff der »ersten Überflußgesellschaft« geprägt. Ganz bestimmt ist diese Lebensweise jedenfalls weder schrecklich, noch grausam, noch von frühem Tod bestimmt.

Natürlich sind die !Kung dadurch begünstigt, daß sie in einer Gegend leben, wo auf bewaldeten Hügeln zahlreiche Mongongo-Nüsse heranreifen. Diese bilden ihre Grundnahrung. Sie essen pro Tag durchschnittlich 300 Nüsse, was einem Kaloriengehalt von etwas mehr als einem Kilo Reis entspricht und genausoviel Protein enthält wie ein halbes Pfund Rindfleisch! Kein Wunder also, daß die !Kung zu Richard Lee sagten: »Warum sollten wir denn etwas anpflanzen, wenn es so viele Mongongo-Nüsse gibt?« Jahr für Jahr sammeln sie Tausende von Pfunden dieser Nahrung – und dennoch bleibt ebensoviel am Boden liegen um zu verfaulen.

Obwohl die !Kung im Gegensatz zu vielen anderen Sammler- und Jägervölkern kaum Nahrungsprobleme haben, weil ihre Hauptnahrungsquelle, die Mongongo-Nuß, nie versiegt, läßt sich dennoch manche Parallele zu der Lebensweise anderer Sammler- und Jägervölker ableiten. Das liegt erstens daran, daß zu der Zeit, als Richard Lee seine Untersuchungen über den Arbeitsaufwand der !Kung durchführte, schon im dritten Jahr eine der schlimmsten Dürreperioden herrschte, die jemals diesen Teil der Kalahari heimgesucht hatte. Die 500000 Bantu, ein Hirten- und Bauernvolk im nahegelegenen Botswana, waren so schwer von dieser Dürrekatastrophe betroffen, daß die Vereinten Nationen in aller Eile ein Ernährungs-Hilfsprogramm zusammenstellten, um sie vor dem Verhungern zu retten. Die Mongongo-Nüsse hingegen wuchsen nach wie vor so reichlich, daß die !Kung genug zu essen hatten und nicht viel Zeit auf die Nahrungssuche zu verwenden brauchten. Hätte Lee seine Untersuchungen während eines normalen Jahres mit den üblichen Regenzeiten gemacht, so hätte er feststellen können, daß die !Kung noch weniger Zeit zum Sammeln aufwenden müssen und daher noch mehr Freizeit haben, die sie mit Zusammensitzen, Schwatzen und Tanzen verbringen.

Das zweite Beispiel liefern uns die G/wi San, die in dem unwirtlichen Landstrich am Rande der Mittleren Kalahari leben. Eigentlich müßte man doch annehmen, daß diese armen Geschöpfe an der untersten Grenze des Existenzminimums dahinvegetieren, zumal sie nicht nur ihre Nahrung mühselig zusammensuchen, sondern auch in der ausgedörrten Erde nach Wasser graben müssen. Berechnungen haben denn auch ergeben, daß die G/wi mehr Zeit für die Nahrungsbeschaffung aufwenden, als die ihnen benachbarten und verwandten !Kung. Ein erwachsener G/wi arbeitet immerhin knapp 33 Stunden in der Woche, aber auch das ist noch wesentlich weniger als die durchschnittliche Arbeitszeit eines Menschen in unserer heutigen westlichen Wohlstandsgesellschaft.

Das Resultat wissenschaftlich objektiver Schätzungen der Arbeitszeit von Sammlern und Jägern mit unterschiedlichsten Lebensbedingungen ergibt in der Regel eine Stundenzahl, die ungefähr zwischen der der !Kung und der der G/wi liegt. Die meisten der wegbereitenden Forscher aus dem vorigen Jahrhundert hielten noch an den Vorurteilen von Hobbes fest, wobei der eine oder andere aufgeschlossener und verständnisvoller sein mochte. So schrieb Sir George Gray zum Beispiel 1841 über die australischen Ureinwohner, die Aborigines: »Zu normalen Zeiten genügen ihnen zwei oder drei Stunden täglich, um Nahrung für einen ganzen Tag zusammenzutragen«, und fuhr dann in dem Ton fort, der für die Arbeitsauffassung der damaligen Zeit üblich war: »Sie schlurfen einfach von einem Fleck zum anderen und sammeln auf, was gerade am Wege liegt. Sie sind eben faul.« Über die gleichen Ureinwohner schrieb John Edward Eyte 1845: »Bei meinen Untersuchungen über die Aborigines habe ich festgestellt, daß sie normalerweise in drei oder vier Stunden genug Nahrung für den ganzen Tag gesammelt haben, wobei sie das weder Mühe noch große Anstrengungen kostet.«

Noch 1952 formulierte dagegen Melville Herskovits in seiner *Anthropologischen Wirtschaftslehre,* die San aus der Kalahari und die australischen Eingeborenen seien das klassische Beispiel eines Volkes, dessen Nahrungsvorkommen so gering sei, daß es nur unter den größten Anstrengungen zu existieren vermöge. Herskovits ist damit, um ihn selbst zu zitieren, das klassische Beispiel eines Volkes, das randvoll mit Vorurteilen und völlig unzureichenden Maßstäben eine Gruppe von Menschen analysieren zu können meint, für die ihm das geringste Verständnis abgeht. Schlußfolgerungen dieser Art führten schließlich zu dem Mißverständnis, daß das Fehlen einer eigenständigen Kultur bei Sammlern und Jägern auf die Mühe und zeitraubende Arbeit zurückzuführen sei, die sie für ihre Nahrungsbeschaffung aufwenden mußten. Es ist richtig, daß bei Sammlern und Jägern auffallende, dekorative »Kulturgegenstände« keine große Rolle spielen. Aber nicht, weil sie keine Kultur haben, sondern weil sie ein Volk sind, das nur besitzt, was sich leicht und mühelos von einem Lager zum anderen mittragen läßt – das heißt, was die *Frauen* zum nächsten Lagerplatz schleppen können. Sammler und Jäger tragen ihre Kultur im Kopf mit sich und nicht auf dem Rücken. Ihre Mythen, Geschichten und Tänze sind Teile ihrer reichen Kultur.

Daß Kultur auf dem Boden ökologischer Notwendigkeiten entstehen kann, beweisen die vielen komplizierten Tabus, mit denen die G/wi San das Verspeisen von bestimmten Fleischsorten belegt haben. Wie bei vielen anderen Sammlern und Jägern ist es auch bei den G/wi verboten, das Fleisch von Hyänen, Geiern, Wildhunden und Löwen zu essen. Interessant sind vor allem die Tabus, die den Verzehr von Steinböckchen, Springhase, Kori-Trappgans und Schildkröte betreffen. Nur Kinder und Erwachsene über 40 Jahre dürfen Trappgänse und Schildkröte essen. Das Fleisch des Steinböckchens und Springhasen ist für alle Ehepaare verboten, die Kinder unter sechs Monaten haben, sowie für jeden, der beim Antilopentanz in Trance fällt. Alle greifen jedoch kräftig zu, wenn – was selten genug vorkommt – eine Elen- oder Kuhantilope erlegt wurde, eine Giraffe oder ein Strauß auf dem Speisezettel stehen. Der Unterschied zwischen diesen »erlaubten« und den »ungenießbaren« Tieren liegt möglicherweise in ihrer Größe. Das tabuisierte Fleisch stammt von Tieren, die zu klein sind, um alle aus der Gruppe ernähren zu können, die anderen sind dagegen groß genug, um alle satt zu machen.

Die Tabuisierung verfolgt also den Zweck, das Fleisch der kleinen Tiere (und das sind ja die, die am häufigsten erlegt werden) den schwächsten Mitgliedern der Gruppe zu überlassen. Der menschliche Geist hat zwar Erfindungskraft genug, Kulturformen zu entwickeln, die ausschließlich der Befriedigung geistiger und nicht praktischer Bedürfnisse dienen. Dennoch ist es häufig lohnend, nach biologisch sinnvollen Erklärungen für die Regulative des Verhaltens einer Gruppe zu suchen. Ein überzeugendes Beispiel dafür, daß Kultur und Brauchtum auf biologischen Notwendigkeiten beruhen, ist das Inzestverbot. Dies ist für die Sammler- und Jägervölker ebenso verbindlich wie für nahezu jede andere Gesellschaftsform.

Eine zweite Verhaltensweise, die allen Sammlern und Jägern gemeinsam ist, betrifft die Aufteilung zwischen Sammeln und Jagen. Das Fleisch beschaffen ausschließlich die Männer, während die Frauen für das Sammeln der Pflanzennahrung verantwortlich sind. Wer jemals eine gewisse Zeit in einem Lager der Sammler und Jäger zubrachte, wird wissen, daß Fleisch im Gegensatz zur pflanzlichen Nahrung keineswegs nur als Mittel zur körperlichen Stärkung betrachtet wird. Wenn ein Mann mit Fleisch ins Lager zurückkommt, sei es ein kleiner Springhase, den er sich lässig um die Schultern gelegt hat oder ein großes Stück von einer saftigen Antilope, dann fiebert alles in freudiger Erregung. Je größer die Beute, desto größer ist die Aufregung.

Diese Völker essen Fleisch nicht nur lieber als Pflanzen und Früchte, es ist auch ein zentraler Punkt ihres sozialen Bezugssystems. Wenn ausreichend Fleisch vorhanden ist, wird es nämlich von dem betreffenden Jäger unter den Mitgliedern seiner Gruppe sorgfältig aufgeteilt. Das bedeutet allerdings nicht, daß die Beute beispielsweise in 25 gleiche Stücke zerschnitten und dann allen 25 Stammesmitgliedern übergeben wird. Derjenige, der die Beute erlegt hat, zerteilt sie in große Portionen und gibt diese seinen engsten Verwandten und allen, denen er sich irgendwie verpflichtet fühlt. Wer eine solch reichliche Fleischportion bekommen hat, teilt sie seinerseits wieder mit seinen engsten Verwandten und anderen, denen er eventuell etwas schuldet. Nach diesem System geht es weiter: Das Fleisch wird demnach entsprechend dem Verwandtschafts- und Verpflichtungsgrad verteilt.

Im Gegensatz hierzu schaffen die Frauen Früchte und Pflanzen nur für ihre nächsten Familienangehörigen herbei. Pflanzennahrung wird nicht verteilt, denn sie hat keinen Währungscharakter. Fleisch ist dagegen ohne jeden Zweifel etwas Besonderes, und zwar sowohl als Nahrung als auch als wesentlicher Bestandteil des sozialen Bezugssystems und der »politischen« Struktur, mit anderen Worten: der Hierarchie. Ein erfolgreicher Jäger genießt nicht nur deshalb ein so großes Ansehen, weil er geschickt und mutig ist, Spuren lesen kann und den Kampf mit der Beute nicht scheut, sondern weil er durch das Recht, Fleisch an andere verteilen zu können, sich andere Gruppenmitglieder verpflichtet und sich mehr und mehr Respekt verschafft. Dies ist die einzige Form der Machtausübung, die bei den meisten Sammler- und Jägervölkern bekannt ist. Ein tüchtiger Jäger hat durch seinen Status und seine Fähigkeit, das wertvolle Fleisch zu erlegen, meist auch mehr als nur eine einzige Frau. Wie wir sehen, wird die Nahrungsbeschaffung erstaunlich ungleich bewertet.

Jäger und Sammler leben zwar häufig monogam, kennen jedoch

im Gegensatz zu den meisten westlichen Gesellschaftsformen kein Gesetz, das die Einehe vorschreibt. Ob ein Mann eine oder mehrere Frauen hat, hängt von seinen Fähigkeiten als Jäger und der dadurch erworbenen hierarchischen Position ab. Je tüchtiger er ist, desto mehr Frauen wird er haben. Da die Frauen der Jäger und Sammler fast ausschließlich für den größten Teil der Ernährung ihrer Familie sorgen, ist es für einen Mann nur von Vorteil, mehrere Frauen zu haben. Nach Richard Lees Berechnungen beträgt der Fleischanteil der Nahrung bei den !Kung etwas über 30 Prozent, während der Rest, die pflanzliche Kost also, von den Frauen gesammelt wird. Fleisch ist selten und schwer zu beschaffen. Pflanzen, Früchte und Nüsse gibt es dagegen reichlich. Man braucht keine Fallen zu stellen, keinem Tier nachzuspüren und nicht zu töten. Jagen ist unter ökonomischen Gesichtspunkten eine aufwendige, aber wenig ertragreiche Tätigkeit – von fünf Jagdausflügen kehren die Männer viermal mit leeren Händen zurück –, während Sammeln unaufwendig, aber ertragreich ist. Vielleicht gehört es zur menschlichen Natur, besonders das zu schätzen, was schwer zu erlangen und gering zu achten, was in reichem Maße vorhanden ist. Die Maler, die während der Steinzeit Höhlen in Europa und Afrika ausschmückten, waren eher von fliehenden Tieren und ihnen nachsetzenden Jägern fasziniert als von der Ruhe und Schönheit der Landschaft, die für sie von so großem Nutzen war wie die Mongongo-Bäume für die !Kung.

Man könnte annehmen, die !Kung bilden eine Ausnahme, da sie sich uneingeschränkt von gerösteten Nüssen ernähren können und daher gar keinen Anlaß haben, auf die Jagd zu gehen. Doch das stimmt nicht. Die !Kung können auch hier als Beispiel für die Lebensweise der Sammler und Jäger insgesamt dienen. Mit Ausnahme der Völker, die im ganz hohen Norden leben, wo wenige Pflanzen wachsen und dazu nur zu bestimmten Jahreszeiten, ernähren sich diese Menschen überwiegend von Pflanzen. Der Anteil des Fleisches beträgt zwischen 20 und 45, im Durchschnitt etwa 35 Prozent ihrer Nahrung, was sich mit den Werten, die wir von den !Kung haben, durchaus deckt.

Es ist noch gar nicht lange her, seit Anthropologen mit der Unsitte Schluß gemacht haben, Jagen als »primitive Lebensform« zu bezeichnen; erst seit kurzer Zeit wird nun auch das Sammeln als wesentlicher Aspekt im Leben dieser Völker betrachtet. Wir haben daher auch die den Sachverhalt charakterisierende Bezeichnung »Sammler und Jäger« verwendet und nicht die früher häufig gebrauchte Reihenfolge »Jäger und Sammler«.

Wenn eine !Kung-Frau, meist in Gesellschaft anderer, zum Sammeln geht, hat sie zwei, manchmal auch drei wesentliche Dinge bei sich: einen Stock, um die nahrhaften Knollen auszugraben und einen Behälter, in dem sie die Nahrung zum Lager zurücktragen kann. Eventuell hat sie auch noch ein Kleinkind dabei. Die Kinder, die sie bis zum vierten Lebensjahr mitnehmen, stekken in einer Art »Mantelsack« aus Antilopenfell, den sich die Frauen über die Schulter werfen. In ihm kann auch die gesamte Nahrung transportiert werden.

Diese Art der Nahrungsbeschaffung ist also ganz einfach. Man braucht nur einen Behälter und einen spitzen Stock, um Wurzeln, Knollen oder Wurzelstöcke auszugraben. Während ihrer Ausflüge schärfen die !Kung-Frauen die Stöcke gewöhnlich mit einem groben Steinsplitter nach. Materiell betrachtet basiert die ökonomische Mischform der Sammler und Jäger auf einer höchst einfachen und bescheidenen Technologie. Aber sie ist völlig ausreichend. Die eigentliche Kunst dieser Art der Nahrungsbeschaffung besteht darin, daß man weiß, wo und wann man suchen muß. Da die vielen verschiedenen Früchte, Nüsse, Wurzeln und Sprossen an den unterschiedlichsten Orten zu den unterschiedlichsten Jahreszeiten wachsen, müssen die Sammler vorher entscheiden, ob es ratsamer ist, beispielsweise vier Kilometer zu einer bestimmten Stelle zu ziehen, wo normalerweise reiche Ernte zu erwarten ist, oder fünf Kilometer in die entgegengesetzte Richtung, wo zwar noch mehr Nahrung vermutet werden kann, man aber nicht sicher ist, ob sie schon reif ist.

Ein wirklich guter Sammler hat exakte Landkarten im Kopf. Er kennt nicht nur die Wege und Entfernungen, sondern auch die unterschiedlichsten Wachstums- und Reifezeiten. Er weiß genau, wohin und wann er aufbrechen muß, um so – ökonomisch ausgedrückt – den Aufwand maximieren zu können. Das Geheimnis dieser Wirtschaftsform liegt also mehr in den geistigen Fähigkeiten als in ausgeprägten handwerklichen Fertigkeiten.

Handwerkliches Geschick ist eher bei den Jägern erforderlich – wenngleich auch nur am Rande. Aber auch hier hängt der Jagderfolg wesentlich vom Wissen und der Fähigkeit ab, dieses Wissen wirksam einzusetzen. Die Jäger verwenden mehr Wert darauf, ihren Jagdinstinkt zu verfeinern, statt ihr Jagdgerät zu verbessern und beispielsweise einen noch treffsichereren Pfeil zu konstruieren.

Die Tatsache, daß dieses überaus komplexe Wirtschaftssystem der Sammler und Jäger auf einer so einfachen Technologie beruht, läßt uns wertvolle Rückschlüsse auf das Leben unserer frühesten Vorfahren ziehen. Man verfällt leicht in den Fehler, die Entwicklungsstufe des menschlichen Gehirns nach Maßgabe der handwerklichen Fähigkeiten zu beurteilen. Daher ist man auch rasch versucht, den Hominiden, die – wir wir jetzt aufgrund archäologischer Funde wissen – äußerst einfache Werkzeuge benutzten, eine simple Lebensweise und ein schlichtes Gemüt zuzuschreiben. Die Beobachtung heute lebender Sammler und Jäger hat jedoch gelehrt, daß man kaum einen größeren Irrtum begehen kann.

Sammler und Jäger sind in ihre Umgebung integriert. Die Frauen wissen mit unfehlbarer Sicherheit, wann und wo sie nahrhafte Pflanzen finden. Die Männer erwerben umfassende Kenntnisse des tierischen Verhaltens. Nicholas Blurton Jones und Melvin Konner nahmen während ihrer Forschungen bei den !Kung häufig an Gesprächen in der Runde der Männer teil. Dabei erfuhren sie sehr viel über die Beziehung zwischen Jägern und Tieren. Am Abend, wenn alle um das Lagerfeuer herumsaßen und von den Ereignissen des vergangenen Tages erzählten, Pläne für den nächsten Tag machten oder sich auch einfach nur Geschichten ausdachten, ermunterten Jones und Konner die Männer, ihnen aus ihrer Sicht von den Tieren zu berichten. Es war nicht schwer, die !Kung zum Sprechen zu bringen, weil Erzählen zu ihren Lieblingsbeschäftigungen gehört.

So wie jeder Tierfreund hierzulande waren auch sie begeistert, von »ihren« Tieren berichten zu können. Aber im Gegensatz zu hiesigen Tierfreunden blieben sie bei der Wahrheit und erfanden nichts, was sie nicht wirklich selbst erlebt hatten. Die Wahrheit war ja auch faszinierend genug. Die Männer kannten die wichtigen äußeren Merkmale unzähliger Tiere bis ins Detail und waren mit so manchen Merkwürdigkeiten ihres Verhaltens sehr vertraut.

Es ist naheliegend, daß die Jäger im Laufe der Zeit mit immer größerer Aufmerksamkeit das Verhalten der Tiere beobachteten, denn mit den dadurch gewonnenen Kenntnissen wurden sie zunehmend erfolgreicher bei der Jagd. Die !Kung scheinen besonders neugierig zu sein, denn sie wissen weit mehr als für die Jagd nötig ist; ihr Intersse an den Tieren übersteigt das zum Jagen erforderliche Maß bei weitem. Es kann sogar vorkommen, daß die Neugier, ein Tier zu beobachten, über die Absicht, für eine Mahlzeit zu sorgen, siegt. So beschrieb ein Mann während eines solchen abendlichen Gesprächs bis ins kleinste Detail, wie eine männliche Antilope um ein Weibchen warb. Er sei so in seine Beobachtung vertieft gewesen, daß er zu schießen vergessen habe und erst wieder daran dachte, als die Tiere bereits das Weite gesucht hatten.

Blurton Jones und Konner wollten oft nicht glauben, was ihnen die !Kung erzählten. Aber immer wieder mußten sie feststellen, daß die Männer recht gehabt hatten. Die !Kung sind ausgezeichnete Naturkenner. Ihre Beobachtungen können sich mit denen westlicher Naturforscher durchaus messen, nur ihre Erklärungen für das jeweilige Verhalten der Tiere sind etwas harmlos. Das *Warum* interessiert sie nicht besonders. Wenn Blurton Jones und Konner auf Erklärungen drängten, bekamen sie meist anthropomorphe Interpretationen. So meinten sie, Löwen würden deshalb so oft Jagd auf Weißschwanzgnus machen, weil ihnen das Fleisch dieser Tiere besonders schmecke. Interessanterweise führen sie die Neigung, etwas zu verstecken (was bei den !Kung vollkommen unbekannt ist) – zum Beispiel bei Löwen, die die Eingeweide ihrer Beute vergraben oder bei Leoparden, die ihre Opfer auf Bäume schleppen – darauf zurück, daß die Löwen ihre Beute vor Geiern oder die Leoparden die ihre vor Hyänen verstecken wollen.

Das umfangreiche Wissen der !Kung über das Verhalten der Tiere und ihre mitunter naive Art, genaue Erklärungen dafür zu finden, stehen in einem interessanten Gegensatz zum Stand der westlichen Verhaltensforschung vor etwa sechzig Jahren. Damals hatten die Forscher keine Kenntnisse darüber, *wie* die Tiere sich tatsächlich verhielten, dafür aber eine Unmenge Theorien, *warum* sie sich so oder so verhielten.

Die !Kung jagen meist zu zweit. Dabei sind sie mit ständig wechselnden Schwierigkeiten konfrontiert: Sie müssen erwägen, wo das Tier sich gerade befindet, welchen Weg es einschlagen wird, wie schwer es verwundet ist und wie lange es dauert, bevor es zusammenbricht. Immer und immer wieder werden diese Probleme von den !Kung durchgesprochen. Im Gegensatz zu Löwen und anderen großen Raubtieren, die ihr Opfer anpirschen, sich darauf stürzen und es dann töten, aber aufgeben, wenn das Tier flieht, müssen die !Kung ihrer Beute auch dann noch nachstellen, wenn sie schon von ihnen getroffen ist, denn das Pfeilgift braucht normalerweise etwas Zeit, bevor es wirkt.

Ein Jäger muß zahlreiche Informationen auswerten, damit er bei der Jagd erfolgreich ist. Er muß wissen, welche Jahres- und Tageszeit die richtige ist, wie heiß es ist, aus welcher Richtung und wie stark der Wind weht, er muß aus Spuren und Fäkalien lesen können, abschätzen, wie stark das Tier blutet und wo es vermutlich getroffen ist, und er muß aus abgeknickten Zweigen, Ästen oder zertretenem Gras seine Schlüsse über den Fluchtweg des Tieres ziehen können. Wenn ein Jäger alle diese Dinge beherrscht und außerdem das Verhalten eines Tieres unter den gegebenen Umständen einzuschätzen vermag, hat er gute Aussichten, Beute nach Hause bringen zu können.

Als Beispiel dafür, welche Kriterien die Jäger beachten, wenn sie entscheiden, ob die Jagd fortgesetzt werden soll oder nicht, berichtet Konner von einer Kudu-Jagd, auf die ihn !Kung-Männer mitgenommen hatten. Sie hatten kein Wild ausgemacht und daher beschlossen, zum Lager zurückzukehren. Auf dem Rückweg stießen sie auf eine Antilopenspur, die, wie die !Kung meinten, vom frühen Morgen stammte. Sie nahmen die Spur auf, brachen aber nach 20 Minuten die Verfolgung ab und erklärten, das Tier sei doch nicht am Morgen, sondern schon in der Nacht davor vorbeigekommen. Konner war völlig verblüfft, weil er keinen Hinweis erkennen konnte, der diese Behauptung bestätigt hätte. Von den !Kung-Männern erhielt er dann eine höchst einfache Erklärung: Sie deuteten auf eine Mäusespur, die sich über die der Antilope hinzog und sagten, daß die Maus ein Nachttier sei und demnach ihre Spuren nur auf denen der Antilope hinterlassen haben konnte, wenn das große Tier schon am Vorabend dagewesen sei!

Im Vergleich zu den meisten Raubtieren haben die Menschen einen auffallend schwachen Geruchssinn und müssen deshalb auf ihren Einfallsreichtum vertrauen, um zu demselben Ergebnis zu gelangen, welches ein Löwe durch bloßes Schnuppern erreicht. Gemeinsam haben beide jedoch bei der Jagd nach Beute, daß sie größten Wert darauf legen, jegliches Geräusch zu vermeiden. Die Sicherheit, mit der die !Kung-Jäger sich lautlos im Busch bewegen, beruht auf der engen Vertrautheit mit ihrer Umwelt. Ihre Beobachtungen, Gedanken und Rückschlüsse teilen sie sich untereinander nur durch Handzeichen mit. Welch ein Unterschied zu dem munteren Geplapper der Frauen, wenn sie ausziehen, um Pflanzen und Früchte zu sammeln, und so ihre gering geschätzte, aber doch lebenswichtige Aufgabe erfüllen.

Für Menschen unserer technologisch weit entwickelten Wirtschaftssysteme ist es schwer zu verstehen, weshalb die meisten Sammler- und Jägervölker den Begriff des Aufbewahrens oder der Zukunftvorsorge überhaupt nicht kennen – was im übrigen ein weiteres, wesentliches Kennzeichen ihrer Lebensweise ist. Sammler und Jäger essen, was immer sie haben, als gäbe es kein Morgen! Wenn eine !Kung-Frau mit einem prall gefüllten Sack zum Lager zurückkehrt, hat zwar die ganze Familie für einige Tage genug zu essen. Das hat aber nichts mit einer wohlüberlegten Nahrungsvorsorge zu tun, sondern ist ganz einfach das Ergebnis eines besonders erfolgreichen Sammlertages.

Zweifellos könnten die !Kung ebenso wie die meisten anderen Sammler und Jäger Vorratskammern anlegen, wenn sie wollten. Sie könnten Fleisch räuchern und Nüsse oder andere dafür geeignete Pflanzen so behandeln, daß sie sich länger halten. Aber sie haben kein Interesse daran. Sind sie also verschwenderische Narren, die zu dumm sind, um zu sparen und Vorräte zu sammeln? Das war zumindest die Ansicht von Baldwin Spencer, als er 1899 über die australischen Ureinwohner schrieb, sie benähmen sich, als würden sie »nicht im geringsten daran denken, Sorge zu tragen, was der nächste Tag bringen wird«.

Dieses für unsere Begriffe unverständliche Verhalten kann aber auch damit erklärt werden, daß sie sich ihres Lebensunterhalts vollkommen sicher sind. Von Rodney Needham stammt der Satz, das Verhalten der Sammler und Jäger lege die Vermutung nahe, sie »vertrauten voll auf den Nahrungsreichtum, den die Natur ihnen schenkt, und auf ihre Fähigkeit, daraus ihren eigenen Unterhalt zu bestreiten«. Das Leben der meisten Sammler und Jäger ist ein steter Wechsel zwischen Arbeit, Muße und Geselligkeiten. Sie ziehen unbekümmert von Lager zu Lager, nicht in fatalistischer Ergebenheit, sondern mit einer Selbstsicherheit, die auf ihr absolutes Vertrautsein mit der Natur zurückgeht. Wie groß ist doch der Unterschied zwischen diesen Menschen und jenen, die gezwungen sind, auf eine langsam reifende Ernte warten zu müssen, geplagt von der ständigen Sorge, daß ein plötzlich losbrechender Sturm oder eine Krankheit das mühsam Angebaute und damit die Nahrung für ein ganzes Jahr mit einem Schlag vernichten könnte.

Ein Grundzug der Lebensweise von Sammlern und Jägern, der die Wirtschaftswissenschaftler beeindruckt und die Anthropologen verwirrt, ist der, daß sie sich mit einem Versorgungsstandard begnügen, der beträchtlich unter dem liegt, den ihnen ihre Umgebung bietet. Wirtschaftler mögen das als »reduzierte Nutzung der Ressourcen« bezeichnen, aber eine näherliegende Erklärung dafür ist, daß die Sammler und Jäger ihr Glück einfach nicht über Gebühr strapazieren wollen. Wenn sie nämlich Jahr für Jahr 100 Prozent von dem verbrauchen, was die Natur ihnen bietet, dann würde es nicht lange dauern, bis Hunger und Elend drohen.

Dieses Verhalten ist den Völkern selbst natürlich nicht bewußt. Die »Wirtschaftsexperten« der !Kung oder anderer Stämme treffen sich gewiß nicht, um gemeinsam darüber zu beraten, bis zu welchem Grad sie auf die vollständige Nutzung ihrer Umgebung verzichten sollten. Aber es ist immerhin bemerkenswert, daß in ihrer Lebensform ein ökonomisches Sicherheitsgefühl verhindert, daß sie die Grundlagen ihrer Existenz vernichten. Für Anthropologen stellt sich die Frage, welcher Mechanismus hier am Werke sein mag, um bestimmte Völkergruppen zu veranlassen, die Quellen der Natur nicht bis zum Rande auszubeuten. Was auch immer die Ursache dafür sein mag – der Mechanismus ist vermutlich seit langer Zeit im Gehirn des *Homo sapiens* verankert. Vermutlich ist er so alt wie die Lebensform der Sammler und Jäger.

Mit der offensichtlichen Abneigung dieser Völker, ihre Umwelt auszubeuten, ist die Häufigkeit der Schwangerschaften eng verbunden. Die !Kung-Frauen gebären im Durchschnitt alle vier Jahre ein Kind, so daß sie während der Zeit ihrer Fruchtbarkeit etwa vier oder fünf Kinder zur Welt bringen. Da ungefähr die Hälfte der Kinder stirbt, bevor sie das Erwachsenenalter erreichen, ist die Nachkommenschaft gerade groß genug, um den Bevölkerungsstand zu erhalten. Geringfügig nimmt er allerdings zu.

Wie ist es zu erklären, daß die Frauen nur alle vier Jahre gebären? Die Antwort liegt in der Art, wie die Kleinkinder großgezogen werden. Die Mütter stillen sie mindestens zweieinhalb Jahre, manchmal sogar noch länger, so daß ein zweites Kind sie überfordern würde. Die Entwöhnung erfolgt zum Teil deshalb so spät, weil es wenig anderes zu essen gibt, was als Kleinkind-Nahrung geeignet wäre, zum anderen, weil dadurch eine gewisse Sicherheit gegeben ist, während dieser Zeit kein weiteres Kind zu empfangen.

Wenn die Frauen zum Sammeln losziehen, tragen sie die Babys oder Kleinkinder auf dem Rücken mit sich, was keine leichte Last ist, wenn die Kinder bereits drei oder vier Jahre alt sind, und der »Mantelsack« sich nach und nach mit Wurzeln und Nüssen füllt. Mehr als ein Kind wäre ihnen auch aus diesem Grund nicht zumutbar. Die !Kung-Frauen legen normalerweise im Jahr fast 2500 Kilometer zurück, um zu sammeln oder von Lager zu Lager zu ziehen. Es ist nicht schwer, sich auszurechnen, welcher Gewichtsbelastung die Frauen ausgesetzt sein würden, wenn der Abstand zwischen den Geburten zwei oder drei Jahre betrüge. Bei kurzen Abständen zwischen den Geburten wäre die Belastung unerträglich; liegen jedoch vier oder mehr Jahre zwischen den Schwangerschaften, so nimmt sie deutlich ab. Rein mathematisch erweist sich ein

Abstand von vier Jahren als der vernünftigste. Die !Kung und andere Sammler und Jäger kommen jedoch auch ohne mathematische Kenntnisse zu dem gleichen Resultat und richten sich danach.

Der Geburtenabstand von vier Jahren muß Teil eines fundamentalen Verhaltensmusters sein, denn er ist bei allen Sammler- und Jägervölkern auf der ganzen Welt zu finden, mögen sie unter noch so unterschiedlichen Umweltbedingungen leben. Zweifellos wird dadurch ein minimaler Bevölkerungszuwachs erreicht. Diese Erkenntnis gibt uns allerdings keine Antwort darauf, weshalb ein möglichst geringer Bevölkerungszuwachs zum biologischen Grundmuster dieser Völker gehört.

Während des Stillens wird der Eisprung zwar in gewissem Grade verhindert; dennoch ist dies keine zuverlässige Verhütungsmethode. Aus diesem Grund verlangt der soziale Kodex der Sammler und Jäger nach der Geburt eines Kindes oft eine lange sexuelle Abstinenz, die jedoch, um die Selbstdisziplin nicht zu überfordern, selten länger als ein Jahr andauert. Es darf daher nicht verwundern, daß Abtreibung und Kindesmord (vor allem an Mädchen) bei den Sammlern und Jägern üblich sind, was allerdings im Verborgenen geschieht. Chagnon berichtet zum Beispiel, daß zu der Zeit, als er zum erstenmal in einem Yanomamo-Dorf war, eine Frau namens Bahimi ein Kind erwartete. Als ein kleiner Junge zur Welt kam, tötete Bahimi ihn sofort und erklärte Chagnon unter Tränen, daß er ihrem anderen Sohn, Ariwar, der mit drei Jahren noch gestillt wurde, die Milch weggenommen hätte. Bahimi tötete also lieber ihr neugeborenes Kind, als Ariwari einer in ihren Augen zu frühen Entwöhnung auszusetzen.

Selbst wenn es die Gefühle der Menschen aus der westlichen Welt verletzt, nach deren moralischen Maßstäben Leben unter allen Umständen und um jeden Preis zu erhalten ist, können wir nicht die Augen vor der Tatsache verschließen, daß der systematisch betriebene Kindermord ein wesentlicher Bestandteil der langen menschlichen Entwicklung war. Das Nomadenleben der Sammler und Jäger, die Aufrechterhaltung ihrer lebensnotwendigen Mobilität machte dies erforderlich. Erst als mit der Einführung des Ackerbaus eine gewisse Seßhaftigkeit möglich wurde, konnte der Abstand zwischen den Geburten ohne Schaden verringert werden. Und damit waren auch schon die Weichen für die spätere Bevölkerungsexplosion gestellt.

Die Lebensweise der Sammler und Jäger bedingt eine geringe Bevölkerungsdichte. Eine Person auf zweieinhalb Quadratkilometern ist der Durchschnitt. Das ist ein verhältnismäßig großes

Gebiet, aber es ist nötig, um einen Menschen ausreichend mit Fleisch und Pflanzennahrung zu versorgen. Dies gibt uns auch erste Aufschlüsse über die Psyche der Sammler und Jäger, wie sich ihr Verhalten geändert haben mag, als sie zu jagen begannen. Wäre es zum Beispiel möglich, daß die Wildheit der Yanomamo in Zusammenhang mit der Notwendigkeit steht, ihre sorgsam bebauten Gärten zu schützen? Es stellt sich daher die Frage, wie weit die Bewegungsfreiheit der Sammler und Jäger einerseits und die vergleichsweise immobile Seßhaftigkeit der Ackerbauern andererseits auch heute noch unser Alltagsleben beeinflußt.

Jedes einzelne !Kung-Lager ist durch die ökologisch bedingte, aufgelockerte Form des Lebensraums gekennzeichnet. Die Menschen arbeiten und verbringen ihre Mußestunden gemeinsam; sie leben ständig in nahem Körper- und Kommunikationskontakt. Trotzdem hat jede Familie eine kleine Hütte für sich. Sie wird in der Regenzeit aus langen Stangen errichtet, die wie ein Kreuzgewölbe nach oben zusammenlaufen, und mit Gras und Blättern abgedichtet. Den Mittelpunkt des Familienlebens bildet die Feuerstelle. Hier wird das Essen zubereitet und verspeist. Die Hütten bilden eine Art Kreis, in dessen Mitte getanzt und auch gegebenenfalls Beutefleisch geteilt wird. Wohn- und Arbeitsplätze sind nicht voneinander getrennt. Wenn ein paar Männer gemeinsam ihre Pfeilspitzen vergiften wollen, kommen sie alle an einer Feuerstelle zusammen und erzählen sich während der Arbeit Geschichten. Jede Feuerstelle kann irgendwann einmal zum Mittelpunkt eines Geschehens ausgewählt werden. Die Lebensform dieser Menschen kennt keinerlei Spezialisierung.

Aus der Anordnung der !Kung-Lager und der Lebensweise dieses Volkes können wir so manchen Rückschluß auf das Leben in der Vorgeschichte ziehen. Wir haben nämlich in den fossilen Resten vorgeschichtlicher Lagerstätten Hinweise auf das Vorhandensein mehrerer Feuerstellen gefunden, die einander rechteckig zugeordnet waren. Das sind erste, kaum wahrnehmbare Anzeichen für das Entstehen einer Familie innerhalb einer gemeinschaftlich organisierten Gruppe und somit einer auf der Welt einzigartigen Lebensform.

Die genaue Zahl der Mitglieder eines !Kung-Lagers differiert zwar zwischen den einzelnen Gruppen, beläuft sich im Durchschnitt jedoch auf ungefähr 25 Menschen. Diese Zahl erweist sich als weiteres Merkmal der Sammler- und Jägergemeinschaft, denn sie taucht bei fast all diesen Völkern auf. Vermutlich kann sich aus einer Anzahl von 25 Menschen eine optimal funktionierende Gruppe dieser gemischten Gesellschaftsstruktur bilden, der es möglich ist, ein Territorium abzugrenzen und zu nutzen, das allen genug Nahrung und Lebensraum bietet. Da ein einzelner Mensch ungefähr zweieinhalb Quadratkilometer Land haben muß, um sich ausreichend mit Nahrung versorgen zu können, würde eine Gruppe von 25 Mitgliedern also einen Lebensraum von etwa 62,5 Quadratkilometern benötigen. Würde eine Gruppe jedoch aus 100 Mitgliedern bestehen, so müßten sie ein Gebiet von 250 Quadratkilometern »bearbeiten«. Das wiederum würde eine Mobilität bedingen, die im Widerspruch zu jeder ökonomischen Vernunft stünde. Die Zahl 25 beruht also auf triftigen bio-ökonomischen Gründen.

Die meisten !Kung jagen zu zweit, was ein Minimum an Kommunikation erfordert. Wenn einer jedoch das Glück gehabt hat, ein besonders großes Tier zu erlegen, helfen alle Männer mit, es auszuweiden und das Fleisch zum Lager zu schleppen. Im Gegensatz zu den !Kung treiben die indischen Bihor und die kongolesischen Mbuti ihre Beute meist in Netze, die sie zwischen Bäume gespannt haben. Diese Art des Jagens erfordert eine enge Zusammenarbeit. Eine derzeit weit verbreitete These über die Humanevolution bedient sich vor allem solcher Parallelen, um das Argument zu stützen, die menschlichen Grundeigenschaften hätten sich aus der Zusammenarbeit innerhalb großer Gruppen entwickelt.

Zweifellos kam es in den zurückliegenden Zeiten häufig genug vor, daß außergewöhnliches Jagdglück die Menschen veranlaßte, sich in großen Gruppen zu versammeln, um den unverhofften Fleischsegen unter sich aufzuteilen. Den Beweis dafür finden wir in den Ausgrabungen bei Olorgesailie in Kenia, wo die 500000 Jahre alten Überreste einer geschlachteten Pavian-Herde gefunden wurden, oder in den ungefähr gleich alten Knochen zahlreicher Elefanten, die man im spanischen Torralba entdeckte. Der Ursprung der Kooperation lag im Verlauf der Menschheitsentwicklung jedoch einfach darin, daß erstmals die Verantwortung aufgeteilt wurde, der eine vom andern dadurch versorgungsmäßig abhängig und somit die Zusammenarbeit untereinander für das Überleben unabdingbar wurde. Damit war der Anstoß gegeben, daß sich dieses Verhalten zu einem wesentlichen Element des Alltagslebens entwickelte. Es wäre unmöglich gewesen, die zahlreichen und weit verstreuten Nahrungsquellen, die den Sammlern und Jägern zur Verfügung standen, sinnvoll und erfolgreich auszunutzen, wenn nicht alle eng zusammengearbeitet hätten. Kooperation ist also eine fundamentale Notwendigkeit für das Funktionieren menschlicher Gemeinschaften.

Die Existenz einer menschlichen Familie, also von Mann, Frau und Kindern, innerhalb eines Verbandes, kommt in der Tierwelt nicht in dieser Form vor, auch nicht bei Schimpansen und Pavianen. Gorillas leben in lockeren Gruppen, die zufällig oft gleich groß sind wie die der Sammler und Jäger. Im Gegensatz zu den Verbänden der höheren Primaten sind die menschlichen Gemeinschaften in eine übergeordnete Struktur einbezogen, nämlich in die des Stammes. Diese Gliederung gibt es innerhalb der Tierwelt nicht. Solch ein, wie die Anthropologen sagen, »logistisch gebundener Stamm«, beinhaltet die dritte »magische« Zahl, die das Lebensgefüge der Sammler und Jäger charakterisiert. Die erste war der Abstand von vier Jahren zwischen der Geburt der Kinder, die zweite der Umfang einer Gruppe mit 25 Mitgliedern, und die dritte betrifft die Größe des Stammes, die mit 500 Mitgliedern beziffert wird, wobei die Mitglieder eines solchen Stammes eine gemeinsame Sprache sprechen.

Es gibt einige Abweichungen von dieser Größe, die jedoch regional bedingte ökologische Ursachen haben. Im allgemeinen aber zählen die Stämme in den unterschiedlichsten Gegenden der Welt immer etwa 500 Mitglieder. Diese Einteilung ist keineswegs die Erfindung einiger Anthropologen, die bemüht sind, das Leben technologisch primitiver Völker mit Hilfe objektiver, aber künstlicher Maßstäbe zu analysieren. Jene Menschen sind sich ihrer Stammeszugehörigkeit sehr wohl bewußt und identifizieren sich sehr stark damit. Ein sichtbares Zeichen, durch das die Stammeszugehörigkeit deutlich erkennbar gemacht wird, ist die Art der Kleidung oder der Körperbemalung, ein anderes ist die Eigenart der Arbeitsgeräte. Das dritte, und das am tiefsten verwurzelte, ist die Sprache oder der Dialekt. Von daher leitet sich auch der Begriff des »einheitssprachlichen Stammes« ab.

Aber warum sind Stämme überhaupt gebildet worden? Handelte es sich um eine biologische Notwendigkeit oder um einen Ausdruck von Zivilisation? Die Stammeszugehörigkeit wird zwar mit Hilfe kultureller Mittel (wie Kleidung, Handwerk, Schmuck) ausgedrückt, aber die Unabdingbarkeit der Stammesbildung kann eher darauf zurückgeführt werden, daß nur durch sie eine gleichbleibende Zahl von Männern und Frauen gewährleistet ist. Die Familie ist also die Grundeinheit jeglicher wirtschaftlichen Aktivität, die Gruppe das Fundament, auf der die Wirtschaftsform der

Sammler und Jäger beruht, und ein Stamm ist wiederum der kleinste Nenner, auf dem ein in Gruppen aufgeteiltes Volk funktionsfähig sein kann.

Ein junger Mann im heiratsfähigen Alter dürfte Schwierigkeiten haben, innerhalb einer Gruppe von 25 Leuten eine entsprechende Partnerin zu finden. Die Möglichkeit, zu wählen oder gar die Chance, die »Frau fürs Leben« zu finden, ist gleich Null. Hinzu kommt, daß jedes eventuell doch passende Mädchen fast immer eine nahe Verwandte ist. Da in den meisten menschlichen Gesellschaften darauf geachtet wird, Inzest zu vermeiden, bleibt als Lösung nur, daß sich der junge Mann seine Partnerin außerhalb der eigenen Gruppe suchen muß.

Der biologische Zwang zur Fortpflanzung – und somit zur Partnerwahl – hat dabei ein äußerst positives Nebenergebnis. Durch die Wahl eines Partners außerhalb der eigenen Gruppe knüpfen die Jäger und Sammler über ein weites Gebiet hinweg ein Netz verwandtschaftlicher Beziehungen, das sich im allgemeinen auf etwa 500 Personen erstreckt.

Der amerikanische Anthropologe Sherwood Washburn hat einmal errechnet, wie klein ein Volk sein darf, um eine ausgewogene Anzahl von Männern und Frauen im heiratsfähigen Alter zu gewährleisten. Er ging von der durchschnittlichen Größe der Sammler- und Jägergruppen aus, stellte sie in Relation zu der durchschnittlichen Geburtenzahl und Kindersterblichkeitsrate, bezog die normale Differenz zwischen männlichen und weiblichen Neugeborenen ein und setzte sie in Bezug zu der Notwendigkeit, Inzucht zu vermeiden. Die Antwort lautete, wie nicht anders zu erwarten: 500. Der Druck evolutionärer Zwänge hat die Sammler und Jäger die wirksamste Systematik des Zusammenlebens gelehrt.

Diese biologische Notwendigkeit ist natürlich in kulturelle Regeln gekleidet. Das heißt, daß die meisten Sammler- und Jägervölker auf Heiraten außerhalb der Gruppe bestehen. Die Exogamie ist der zentrale Punkt im sozialen Bezugsnetz innerhalb des Stammes. Die Stammesangehörigen wissen daher auch sehr genau, mit wem und wie sie verwandt sind und wer als Ehepartner nicht in Frage kommt. Die Form der Exogamie bringt es mit sich, daß die Vorschriften für Heiratskandidaten sehr streng gehandhabt werden. Vettern und Basen dürfen in der Regel nicht einander heiraten, wenn sie die Kinder der Brüder des Vaters oder die der Schwestern der Mutter sind. Gern gesehen sind dagegen Ehen zwischen Kindern der Tanten väterlicherseits oder der Onkel mütterlicherseits. Diese Vorschriften sind manchmal so kompliziert, daß ein junger Mann gelegentlich eine Frau suchen muß, die zugleich die Tochter des Onkels mütterlicherseits, die Tochter der Tochter des Bruders der Großmutter mütterlicherseits und die Enkelin der Tante väterlicherseits zu sein hat. Erstaunlicherweise ist das möglich!

Exogamie ist auch bei Pavianen und Schimpansen die Regel. Junge, fast ausgewachsene männliche Paviane verlassen gewöhnlich die Herde, in der sie großgeworden sind und gesellen sich einer anderen zu. Bei den Schimpansen verlassen die jungen weiblichen Tiere ihre Herde. Auch hier liegt deutlich ein biologischer Zwang vor, der diese Tiere dazu treibt, sich ihre Partner außerhalb der eigenen Gruppe zu suchen, allerdings ohne einem sozialen Kodex zu folgen. Menschen hingegen haben soziale Verhaltensregeln aufgestellt, die zum Teil unglaublich kompliziert sind, und sowohl dazu dienen, Inzucht auszuschließen als auch ein wichtiges Bezugssystem innerhalb eines Volkes oder Stammes herzustellen. Häufig haben diese Regeln den Rahmen biologischer Vernunft und Zweckmäßigkeit gesprengt. So sind zum Beispiel Frauen vielfach als Tauschobjekt verwendet worden, um die friedliche Nutzung von Handelswegen zu garantieren oder eine Allianz gegenüber Feinden zu stärken.

Die Yanomamo, deren Kampfgeist ein Element ihrer Kulturform ist, benutzen ihre Frauen ganz unumwunden dazu, sich Verbündete zu schaffen, indem sie sie mit Bewohnern anderer Dörfer verheiraten. Allerdings haben die Yanomamo auch etwas, wofür sich zu kämpfen lohnt: Sie haben ihre Felder, die sie schützen müssen! Obwohl jedes Yanomamo-Dorf autark und daher nicht gezwungen ist, Handel mit anderen zu treiben, tauschen sie doch auch materielle Güter aus.

Reine Sammler- und Jägervölker weisen auf der ganzen Welt so viele gemeinsame Züge auf, daß man davon ausgehen kann, daß zumindest einige ihrer Charakteristika weit in die Ursprünge dieser gemischt-ökonomischen Lebensform zurückreichen dürften. So ist etwa die Gruppe mit aller Wahrscheinlichkeit eine bereits prähistorisch soziale Organisationsform. Es gibt gewisse Hinweise darauf, daß schon die Lagerstätten des frühen Pleistozän (also vor rund zwei Millionen Jahren) von ungefähr 25 Menschen bewohnt waren, was allerdings nicht mit Sicherheit bewiesen werden kann. »Einheitssprachliche« Stämme gibt es vermutlich ebenfalls schon seit sehr langer Zeit. Daher läßt sich vermuten, daß diese Struktur ebenso wie die damit eng zusammenhängende Notwendigkeit, verwandtschaftliche Beziehungen herzustellen, die treibenden Kräfte in der Entwicklung der Sprache waren. Sicher ist auf jeden Fall eines: Ohne den ausgeprägten Sinn für Zusammenarbeit und die Bereitschaft zu teilen, hätte sich die Lebensform der Sammler und Jäger niemals so durchzusetzen vermocht. Ihre lange Geschichte und die Fähigkeit, sich jeder ökologischen Nische anzupassen, sind zwingende Beweise dafür.

Der Frage, wie sich diese Lebensform in ihren ersten Anfängen, im Pliozän also, herauszubilden begann und was den mutigen Sprung aus der Welt der anderen Primaten bewirkt hat, werden wir im nächsten Kapitel nachgehen.

Kapitel 7

Tragbare Behälter, das Prinzip des Teilens und die erste Überflußgesellschaft

Irgendwann einmal im Jahre 1973 verfolgte ein großer männlicher Pavian in der hügeligen Umgebung des südlichen Elementeita-Sees (der zu den vielen Sodaseen gehört, die im kenianischen Teil des Afrikanischen Grabens liegen) ein Rudel Thomson-Gazellen, das hauptsächlich aus Weibchen und Jungtieren bestand. Die Gazellen flohen in alle Himmelsrichtungen, wobei die Muttertiere verzweifelt versuchten, ihre Jungen bei sich zu halten, denn die Absicht des Pavians war unmißverständlich: ihn gelüstete nach einer leckeren Mahlzeit. Schließlich erreichte er auch sein Ziel, genauer gesagt, teilweise. Dieser Erfolg war jedoch erst möglich, nachdem dieser Pavian und seine Herde viele, reichlich ungewöhnliche Dinge gelernt hatten.

Die amerikanischen Primatologen Robert Harding und Shirley Strum beobachteten diese Herde, der sie den Spitznamen »die Feuerwehr« gegeben hatten, schon seit Jahren. Sie wollten mehr über das Ordnungsprinzip der Savannen-Paviane erfahren, weil deren Umweltbedingungen vermutlich dem unserer frühesten Ahnen gleichen. Als Shirley Strum sah, wie das Pavianmännchen (genannt *Rad*) auf die jungen Thomson-Gazellen losging, wußte sie, daß dies nicht sein erster Versuch war. *Rad* mochte Fleisch mehr als alle anderen Mitglieder der Herde, und häufig konnte er auch ein Tier fangen. Diesmal verrechnete er sich jedoch und mußte aufgeben, um sich abzukühlen. Paviane können nicht lange jagen, ohne sich dabei stark zu erhitzen.

Die junge Gazelle war allerdings noch nicht in Sicherheit. Sie floh in die Richtung, wo zufällig ein anderes Pavianmännchen saß. Auch dieses versuchte sein Glück, aber die Gazelle war auch jetzt schneller und konnte entkommen. Nun tauchten *Big Sam* und *Brutus,* zwei weitere Pavianmännchen, auf – und es begann eine Art Staffettenlauf. Das kleine Tier verendete schließlich in den Armen von *Brutus,* wohin *Big Sam* es gejagt hatte.

Diese Treibjagd und ihr Ergebnis waren rein zufällig. Aber Paviane lernen, wie alle prae-kulturellen Tiere, sehr schnell irgendwelche Tricks, die ihnen Vorteile erbringen. Die »Feuerwehr«-Paviane jagten auch nach diesem Vorfall einzeln für sich, aber es kam danach doch immer wieder vor, daß sich ein paar Männchen zusammentaten, um gemeinsam ein Tier zu erlegen. Wenn man sich vor Augen hält, daß Paviane lange Zeit als prinzipielle Pflanzenfresser betrachtet wurden, so war es schon interessant, daß sie so schnelle Tiere wie die Thomson-Gazellen jagten. Noch faszinierender war jedoch, daß sie sich gelegentlich zu Aktionen zusammentaten, die an die gemeinschaftlich organisierte Jagd der Sammler- und Jägervölker erinnert. Das verblüffte Primatologen auf der ganzen Welt.

Diese Paviane waren keineswegs die ersten Primaten, die sich als geschickte Jäger erwiesen, denn eine Reihe von Forschern hatte schon vorher jahrelang beobachtet, wie Schimpansen im Gombe-Reservat am Ufer des Tanganjika-Sees verschiedenen Beutetieren auflauerten, sie stellten und töteten. Zu ihren Opfern gehörten auch Seidenäffchen und junge Paviane. Gelegentlich hatte es auch hier den Anschein, als würden diese Schimpansen sich zusammenrotten, um ein Tier gemeinsam zu verfolgen und zu erlegen. Da aber offensichtlich auch niedere Primaten wie die Paviane in der Lage waren, gewissermaßen »organisiert« zu jagen, stellte sich die Frage, ob daraus irgendwelche Schlüsse zu ziehen sind, wie sich der Mensch allmählich von seiner menschenaffenähnlichen Stufe weiterentwickelte. Könnte hier der Ursprung einer Lebensweise liegen, die der eines Raubtieres entsprach, und sich bei unseren frühesten Ahnen nach und nach zur Existenzform des Jägers entwickelte? Oder ist das gelegentliche Abwenden von der Pflanzen- zur Fleischnahrung nur ein Teil einer sich den Verhältnissen anpassenden Lebensform, die Paviane und Schimpansen mit uns gemein haben?

Diese Fragen haben immer wieder Forscher beschäftigt, die den Ursprüngen der Menschheit näher zu kommen suchten. Auch Robert Ardrey hat sich in seinen 1976 veröffentlichten »persönlichen Ansichten über die Evolution der Menschheit« damit befaßt. Sein Buch *Der Wolf in uns – Die Jagd als Urmotiv menschlichen Verhaltens* enthält eine ganz einfache These: Laut Ardrey war nämlich eine Entwicklung von den menschenaffenähnlichen Anfängen zum späteren Menschen erst möglich, als die männlichen Geschöpfe zu jagen begannen. Er formulierte das folgendermaßen: »Der Mensch wurde zum Menschen und nicht zum Schimpansen, weil er das einzige Wesen ist, das über Jahrmillionen hinweg für seinen Nahrungsunterhalt tötete.«

Ardrey steht mit seiner Meinung, wonach das Urmotiv menschlichen Verhaltens in der Fähigkeit zu jagen liegt, nicht allein. Er hat viele Anhänger. Seine These ist auch keineswegs gänzlich zu verwerfen, denn die Tatsache, daß Menschen Fleisch essen, hat die Entwicklung entscheidend beeinflußt. Die intellektuellen Fähigkeiten, so argumentieren die Verfechter dieser These, die das organisierte, gemeinsame Jagen voraussetzt, aber auch die Bereitschaft zur Zusammenarbeit hätten erst dem menschlichen Gehirn seinen auch evolutionshistorisch einzigartigen Rang verliehen.

Wir sind in der Tat die einzigen Primaten, deren Nahrung zu einem beträchtlichen Teil aus Fleisch besteht. Während bei Schimpansen und Pavianen der Fleischanteil nur etwa fünf Prozent ausmacht, beträgt er bei nicht-agrarischen, technologisch primitiven Völkern bereits mindestens 20 Prozent. Archäologen konnten nachweisen, daß Hominiden schon vor zwei, vermutlich sogar fast drei Millionen Jahren regelmäßig Fleisch verzehrten. So erklären sich die Funde im KBS-Lager am Ufer des Turkana-Sees, wo Werkzeuge neben Tierknochen lagen, damit, daß die Hominiden rohes Fleisch samt Knochen dort hingetragen haben, um sie in Ruhe verspeisen zu können. Aus diesen Befunden jedoch die Schlußfolgerung ziehen zu wollen, daß im Jagen die Hauptantriebskraft für das Entstehen des heutigen Menschen zu sehen sei, ist außerordentlich gewagt!

Vielleicht ist die sogenannte »Sammlerhypothese« eine Reaktion auf den männlichen Chauvinismus, mit dem die »Jagdhypothese« verfochten wird. Die amerikanischen Anthropologinnen Nancy Tanner und Adrienne Zihlman behaupten zum Beispiel, das Licht der höher entwickelten Menschheit habe erst zu glimmen begonnen, als die ersten Frauen aufbrachen, um für sich und ihren Nachwuchs Nahrung zu sammeln.

Nach Untersuchungen des Verhaltens aller Primatenarten als Modelle für die Lebensweise der Hominiden kamen Nancy Tanner und Adrienne Zihlman zu dem Schluß, die Frau stehe im Mittelpunkt jedes sozialen Gefüges, weil die stärkste Beziehung, zu der ein Primat fähig ist, die zwischen Mutter und Kind ist. Die Mutter erzieht das Kind sowohl in den praktischen Dingen des Alltags als auch für das Gemeinschaftsleben. Männer sind gewissermaßen nur notwendig, weil eine Laune der Natur den Geschlechtsverkehr zur Grundvoraussetzung der Fortpflanzung gemacht hat.

Im Vergleich zu den Männern würden die Frauen ungeheuer viel in das Gedeihen ihrer Kinder investieren, Männer dagegen nur ihre Gene. Laut Tanner und Zihlman führte diese Schlüsselposition der Frau innerhalb der sozialen Gruppen unserer frühesten Vorfahren dazu, daß auch der technologische Fortschritt in ihren Händen lag. Ihrer Meinung nach wurden die ersten Werkzeuge nicht gefertigt, um, wie sie wörtlich schreiben, »große, schnelle, gefährliche Tiere zu *jagen*, sondern um Pflanzen, Eier, Honig, Termiten, Ameisen und vielleicht auch kleine Wühltiere zu *sammeln*«.

Weiter argumentieren sie, die frühen Hominiden hätten in etwa die gleichen Nahrungsgewohnheiten gehabt wie die heute lebenden Schimpansen, hätten im Gegensatz zu diesen jedoch nicht gleich verzehrt, was sie gefunden hatten, sondern die Nahrung gesammelt und zu einer Art Lager getragen, wo sich die Mütter und Kinder zusammenfanden. Erst nachdem sich die Eßgewohnheiten von denen der anderen Primaten deutlich unterschieden hätten, wäre Fleisch zu einem wichtigen Nahrungsbestandteil geworden, so daß nun auch die Männer enger in das soziale Gefüge miteinbezogen wurden. Der wichtigste Punkt dieser Hypothese ist darin zu sehen, daß Menschen zwar nicht die einzigen Primaten sind, die *jagen,* aber sie sind die einzigen, die ihre Nahrung *sammeln,* um sie später zu verzehren. Wenn Paviane und Schimpansen gelegentlich gemeinsam jagen, unterscheidet sich ihre Methode vermutlich kaum von der unserer frühesten Ahnen während eines Zeitraums von vier bis fünfzehn Millionen Jahren vor unserer Zeitrechnung. Niemals jedoch *sammelt* ein Herrentier seine Nahrung!

Wir haben also einerseits die Jagd- und andererseits die Sammlerhypothese. Die eine stellt das männliche Wesen in den Mittelpunkt und basiert auf der Behauptung, der Mensch habe schon in einem ganz frühen Stadium seiner evolutionären Entwicklung Fleisch zu sich genommen, während die andere die zentrale Rolle der Frau betont und behauptet, eine stetig sich verstärkende Sorge um das Gedeihen der Kinder sei der entscheidende evolutionäre Faktor auf dem Wege des menschlichen Fortschritts gewesen. Beide Thesen haben sowohl vertretbare als auch anfechtbare Punkte. Wichtiger ist jedoch, daß beide ein wesentliches Element unberücksichtigt lassen, einen Grundpfeiler der spezifisch menschlichen Existenzform. Gemeint ist der »Partnervertrag«, den die Lieferanten des Fleisches mit denen der Pflanzen schlossen. Der Kern dieser Wirtschaftsform ist das Teilen von zwei verschiedenen Nahrungsarten – und damit haben wir die erste gemischte ökonomische Gesellschaft. Warum aber entstand sie überhaupt?

Neue Verhaltensweisen und die damit zusammenhängenden anatomischen Veränderungen entwickeln sich nicht etwa, weil ein unbekannter Gott sie aus dem tiefen Schmelztiegel der Evolution fischt, sondern weil sie immer einen bestimmten Vorteil mit sich bringen. Diese Regel gilt ebenso für die doppelte Entwicklungslinie, die der *Homo* auf dem Wege zu einer verbesserten Lebensform durchlief, wie für den Rüssel des Elefanten, die Streifen des Zebras und das komplizierte Signalsystem der Termiten, welches ihre lebensnotwendige Kommunikation erst möglich macht. Daß die frühen Hominiden nicht mehr von der Hand in den Mund lebten, sondern eine zweckmäßige, ökonomische Existenzform entwickelten, deutet darauf hin, daß sie mehr als ihre australopithecinen Verwandten in der Lage waren, ihren Lebensraum zu nutzen. Die Australopithecinen dagegen waren den evolutionären Forderungen nicht gewachsen. Sie starben vor rund einer Million Jahren aus und tauchten ein ins Meer des Vergessens. Der Grund dafür liegt vermutlich darin, daß unsere Vorfahren durch die getrennte Beschaffung von Fleisch und Pflanzen die Nahrungsquellen ihrer Umwelt besser auswerten konnten; und ein großer Teil aller biologischen Vorgänge wird einfach durch die Notwendigkeit bestimmt, die vorhandenen Energien bestmöglichst auszuwerten.

Die Nahrung des Menschen wird gern mit der des Schweines oder Bären verglichen, die Allesfresser sind. Bis zu einem gewissen Grad trifft das auch zu. Als pragmatische Geschöpfe ließen sich unsere Vorfahren nichts irgendwie Genießbares entgehen. Pragmatismus ist ein wesentliches Kennzeichen der Evolution und nicht nur der des Menschen. Viele höhere Primaten zeichnen sich ebenfalls, wenn auch in unterschiedlichem Maße, durch dieses Charakteristikum aus. Jahrelang wurden alle höheren Primaten ausnahmslos als Vegetarier, als Frucht- oder Pflanzenfresser eingestuft – und das nur deshalb, weil niemand sich die Mühe machte, der Sache auf den Grund zu gehen und die Wahrheit herauszufinden. Schimpansen fressen nicht ihr Leben lang Bananen oder Feigen. Ihre Nahrung besteht aus einer großen Auswahl von Früchten, Beeren, Blättern, Sprossen, Knospen, Blüten, Eiern, Larven, Insekten, Honig, jungen Vögeln, Eidechsen und verschiedenen Säugetieren wie zum Beispiel jungen Pavianen, kleinen Warzenschweinen und Buschböckchen, Seiden- und Rotschwanzäffchen, um nur einige zu nennen.

Schimpansen sind wirklich echte Allesfresser, und auch die Paviane unterscheiden sich in dieser Beziehung kaum von ihnen, allenfalls mit der Einschränkung, daß sie weniger Früchte, dafür aber mehr Samen, Wurzeln und kleine Tiere verzehren. Die Olivenpaviane vom Elementeita-See fressen mit Vorliebe junge Thomson-Gazellen und Springhasen.

Schimpansen und Paviane kennen keine festen Mahlzeiten. Sie nehmen den ganzen Tag über Nahrung zu sich. Gelegentlich unterbrechen sie diese Tätigkeit, um sich den wichtigen Problemen des Gemeinschaftslebens zuzuwenden. Sie gehen auf Brautschau, kümmern sich um ihre Verwandtschaft, balgen sich ein wenig mit ihren Widersachern und lassen keine Chance aus, zu kopulieren. Beide Primaten sind also ungewöhnlich soziale Lebewesen, wenn auch auf unterschiedliche Art und Weise. Gefressen wird jedoch immer alleine. Sie suchen zwar gemeinsam, in kleinen oder größeren Gruppen, nach allerlei Eßbarem. Aber wenn sie etwas gefunden haben, schnappt sich jeder ein Stück und verzehrt es für sich. Paviane und Schimpansen teilen ihre Nahrung nicht. Wollte man dieses Verhalten auf den heutigen Menschen anwenden, so würde das bedeuten, daß jeder zu einem Abendessen Eingeladene sein eigenes Essen mitbringt, es bei seinem Gastgeber für sich allein zubereitet und dann auch alleine verzehrt, während er die ganze Zeit mit den anderen Gästen klatscht und tratscht. Obwohl in einer Gemeinschaft, ißt doch jeder das Seine.

Menschen verhalten sich jedoch anders. Sie teilen ihre Nahrung – und zwar unserer Meinung nach schon seit vielen Jahrmillionen. Das Teilen mit anderen und nicht das Jagen und Sammeln machte uns zu Menschen.

Um jedoch eine Antwort auf die Frage zu erhalten, wann und wie das Prinzip des Teilens zu einem Grundzug der Humanevolution wurde, müssen wir prüfen, ob dieses Prinzip biologische Vorteile mit sich brachte. Zunächst muß einmal festgestellt werden, daß ein evolutionärer Fortschritt kaum jemals vonstatten geht, wenn alle Bedürfnisse und Notwendigkeiten bereits voll befriedigt sind. Die natürliche Selektion findet nicht ohne Verluste statt, aber fast immer trifft sie eher solche Lebewesen, die mehr als andere um ihre Existenz kämpfen müssen und in größerer Gefahr sind.

Wenn unsere Ahnen vor etwa sechs Millionen Jahren den ganzen Tag gemütlich auf einem Fleck gesessen hätten, um bis zum Überdruß Nüsse, Beeren und saftige Wurzeln in sich hineinzustopfen, dann müßten wir uns heute nicht den Kopf über unseren Ursprung zerbrechen. Die einen oder anderen mögen genug zu essen gehabt und ein vorzeitliches Schlemmer-Dasein geführt haben; auf die meisten trifft dies jedoch nicht zu. Gerade diesen armen Habenichtsen aber muß daran gelegen gewesen sein, eine andere Lebensweise anzustreben. (Hier muß noch einmal betont werden, daß selbstverständlich kein einziges Lebewesen aktiv über seine evolutionäre Zukunft entscheiden kann; jede Tierart kennt unterschiedliche Verhaltensmuster und Körperformen und nur diejenigen überleben und haben die größten evolutionären Chancen, die sich ihrer Umgebung immer wieder anzupassen vermögen.)

Während der langen Zeit der Humanevolution bildete immer die Pflanzenkost die Grundnahrung. Man kann dies aus der Größe unserer Backenzähne und dem ungewöhnlich starken Zahnschmelz schließen, der den *Ramapithecus* ebenso wie den heutigen *Homo sapiens* kennzeichnet. Wir wissen auch, daß Fleisch ein immer wichtigerer Bestandteil schon der prähistorischen Ernährungsweise wurde, kaum jemals aber Pflanzen als Grundnahrungsmittel übertraf – mit Ausnahme von Völkern wie die Copper-Eskimos, die unter ungewöhnlich harten Bedingungen leben müssen: Sie ernähren sich ausschließlich von Fleisch. Wie könnte es im Lande des ewigen Eises auch anders möglich sein! Obwohl die Backenzähne des heutigen Menschen immer noch eine respektable Größe aufweisen, ist es eine Tatsache, daß sie seit dem *Ramapithecus* immer kleiner wurden. Dies weist darauf hin, daß unsere Vorfahren von einer bestimmten Zeit an ihre Nahrungsgewohnheiten änderten. Ein weiterer Beweis dafür ist, daß man im Lauf der Geschichte auf eine zunehmende Zahl von Werkzeugen stößt, die neben Tierknochen liegen.

Es ist anzunehmen, daß unsere hominiden Vorfahren – ähnlich wie die heute existierenden Paviane und Schimpansen – schon gelegentlich Fleisch aßen, bevor sich die ökonomische Mischform des Sammelns und Jagens durchgesetzt hatte. Wir wissen nicht, woraus ihre Nahrung sonst noch bestand, können aber davon ausgehen, daß sie nicht mit dem Pflanzenfutter der Schimpansen oder Paviane identisch war, denn sonst würden die Zähne der Hominiden denen dieser Primaten mehr gleichen. Der *Ramapithecus* ernährte sich vermutlich vorwiegend von Gras, Wurzeln oder Körnern, wie seine enormen Kauwerkzeuge beweisen. Es ist jedoch anzunehmen, daß die versteinerten Kieferteile, die jetzt in Museen überall auf der Welt bestaunt werden können, auch dann und wann mit Fleisch in Berührung gekommen sind. Auch der *Ramapithecus* war vermutlich, wie etwa der heutige Olivenpavian, bis zu einem gewissen Grade ein Allesfresser.

Die Entwicklung der Mischform des Sammelns und Jagens ist aber auch immer wieder einem anderen, nur dem Menschen eigenen Merkmal zugeordnet worden, nämlich der Fähigkeit, aufrecht zu gehen. Man argumentierte, es wäre einfacher, ein Beutetier zu verfolgen oder Waffen zu schleudern, wenn man aufrecht gehen kann. Aber niemand kann eine schlüssige Theorie über die Ursprünge dieser spezifisch menschlichen Fähigkeit vorweisen. Der *Ramapithecus,* der vor etwa sechs Millionen Jahren bereits aufrecht zu gehen vermochte, verzehrte jedenfalls nicht mehr Fleisch als Schimpansen oder Paviane. Diese Vorstellung mag vielen Leuten mißfallen, und es kann durchaus sein, daß sie sich irgendwann einmal als falsch erweisen wird. Vorerst haben wir jedenfalls nur Theorien und keine unumstößlichen Beweise.

Gehen wir davon aus, der frühe Hominide habe aus uns bisher (oder womöglich für immer) unbekannten Gründen begonnen, aufrecht zu gehen. Alsbald habe er sich auf die Suche nach einer neuen Nahrung, nämlich Fleisch gemacht – womit aber keineswegs ein aus dem Nest gefallener, hilfloser Vogel oder eine hie und da aufgefundene junge Antilope gemeint ist, sondern unerwartete Festschmäuse, wie zum Beispiel ein Rhinozeros oder ein massiger Wasserbüffel. Die Vorstellung, die kleinen Hominiden mit ihren 120 Zentimetern Körpergröße hätten sich mit bloßen Händen auf die Jagd nach diesen riesigen und gefährlichen Tieren gemacht, ist sicher nicht besonders überzeugend. Aber mit etwas Glück war das auch gar nicht nötig. Es gab genug auf natürliche Weise verendete Tiere oder von Raubtieren übriggelassene Beutereste, die unseren Ahnen zugute kamen.

Daß unsere Vorfahren am Anfang ihrer Entwicklung einmal Aas verzehrten, irritiert natürlich. Im Sommer 1969 machten sich deshalb zwei amerikanische Wissenschaftler, George Schaller und Gordon Lowther, daran, mit der einfachsten aller Methoden zu prüfen, ob unsere Vorfahren tatsächlich Aasfresser waren oder nicht: Sie probierten es einfach selber aus. Eine Woche lang zelteten sie am bewaldeten Ufer des Mbalangeti, der die Serengeti durchzieht. Diese Gegend wimmelt von Zebras, Gnus, Impalas, Topi-Antilopen, Büffeln, Gazellen – und Löwen. Sie durchstreiften Tag für Tag die Umgebung und suchten dabei nach jungen, hilflosen, kranken und toten Tieren, die als Nahrung in Frage gekommen wären, wenn sie, wie die frühen Hominiden, darauf angewiesen gewesen wären. Dabei stießen sie viermal auf die Überreste eines Tieres, das von einem Löwen gerissen worden war. Von den Opfern waren jedoch nur das Mark und das Gehirn übriggeblieben. Das hätte zwar für eine anständige, aber nicht gerade üppige Mahlzeit gereicht.

Löwen fressen in der Regel nur einen Teil ihrer Beute. Den Rest überlassen sie Geiern und Hyänen, die beide Aasfresser sind. Die Löwen aus der Gegend, in der das Lager von Koobi Fora liegt, waren im Sommer des Jahres 1976 besonders gierig und rissen einen großen Teil der dort lebenden Zebraherde. Eines Morgens fanden die Bewohner im feinen Ufersand unzählige Hufabdrücke von offenbar in Panik geflüchteten Zebras, dazu die unverkennbaren Spuren von Löwen. Inmitten dieses wilden Musters lag der Kadaver eines ausgewachsenen Zebraweibchens. Die Löwen hatten ihm nur den Bauch aufgerissen, die Eingeweide herausgezogen und verschlungen, und es dann liegengelassen. Wäre das vor zwei Millionen Jahren geschehen, dann hätten die Hominiden von Koobi Fora wahrlich einen Festschmaus »vor der Haustür« vorgefunden.

Bei ihrer »Nahrungssuche« stießen Schaller und Lowther neben den Überresten von Löwenopfern auch auf einen erst kurz zuvor verendeten Büffelstier. Das riesige Tier war entweder an einer Krankheit eingegangen oder an Altersschwäche gestorben. Aus dem Kadaver hätte man schätzungsweise etwa 260 Kilogramm Fleisch schneiden können. Außerdem fanden die beiden Forscher ein krankes Zebrafohlen, das von der Herde ausgestoßen worden war, und eine blinde Giraffe. Beide zusammen hätten wohl weitere 200 Kilo Fleisch ergeben – ein beachtliches Ergebnis für zwei Leute innerhalb einer Woche. Zudem war ihnen klar, daß sie in der entsprechenden Jahreszeit auch zahlreiche Jungtiere gefunden haben würden, die von ihren Müttern bei Gefahr im Gras versteckt werden. Junge Thomson-Gazellen drücken sich zum Beispiel ganz tief ins Gras und stellen sich tot, sobald Unheil droht. So werden sie von den Raubtieren häufig übersehen. (Eine ganze Reihe von Jungtieren verhält sich übrigens ebenso.) Die Hominiden, die doch ein wenig klüger gewesen sein dürften als die Raubtiere, konnten von dieser Art des Verhaltens sicher profitieren.

Es kann natürlich sein, daß Schaller und Lowther besonders viel Glück auf ihrer »Aassuche« hatten. Eine Woche vorher oder nachher hätten sie auch mit leeren Händen ausgehen können. Hier nun kommt die zweite Möglichkeit ins Spiel, wie der Lebensunterhalt gewährleistet werden kann. So reich die Mahlzeiten ausfallen, wenn man einen toten oder sterbenden Büffel ausgemacht hat, so mager sind sie, wenn Hyänen als erste am Platz oder die Tierkörper so klein sind, daß sie nur schwerlich entdeckt werden können. Hier beginnt die Pflanzennahrung ihre große Rolle zu spielen, denn sie ist nun sozusagen die »eiserne Ration«.

Glynn Isaac, einer der hervorragendsten Anthropologen, die in Koobi Fora gearbeitet haben, ist der Meinung, der Verzehr von Aas sei der erste Durchbruch zu einer gemischt-ökonomischen Wirtschaftsform gewesen, wobei die Pflanzennahrung gleichsam die Rolle einer Lebensversicherung darstellte. Durch sie war es möglich, sich zwischen den gelegentlichen Fleischmahlzeiten ausreichend zu ernähren.

Anfänglich haben unsere früheren Ahnen selbstverständlich nicht gezielt nach Aas gesucht. Sie griffen es auf, wo sie es eben fanden, während sie nach Nüssen, Wurzeln und anderer pflanzlicher Nahrung suchten. Bald jedoch werden sie gelernt haben, daß die Geier, die hoch oben in der Luft ihre Kreise ziehen, ein kräftiges Mahl signalisieren – vorausgesetzt, man findet es als erster. So wurde die Suche nach Fleisch ganz allmählich gezielter, wobei bestimmte Mitglieder einer Gruppe sich bald den ganzen Tag damit beschäftigten. Sie werden rasch erkannt haben, daß man auch auf Bäumen nach frischem Fleisch suchen kann, denn Leoparden schleifen ihre Beute gern ins Geäst, um sie aus der Reichweite der stets hungrigen Hyänen zu bringen. Hyänen können nicht auf Bäume klettern, wohl aber konnten es die Hominiden. Allerdings gingen sie das Risiko ein, plötzlich von einem wütenden Leoparden angefallen zu werden, der sich seine Mahlzeit nicht stehlen lassen wollte. Hatten sie jedoch Glück, so war auch ihnen ein gutes Essen sicher.

Diese Art der Ernährung, die aus mehr Fleisch bestand als die der heutigen Schimpansen, die nur gelegentlich Fleisch fressen, gewährleistete den Hominiden eine entsprechend große Energiezufuhr. Indem sie zusätzlich zu Früchten, Nüssen, Beeren, Knospen und so weiter eine beträchtliche Menge Fleisch verzehrten, bildeten sie in bezug auf die Ernährungsgewohnheiten eine neue Kategorie. Sie waren keine Fleischfresser wie Löwen und Leoparden, denen sie die Beute stahlen, sie waren aber auch keine Allesfresser in der Art von Schimpansen und Pavianen. Sie wurden zu Super-Allesfressern und konnten dadurch in einer Umgebung überleben, die im Grunde hart und lebensfeindlich war. Die Hauptargumente sowohl gegen die Jagd-Hypothese als auch gegen die Sammler-Hypothese basieren auf der Art der Wirtschaftsform der Sammler und Jäger – darauf nämlich, daß sie von Pflanzen und von Fleisch und nicht ausschließlich von dem einen oder dem anderen leben. Keine dieser beiden Lebensformen hätte eine so ausreichende Ernährung ermöglicht, wie die gemischt-ökonomische Lebensweise der Sammler und Jäger.

Übrigens jagen Schimpansen und Paviane fast alle kleineren Tiere, die sich in ihre Nähe wagen, aber sie sind keine Aasfresser. Verschiedene Primatologen, die diese Menschenaffen beobachteten, legten ihnen tote Tiere vor, die sie normalerweise mit Begeisterung gejagt und verschlungen hätten. Aber die Schimpansen oder Paviane schnupperten nur an den Kadavern, gaben ihnen einen Stups und ließen sie liegen. Niemand weiß, warum. Wenn also im Verzehr von Aas und nicht in der Fähigkeit zu jagen der Keim der Menschheitsentwicklung liegen sollte, dann fehlt er jedenfalls bei den heutigen Primaten.

Wichtig ist jedoch weniger, *was* die frühen Hominiden *aßen,* sondern *wie* sie ihre Nahrung *sammelten*. Was ein Schimpanse frißt, ist normalerweise auch von ihm gefangen oder gesammelt worden. Unsere Vorväter erfanden jedoch eine Wirtschaftsform, die so funktionierte, daß die einen hauptsächlich Fleisch, die anderen vor allem Pflanzennahrung beschafften. Sie basierte somit auf dem Prinzip der Arbeitsteilung und dies wiederum führte zu dem, was die Anthropologen unter dem Begriff »aufgeschobener Verzehr« verstehen: Statt gleich auf dem Baum oder im Gras zu verspeisen, was immer sie dort entdeckt hatten, trugen die Hominiden Wurzeln, Beeren und Larven zusammen, brachten sie zum Lager zurück und aßen sie dort gemeinsam mit den anderen. Die Hominiden sammelten also ihre Nahrung und trugen sie zum Lagerplatz. Der Schimpanse stopft sie sich sofort in seinen eigenen Bauch! Die Hominiden können in bezug auf das, was sie aßen, als Allesfresser bezeichnet werden. Diese Bezeichnung trifft aber nicht auf die Art und Weise zu, wie sie ihre Wirtschaftsform organisierten.

Eine der Konsequenzen, die sich aus der Lebensweise der Sammler und Jäger ergab, war mehr »Freizeit«, mehr Muße, bedingt durch eine bessere Ausnutzung des vorhandenen Energiepotentials. Fleisch enthält so viel Kraftstoffe, daß erfolgreiche Raubtiere wie Löwen oder Wildhunde sich erlauben können, 20 Stunden am Tag zu ruhen. Je geschickter unsere Vorfahren die gemischt-ökonomische Wirtschaftsform mit Fleisch- und Pflanzennahrung anwandten, desto weniger Zeit brauchten sie auf die Beschaffung zu verwenden. Der frühe *Homo,* der vor zwei oder drei Millionen Jahren gelebt hat, mag weniger tüchtig als die heutigen !Kung oder auch andere Sammler- und Jägervölker gewesen sein; mit Sicherheit hatte er jedoch mehr Mußezeit als heutige Schimpansen. Um Marshall Sahlins zu zitieren: »Die erste gemischt-ökonomische Wirtschaftsform brachte nicht nur mehr Muße mit sich, sondern führte auch zur Entstehung der *ersten Überflußgesellschaft*.«

Ein großer Teil unserer Ausführungen basiert natürlich auf Vermutungen. Da in den freigelegten Lagerplätzen jeglicher Hinweis auf Pflanzennahrung fehlt (notwendigerweise, denn Pflanzen verwesen und erhalten sich nicht), müssen wir uns auf unseren möglichst fundierten Einfallsreichtum verlassen. Für die Fleischnahrung haben wir immerhin Beweise in Form von Tierknochen. Wir befassen uns hier mit etwas, das ganz spezifisch den Menschen betrifft, das weit in seine Anfänge zurückreichen muß und ihm, wie Ardrey es formulierte, zum Menschen und nicht zum Schimpansen werden ließ. Das Bild, das wir von den frühen Hominiden zu zeichnen versuchen, basiert zwar weitgehend auf Vermutungen, die jedoch so solide wie möglich abgesichert sein sollten.

Da Arbeitsteilung sich als ein so wichtiger Faktor erweist, stellt sich natürlich die Frage, wie sie vorgenommen wurde. Auch hier können wir nur vermuten, aber es liegt nahe, daß auch bei den Hominiden – wie bei ausschließlich allen nicht-agrarischen Völkern – das Fleisch von den Männern beschafft wurde, während die Frauen als Garanten der Unterhaltssicherung pflanzliche Nahrung sammelten. Wenn man bedenkt, wie stark Frauen durch Kleinkinder behindert sind, da sie diese zum Sammeln mitnehmen müssen, ist man doch etwas verwundert, daß auch bei heute lebenden Sammlern und Jägern nach wie vor eine so strikte Arbeitsteilung stattfindet. Es muß hinter dieser Arbeitsteilung etwas stehen, was tiefer verankert ist als der rein praktische Nutzen. Auch Schimpansen und Paviane überlassen das Jagen meist den männlichen Tieren. Vielleicht liegt der Grund auch hier darin, daß die weiblichen Tiere gezwungen sind, sich um die Nachkommenschaft zu kümmern, so daß sie gar nicht die Möglichkeit haben, an den Jagdzügen der Männchen teilzunehmen. Die Weibchen sind bei den Primaten zweifellos der Mittelpunkt des sozialen Lebens. Um sie scharen sich die Jungtiere verschiedensten Alters. Weibliche Schimpansen und Paviane, die selbst gelegentlich jagen und Fleisch fressen, übertragen ihre Vorliebe auf ihre Nachkommenschaft und beweisen damit die Schlüsselrolle des weiblichen Tieres in der Erziehung der Jungen.

Wir können zwar der Hypothese von Tanner und Zihlman insgesamt nicht zustimmen, müssen jedoch einräumen, daß sie in einem Punkt zweifellos Recht haben: Die ersten Werkzeuge des Menschen waren wohl Grabstöcke und eine Art Behälter, in dem Nüsse und Wurzeln gesammelt und transportiert werden konnten. Ein großes Stück Fleisch zu tragen ist einfach – man braucht sich das Tier oder einen kräftigen Fleischknochen nur über die Schultern zu legen. Bei einem Haufen Beeren ist das schon ein technisches Problem. Ohne einen entsprechenden Behälter kann man sie nur sofort verspeisen oder verfaulen lassen. Schimpansen streifen manchmal die Blätter von einem Zweig und locken mit diesem Stöckchen Termiten aus dem Bau. Sie schöpfen gelegentlich auch mit Blättern Wasser aus einem Loch oder holen damit das Hirn eines frisch getöteten Tieres aus dem Schädel, und manchmal nehmen sie sogar einen schweren Stein, um damit Nüsse aufzuschlagen. All diese Hilfswerkzeuge ändern jedoch nichts an ihrer Lebensweise. Die Erfindung des ersten tragbaren Behälters aber bedeutet einen ganz entscheidenden Schritt in der Entwicklung der Hominiden: Durch sie wurde das einfache Von-der-Hand-in-den-Mund-Leben in eine Wirtschaftsform verwandelt, die als Ökonomie der Nahrungsteilung bezeichnet werden kann. Der Grabstock mag vor oder nach dem ersten tragbaren Behälter erfunden worden sein. Doch so wichtig er war, so wenig ausschlaggebend ist er in der Entwicklung einer sozialen Ökonomie. Sicher hat er das Leben der Hominiden erleichtert, doch er führte nicht zu einer völlig neuen Lebensform.

Die prähistorischen Funde geben natürlich keinerlei Aufschluß oder beweisen gar diese früheste technologische Revolution, denn die ersten tragbaren Behälter wurden aller Wahrscheinlichkeit nach aus geflochtenen Blättern oder Rinden hergestellt und konnten somit keine Spur hinterlassen. Die Überlegung, daß die Hominiden bereits über geflochtene Behälter verfügten, ist dennoch keineswegs weit hergeholt, denn selbst Schimpansen und Gorillas sind ganz geschickte Flechtkünstler. Diese beiden nahe verwandten Menschenaffen bereiten sich ihre Schlafstätten aus Zweigen, Ästen und Blattwerk, das sie ineinander verflechten. Sogar bei im Zoo lebenden Orang-Utans, deren Hände weitaus ungeschickter sind, konnte man beobachten, daß sie aus lauter Langeweile Strohhalme ineinanderflochten. Die Hominiden waren sicher einfallsreich genug, diese Fähigkeit so auszubauen, daß sie schließlich tragbare Behälter herstellen konnten.

Da Grabstöcke wirksamer sind, wenn sie einigermaßen spitz sind, werden die Hominiden schon sehr bald gelernt haben, wie man mit einem Steinsplitter, der irgendwo herumliegt, einen Zweig schält und anspitzt. Von da aus ist es nur ein kleiner verstandesmäßiger Schritt zur Herstellung eines schneidefähigen Werkzeugs. Man braucht ja nur einen Stein mit einem anderen zu spalten oder ihn auf einem am Boden liegenden Stein zu schleudern, so daß er zerspringt. Allerdings muß man bei dieser ersten Steintechnologie – wenn der Ausdruck hier überhaupt schon angebracht ist – in Betracht ziehen, daß die ersten Werkzeuge vermutlich dazu dienten, hölzerne Geräte herzustellen. Wenn das Ergebnis dieser Tätigkeit auch nicht besonders eindrucksvoll gewesen sein mag, so ist der Prozeß, der von einem einfachen Steinsplitter zur Herstellung hölzerner Geräte führt, von faszinierender intellektueller Tragweite. Es ist ein Schritt, der den Schimpansen mit seinem blattlosen Zweig weit hinter dem Standard der Hominiden zurückläßt.

Diese »Werkzeuge« wurden vermutlich über Jahrmillionen hinweg angefertigt und benutzt, ohne die geringste Spur zu hinterlassen. Sie wurden gebraucht, wenn es nötig war, und danach achtlos wieder weggeworfen. Der Gedanke, daß die Ablagerungen in vielen Teilen Afrikas Werkzeuge bergen könnten, die mehr als sechs Millionen Jahre alt sind, ist faszinierend. Leider muß es bei der Vorstellung bleiben, denn wir wären gar nicht in der Lage, diese vorgeschichtlichen Werkzeuge, sollten wir sie finden, als solche zu erkennen. Erst von dem Zeitpunkt an, als sie bewußt, und zwar an bestimmten Orten und in unterschiedlichen Arten hergestellt wurden, sind wir in der Lage, sie als die Arbeit hominider Hände zu erkennen.

Je älter die Funde sind, die wir in den Ablagerungen in Ostafrika entdecken konnten, desto unscheinbarer und einfacher sind die Werkzeuge. Das trifft sowohl auf Olduvai mit seinen zwei Millionen Jahren als auch auf das etwas ältere KBS am Turkana-See und den äthiopischen Hadar zu, wo Werkzeuge gefunden wurden, die unbestritten älter als zweieinhalb Millionen Jahre sind. Wesentlich ist dabei immer, daß während dieses ganzen Zeitraums Hominiden in der Absicht zusammenkamen, Werkzeuge anzufertigen. Bei manchen Ausgrabungsorten ist zwar schwer erkennbar, ob sie tatsächlich die Relikte einer frühen Lagerstätte bergen. Meist ist jedoch ersichtlich, daß sich hier der Schauplatz spezifisch menschlicher Aktivitäten befunden haben muß. Ein Lager war der Mittelpunkt des Gemeinschaftslebens und der Ökonomie des Sammelns und Jagens, denn hier wurde die Nahrung geteilt.

An einem entscheidenden Punkt unserer Entwicklungsgeschichte beschlossen männliche Hominiden, ihr Fleisch zu erjagen. Sie erkannten, daß sowohl die Suche nach Aas als auch die Jagd ertragreicher wären, wenn sie sich gemeinsam aufmachten. Anfangs verletzten sie damit allerdings das Territorium der etablierten und erfolgreichen Raubtiere, wie Löwen, Hyänen, Wildhunde, Leoparden und Säbelzahntiger, die den Genuß von Fleisch schon lange kannten und schätzten. Der Konkurrenzkampf verlief dementsprechend unsanft. Glücklicherweise jagen die meisten dieser Tiere in den frühen Morgenstunden oder bei hereinbrechender Dämmerung. Hominiden waren jedoch wie die meisten höheren Primaten Lebewesen, die den Tag bevorzugten. Warum sollten also nicht schon im Pliozän Aasfresser und Jäger, die ihre Beute am Tage suchen, eine Chance haben? Offensichtlich haben unsere frühen Ahnen dies erkannt und genutzt.

Die ersten Jäger erlegten ihre Beute mit unbearbeiteten Waffen: mit einem Ast, den sie wie eine Keule schwangen, mit einem gut gezielten Steinwurf oder vielleicht einem Grabstock, der als Speer benutzt wurde, wenn sich ein Wild näherte. Die Forscher, für die jedes frühe Steinwerkzeug eine Waffe ist, sind zweifellos im Irrtum. Das Töten bedurfte nämlich keiner besonders geformten Waffen. Ein Tier, das im Morast festsitzt, ist leicht zu erlegen. Man braucht keine eigens angefertigten Waffen, um das hilflose Geschöpf zu töten. Jeder schwere Stein erfüllt diesen Zweck. Das gleiche gilt für die Hominiden, die fliehendes Wild mit einem Wurfgeschoß erlegen konnten.

Die unbestritten ältesten Überreste eines Speeres wurden in Clacton an der Ostküste Englands entdeckt. Dieses knapp 40 Zentimeter lange, aus einer Eibe geschnittene Wurfgeschoß ist mit seinen 250 000 Jahren noch recht jung; unbearbeitete Speere sind vermutlich schon vor zwei und mehr Millionen Jahren erfolgreich verwendet worden. Werfen mit der Absicht, dadurch etwas zu erlegen, muß sehr lange schon eine spezifisch menschliche Betätigung gewesen sein. Man braucht nur einmal daran zu denken, wie treffsicher der Mensch einen Speer oder Stein schleudern kann und zu welch ballistischen Fähigkeiten er es bis heute gebracht hat. Im Vergleich dazu sind unsere evolutionsgeschichtlich nahen Verwandten, die Schimpansen und Gorillas, reine Amateure. Auch sie versuchen manchmal etwas zu treffen, aber ihr Zielvermögen ist sehr beschränkt. Allerdings gibt es als erstaunliche Ausnahme einen Gorilla aus dem Zoologischen Garten von San Diego. Dieses freundliche Tier hat schon oft die Zooverwaltung in größte Verlegenheit gebracht, weil es mit Vorliebe seinen Kot nach Zuschauern schleudert, die mit einem Aussichtswägelchen an seinem Käfig vorbeifahren!

Zu Beginn der Humanevolution konzentrierte sich die Entwicklung von Werkzeug auf Geräte zum Sammeln von pflanzlicher Nahrung und nicht auf die Beschaffung des vielgerühmten Fleisches. Außerdem war wohl kein Werkzeug nötig, um die Reste eines Aases zu teilen; heutige Schimpansen zerreißen ihre Beute auch nur mit ihren Fingern und Zähnen. Aber irgendeinem unserer Vorfahren muß schon sehr früh der Gedanke gekommen sein, daß man einen Steinsplitter nicht nur zum Anspitzen von Grabstöcken, sondern auch zum Zerlegen von Fleisch verwenden kann. Jeder Felsbrocken war außerdem bestens geeignet, einen Knochen aufzuschlagen, um somit an das saftige Mark zu gelangen. Werkzeuge wurden erst dann wichtig, als das Leben der Hominiden an Vielfalt gewann – zum Beispiel, als zum erstenmal Tierhäute bearbeitet werden sollten. Bei all diesen Überlegungen müssen wir immer davon ausgehen, daß Werkzeuge stets dreierlei Zwecken dienten: einmal, um Fleisch zu erlangen, zum zweiten, um Pflanzen zu sammeln und zum dritten, um mit ihnen wiederum andere Werkzeuge herzustellen.

Was uns jedoch an diesen ganzen Fragen am meisten interessiert, ist die Lebensform, die dahintersteht, und die, wie wir festgestellt haben, vom Aufteilen der jeweils getrennt herbeigeschafften Nahrung bestimmt ist. Darin unterscheidet sie sich von der eines anderen Lebewesens. Es trifft zwar zu, daß in Rudeln lebende Fleischfresser ihre Beute teilen. Das beste Beispiel dafür ist der afrikanische Wildhund, ein besonders schönes Tier, das manche menschlichen Charakterzüge aufweist. Wenn ein Rudel männlicher Tiere aufbricht, um Beute zu erjagen, werden die Jungen in ihrem Bau zurückgelassen. Sie werden von ein oder zwei ausgewachsenen weiblichen Wildhunden betreut, die sich gegebenenfalls auch um kranke oder verletzte Rudelmitglieder kümmern. Wenn die anderen zurückkommen, würgen sie Fleisch für alle die aus, die zurückgeblieben sind, auch für die kranken Tiere. Diese Art der Fürsorge für die eigenen Artgenossen ist im Tierreich ungewöhnlich und vermutlich eine Folge des besonders starken Gemeinschaftsgefühls dieser Hunde. Der wesentliche Unterschied zwischen ihrer Art der Nahrungsteilung und der der Hominiden liegt jedoch darin, daß alle dasselbe fressen. Sie kennen nicht die

Möglichkeit, sich durch zwei unterschiedliche, jedoch gleichzeitig verzehrbare Nahrungstypen zu erhalten.

Betrachten wir noch einmal Schimpansen und Paviane als biologisch den Hominiden am nächsten verwandte Lebewesen, so läßt sich im Verhalten der Tiere, wenn sie an Fleisch geraten sind, ein deutlicher und aufschlußreicher Unterschied feststellen. Auch bei Schimpansen und Pavianen jagen überwiegend die männlichen Tiere. Damit endet jedoch schon die Gemeinsamkeit zwischen ihnen. Männliche Paviane sind wesentlich größer als die weiblichen und haben auffallend hervorstehende Eckzähne. Zwischen den männlichen Tieren brechen häufig Spannungen aus, aber gewöhnlich weiß jedes einzelne ganz genau, wer der »Boß« ist. Die Hierarchie der Paviane ist streng gegliedert. Wenn ein männliches Tier zum Beispiel eine junge Thomson-Gazelle zur Strecke gebracht hat, laufen sofort alle anderen – durch das Schreien des Opfers aufmerksam gemacht – heran. Um das erlegte Tier wird heftig gekämpft. Für gewöhnlich beendet der Anführer einer Herde den Streit als Sieger; er bekommt dann auch die saftige Beute. Paviane teilen ihr Futter nicht. Gelegentlich mag es allerdings vorkommen, daß ein Männchen seinem Weibchen etwas abgibt oder ein weibliches Tier seinen Jungen ein Stück zusteckt, sofern es überhaupt die Chance hat, an Fleisch zu gelangen.

Ganz anders verhalten sich dagegen die Schimpansen. Zwar verteilt auch hier nicht etwa ein glücklicher Jäger großzügig seine Beute, aber er gibt doch wenigstens manchmal etwas ab. Wer schon einmal die Gelegenheit hatte, zu beobachten, wie ein Schimpanse ein Tier tötet, kann sich des Eindrucks nicht erwehren, daß der erfolgreiche Jäger sich gern mit seiner Beute verdrükken würde, um sie irgendwo friedlich und allein zu verspeisen. Leider ist das nicht möglich, denn auch Schimpansen hören natürlich die Angstschreie des Beutetieres und kommen schnell herbei. Meist jagen sie sogar gemeinsam, so daß keiner eine Chance hat, sich mit seinem Fang davonzustehlen.

Sowie ein Schimpanse ein Tier gefangen hat, wird er von anderen männlichen, weiblichen und jungen Artgenossen umlagert, die alle nur darauf warten, ein Stück abzubekommen. Im Gegensatz zu den Pavianen sind Schimpansen jedoch fast immer friedfertig und bitten regelrecht um einen Anteil. Das Betteln fällt dabei ganz unterschiedlich aus. Manche blicken dem Jäger flehend in die Augen, andere winseln, manche betätscheln die Beute, während ihr Besitzer daran nagt, und wieder andere strecken die Hände nach oben, eine flehende Geste, die sehr stark an die menschliche Bitthaltung erinnert. Die Ähnlichkeit dieser Bewegung ist zu beeindruckend, als daß sie nur ein biologischer Zufall sein könnte.

Ein Schimpanse, der um ein Stück Fleisch bettelt, wird nicht immer mit einem Teil der Beute belohnt. Aber die Chance ist so groß, daß er für gewöhnlich friedlich sitzen bleibt und wartet, bis er sein Stück abbekommt. Bemerkenswert dabei ist, daß die Anführer einer Schimpansenherde bei solchen Gelegenheiten selten von ihrem »Rang« Gebrauch machen. Ein Verhaltensforscher hat den Gombe-Schimpansen *Mike* dabei beobachtet, wie er über zwei Stunden lang einen anderen Schimpansen anbettelte, der viel schwächer war als er. Schließlich mußte *Mike* mit leeren Händen abziehen. Da Schimpansen niemals ihre normale Kost, also Früchte und Pflanzen, untereinander teilen, bleibt es rätselhaft, warum sie sich beim Fleisch anders verhalten. Vielleicht ist der Grund darin zu suchen, daß diese verblüffend menschenähnlichen Tiere im Gegensatz zu Pavianen vergleichsweise friedlich und entspannt miteinander leben und daß das Teilen von aufgebrachter Beute möglicherweise dazu beiträgt, dieses ruhige Leben zu gewährleisten. Es läßt sich immer wieder beobachten, daß Schimpansen ein außerordentliches Geschick haben, Spannungen untereinander auszugleichen.

Die Frage nach dem Grund dieses verschiedenartigen Verhaltens von Pavianen und Schimpansen ist vermutlich leicht zu beantworten. Die Ursache liegt mit großer Wahrscheinlichkeit im genau entgegengesetzten Benehmen der heranwachsenden männlichen Tiere. Die fast ausgewachsenen Pavianmännchen verlassen nämlich ihre Gruppe und schließen sich einer anderen an; so verhalten sich übrigens die meisten Primaten. Heranwachsende Schimpansenmännchen bleiben jedoch bei ihrer Gruppe. Hier sind es die jungen Weibchen, die wechseln. Die Folge davon ist, daß männliche Paviane innerhalb einer Gruppe nicht, männliche Schimpansen dagegen alle miteinander verwandt sind. Die Weibchen sind hier untereinander fremd. Es ist also keineswegs erstaunlich, daß Pavianmännchen so aggressiv zueinander sind. Ihre Körpergröße, ihre langen, scharfen Eckzähne und ihre unverhohlene Angriffslust sind Merkmale für ein offen zur Schau gestelltes Konkurrenzverhalten.

Männliche Schimpansen sind größer als ihre Weibchen. Der Unterschied ist jedoch nicht sehr beträchtlich. Er läßt sich in etwa mit dem zwischen Männern und Frauen vergleichen. Ihre Eckzähne stehen zwar hervor, haben jedoch nicht die Signalfunktion innerhalb der Gruppe wie bei Pavianen. Außerdem ist – wie gesagt – Friedfertigkeit die tragende Komponente innerhalb einer Schimpansengemeinschaft. (Männliche Schimpansen wetteifern jedoch auf recht ungewöhnliche Weise miteinander: Sie haben nämlich auffallend große Hoden, die meist dreimal so groß sind wie die der Gorillamännchen, obgleich sie von diesen ungefähr um das Vierfache an Körpergröße übertroffen werden! Möglicherweise wollen Schimpansenmännchen, obwohl sie sich beim Werben keine große Mühe geben, den Nachwuchs sichern, indem sie ein Weibchen mehrfach begatten und dies jeweils mit unglaublichen Mengen von Sperma.)

Daraus folgt, daß das System des Nahrungsteilens nur in einem vielfältig ineinander verschlungenen Beziehungsnetz gedeihen kann, wobei eine auf relative Gleichheit ausgerichtete Gesellschaftsform wie die der Schimpansen dafür geeigneter ist als die straffe Hierarchie der wildlebenden Paviane. Wir werden zwar niemals erfahren, ob unsere Vorfahren vor sechs bis acht Millionen Jahren ein Gemeinschaftsleben entwickelt hatten, das mehr dem von Schimpansen glich als dem von Pavianen, wo also die Männer miteinander verwandt, die Frauen jedoch neu in die Gruppe gekommen waren. Sicher ist jedoch, daß die Lebensgewohnheiten der Schimpansen eher so sind, daß sich aus ihnen eine Ökonomie der Nahrungsteilung entwickeln könnte, die der der Hominiden ähnlich sein würde. In diesem Zusammenhang interessiert es sicher auch, daß die Mädchen aus nicht-agrarischen Völkern weitaus öfter ihre angestammte Sippe verlassen und sich der ihres Mannes anschließen, als umgekehrt.

Die meisten Primaten sind »Herdentiere«. Sie sind äußerst gesellig und leben daher immer in Gruppen. Wir nehmen an, daß die frühen Hominiden darin keine Ausnahme machten. Die Vorteile eines Gemeinschaftslebens, die den Primaten zuteil wurden, sobald sie der quantitativen Sicherheit (als Schutz vor Raubtieren) die qualitative (also die optimale Nutzung ihrer Nahrungsquellen) vorzuziehen begannen, sind zweifellos auch unseren frühen Ahnen zugute gekommen.

Man braucht nur einen Vormittag lang eine Schimpansen- oder Paviangruppe zu beobachten, um sich darüber klar zu werden, wie vielschichtig und geschäftig ihr Leben organisiert ist. Verglichen mit der gemächlichen Ruhe wiederkäuender Kühe ist das Leben einer Primatenfamilie durchpulst von zahlreichen – manchmal nicht besonders feinen – Interaktionen: Pärchen turteln miteinander, ein paar jüngere Männchen wetteifern um die Gunst eines gerade läufig gewordenen Weibchens, andere kämpfen um ihren Status innerhalb der Gruppe, Mütter beobachten aufmerksam ihre munteren Sprößlinge, Brüder oder »Freunde« verbünden sich miteinander, um sich gegen einen Widersacher, und sei es auch nur vorübergehend, zu stellen. In Wirklichkeit ist das Leben der Schimpansen noch wesentlich komplexer, als es sich auf den ersten Blick zu erkennen gibt. Wie intensiv müssen dann die Beziehungen gewesen sein, die das Leben der Hominiden bestimmten, als sich die Ökonomie des Nahrungsteilens herauszubilden begann! Die Arbeitsteilung in zweigleisige Nahrungsbeschaffung und die wechselseitige Verteilung von Pflanzen- und Fleischnahrung müssen unsere frühesten Ahnen in ihrem Bemühen, eine eng zusammenarbeitende und -gehörende Gemeinschaft zu bilden, unendlich stark in Anspruch genommen haben. Zweifellos prägten diese sozialen Faktoren nachhaltig die Ansätze menschlichen Denkens.

Vom Standpunkt der klassischen Evolutionsbiologie aus betrachtet, ist Gruppenleben nichts anderes als ein unglücklicher Kompromiß zwischen der lebensnotwendigen Selbstsucht eines jeden Individuums und dem Verteilen gemeinsam genutzter Ressourcen. Jahrelang teilten Verhaltensforscher tierisches Verhalten danach ein, ob es »der Spezies nützt«, oder ob es »zum Wohl der Gruppe« sei. Die Entwicklung von Warnrufen bei bestimmten Vogelarten wurde beispielsweise darauf zurückgeführt, daß hier ein Mechanismus vorliege, der die Arterhaltung garantiere. Evolution ist eigennützig: Sie setzt sich durch Bevorteilung des einzelnen Lebewesens, nicht der Gruppe fort. So kompliziert diese Argumentation erscheinen mag, so unabdingbar ist sie für die Entstehung des ungewöhnlichsten aller Lebewesen, des *Homo sapiens.* Wenn evolutionäre Kräfte jedes Tier dazu zwingen, sich selbstsüchtig zu verhalten, um überleben zu können, müssen wir begreifen, warum das Prinzip der Nahrungsteilung einen so wichtigen Platz im Gemeinschaftsleben der Menschen eingenommen hat.

Nehmen wir einmal rein hypothetisch an, eine Gruppe von Tieren lebt zusammen und produziert stetig Nachwuchs. Nehmen wir weiter an, ein Sprößling sei durch eine angeborene Mutation der Gene doppelt so fruchtbar wie seine Artgenossen. Wenn wir nun weiter davon ausgehen, daß dieses neue Gen sich durch alle folgenden Generationen fortsetzt, so wird die Proportion der Nachkommenschaft im Laufe der Zeit ständig zunehmen. Das bedeutet, biologisch gesehen, daß dieses Lebewesen seinen Artgenossen überlegen war. Auf dem Kampfplatz der Evolution behaupten sich jedoch nur die Lebewesen, die ihre Umgebung am sinnvollsten zu nutzen wissen und sich am meisten fortpflanzen. Nur in diesem Sinne erfolgreichen Lebewesen gehört die Zukunft.

Der Grundstoff allen Lebens sind die fadenartigen Nuklearmoleküle, aus denen sich das genetische Material zusammensetzt, und dies wiederum bestimmt, wie ein Lebewesen aussieht und wie es sich verhält. Da die Eltern ihre Gene den Kindern weiterreichen und diese wiederum den Kindeskindern, sind Gene im Grunde unsterblich.

Gene machen uns zu dem, was wir sind; sie sind die Motoren der Evolution. Deshalb ist es durchaus statthaft, einen Körper – sei es nun der eines Menschen, eines Elefanten oder einer Ameise – als Vehikel zu bezeichnen, das Gene von Generation zu Generation transportiert. Der englische Genetiker Richard Dawkins schreibt in seinem 1978 erschienenen Buch *Das egoistische Gen* über die Rolle und Motivation der Gene, daß sie in riesigen Mengen sicher wie in gigantischen, schwerfälligen Robotern schwebten. Abgeschlossen von der Außenwelt manipulierten sie alles durch Fernsteuerung. Gene seien in uns allen, sie würden unseren Körper und unseren Geist formen, ihre Erhaltung sei die ultima ratio unserer Existenz. Der Mensch sei nur eine Maschine, welche ihr Fortdauern garantiere. Das mag ein wenig übertrieben klingen, hilft uns jedoch, die Eigenschaften bestimmter Gene in den Mittelpunkt unserer Betrachtung zu stellen, wenn wir uns nun mit der Entstehung bestimmter Verhaltensweisen sozialer Lebewesen befassen.

Vor etwa 20 Jahren saß der bekannte englische Biologe J.B.S. Haldane mit ein paar Kollegen in seinem Lieblingsgasthaus unweit des Londoner University College und meditierte über das Phänomen des Altruismus. Plötzlich zog er einen Zettel hervor, kritzelte ein paar Zahlenreihen darauf und verkündete, er wäre bereit, sein Leben für zwei seiner Brüder oder acht Vettern hinzugeben. Natürlich hatte er nichts dergleichen vor. Er hatte nur ausgerechnet, was innerhalb genetischer Gesetzmäßigkeiten evolutionär sinnvoll gewesen wäre. Der springende Punkt ist dabei, daß man zur Hälfte die gleichen Gene wie Brüder und Schwestern hat, daß sie sich jedoch nur zu einem Achtel mit denen eines Vetters decken. Genetisch gesehen könnte man also auf das Leben eines J.B.S. Haldane verzichten, wenn dadurch das von zwei Geschwistern oder acht Vettern gerettet würde. Das wäre eine Art genetischer Lebensversicherung.

Die herkömmliche Biologie befaßt sich erst seit kürzester Zeit mit diesen Thesen, die derzeit noch fast so etwas wie eine innerdisziplinäre Revolution verursachen. Dadurch sind wir jetzt nämlich in der Lage, tierisches Verhalten zu einem großen Teil äußerst gründlich zu überprüfen. Wir erkennen nun auch Verhaltensweisen einzelner Tiere, die nur dazu dienen, ihren nächsten Artgenossen zu nützen. Dabei ist natürlich keineswegs ausschließlich von Opferhaltungen die Rede. Unter dieses altruistische Verhalten fällt alles, was dem Wohl der Geschwister (genauer gesagt, ihrer Fortpflanzungsfähigkeit) dient, denn dies nützt indirekt auch dem betreffenden Individuum, und zwar insofern, als es seinen eigenen Genen zugutekommt, die es ja zur Hälfte mit seinen Geschwistern teilt. Allerdings geschieht das Ganze vernünftigerweise immer unter dem Vorbehalt, daß das Individuum selbst nicht zu sehr durch sein selbstloses Verhalten geschädigt wird.

Deshalb ist es ganz natürlich, daß Familienmitglieder, die alle die gleichen Gene haben, das sind also: Brüder, Schwestern, Eltern und so weiter, darauf bedacht sind, sich gegenseitig zu helfen. Ein Tier, das einen Warnruf ausstößt, um seine Artgenossen auf ein Raubtier aufmerksam zu machen, bringt sich dadurch zwar möglicherweise selbst in Gefahr, hilft sich jedoch – genetisch gesehen – indirekt selbst, da unter den gewarnten Artgenossen mit größter Wahrscheinlichkeit auch seine eigenen Geschwister sind. Aus diesem Grunde nennen die Biologen solche Verhaltensweisen, die dem Wohle der nächsten Verwandtschaft dienen, auch »Verwandtschaftsselektion«. Aber das ist noch nicht alles, denn in Wirklichkeit ist es wesentlich komplizierter, als wir es bis jetzt dargestellt haben. Altruismus ist nämlich ein Verhalten, das auf Gegenseitigkeit beruht, was ohne weiteres in zahlreichen menschlichen Verhaltensweisen zu erkennen ist.

Einfach ausgedrückt läßt sich der »Uneigennutz auf Gegenseitigkeit« (reziproker Altruismus) folgendermaßen umschreiben: Wenn man sieht, wie jemand ertrinkt und selbst schwimmen kann, wird man ins Wasser springen, um den Betreffenden zu retten. Dabei erwartet man innerlich – obgleich man sich in diesem Augenblick dessen natürlich nicht bewußt ist – daß dieser Mensch bereit wäre, sich zu revanchieren, sollte man selbst einmal in Lebensgefahr geraten. Der reziproke Altruismus basiert auf der stillschweigenden Voraussetzung, daß eine gewährte Hilfeleistung oder Vergünstigung in ungefähr gleichem Maße zurückgegeben wird. Betrachtet man selbstloses Verhalten unter diesen Gesichtspunkten, so kommt man schnell zu dem Schluß, daß es Altruismus im reinen Sinne gar nicht gibt. Und irgendwo trifft das ja auch den Kern der Sache.

Jedes Individuum einer Spezies hat sich im Verlaufe der Evolution nur weiterentwickelt, wenn es gefordert war, einem Widersacher derselben Spezies überlegen zu sein. Damit soll nun keineswegs gesagt sein, dies sei nach einem bestimmten Plan geschehen, denn der Prozeß der Evolution verläuft immer passiv. Wenn jedoch ein Lebewesen durch eine Laune der Natur genetisch besser ausgestattet ist als ein Artgenosse, wird es lebens- und zeugungsfähiger sein. Die Kräfte der natürlichen Selektion begünstigen solche Spielarten der Natur. Das heißt konkret, daß Favorit ist, wer die meisten eigenen Gene der nachfolgenden Generation mitgibt.

In einer Gemeinschaft von »Widersachern« gedeiht reziproker Altruismus nur dann, wenn jeder sich »fair verhält«. Aus einer genetischen Mutation kann ein Lebewesen entstehen, das zwar die Hilfsbereitschaft seiner Artgenossen annimmt, aber nicht bereit ist, sie zurückzugeben. Dieser »Betrug« an den anderen (der natürlich ebenfalls unbewußt geschieht), mag eine Zeitlang funktionieren. Die Gesetzmäßigkeiten der natürlichen Selektion sind jedoch so stark, daß dieses Individuum von den anderen sehr bald ausgesondert und kein anderes Mitglied seiner Spezies mehr bereit sein wird, ihm Hilfe in der beschriebenen Form des Altruismus zukommen zu lassen.

Der ideale Nährboden für das allmähliche Entstehen und Gedeihen eines altruistischen Miteinanders ist eine Gruppe langlebender, gleichberechtigter und sozialer Lebewesen, die während ihres ganzen Lebens einen engen Gemeinschaftsverband bilden. Nur so kann Altruismus über einen langen Zeitraum hinweg »zurückerstattet« werden. Tiere, die nicht in einer Gruppe zusammenleben, werden ein solches Verhalten niemals an den Tag legen, denn sie hätten keine Möglichkeit, sich für den Altruismus eines Artgenossen erkenntlich zu zeigen.

Die Beschreibung der Lebensform, die als Basis für die Entwicklung des reziproken Altruismus vorhanden sein muß, deckt sich weitestgehend mit dem, was wir über unsere frühen Vorfahren wissen. Sie entspricht zwar auch der Lebensweise der meisten höheren Primaten, aber, wie schon erwähnt, entwickelte der frühe Typus *Homo* durch die Ökonomie der Nahrungsteilung eine Existenzform, deren Potential für die Entstehung dieser Art der wechselseitigen Hilfsbereitschaft unendlich viel größer war als das sämtlicher anderer Primaten. Keine Frau wäre bereit gewesen, ihre mühsam gesammelten Pflanzen und Früchte mit den Männern zu teilen, wenn sie nicht die Sicherheit gehabt hätte, daß der Mann ihr dafür auch von seinem Fleisch abgeben würde.

Je weiter sich das soziale und ökonomische Leben im Lauf der Jahrmillionen entwickelte, desto dichter wurde das Netz von gegenseitiger Hilfsbereitschaft und Verbindlichkeit. Es ging dabei auch nicht nur um Nahrung, die von Hand zu Hand wechselte – im unausgesprochenen Einverständnis, daß der Gebende eines Tages dann der Nehmende sein würde. Gemeinschaften, zwischen denen sich ein feines Gespinst gegenseitiger Verpflichtungen gebildet hatte, halfen sich bei jeder nur denkbaren Tätigkeit. Das reichte vom Kinderhüten bis zum gemeinsamen Schärfen und Vergiften der Pfeilspitzen. Menschen haben sich zu allen Zeiten gegenseitig geholfen, und zwar nicht aus der bewußten Überlegung heraus, für eine gegebene Hilfeleistung über kurz oder lang eine andere zu erhalten, sondern weil sie psychologisch dazu motiviert sind. Die natürliche Selektion begünstigte im Laufe ungezählter Generationen immer Charaktereigenschaften und Gefühle, die unabdingbar für das Funktionieren dieser wechselseitigen Hilfsbereitschaft waren; Gefühle also wie Sympathie, Dankbarkeit, Schuld und moralische Entrüstung. Bei allen heutigen Sammler- und Jägervölkern kann man beobachten, daß sie äußerst schnell und heftig in Zorn geraten, wenn einer aus der Gruppe dabei ertappt wird, ein Unrecht – und sei es noch so geringfügig – begangen zu haben. Dann gerät oft die ganze Sippe in Aufruhr, und der Missetäter bricht in Tränen aus. Die Schande, sich unanständig verhalten zu haben, ist dabei Strafe genug.

Die meisten höheren Primaten, wie die großen Affen und alle Menschenaffen zeichnen sich durch eine ausgeprägte Kampfbereitschaft im sexuellen Bereich aus, und zwar wetteifern meist die männlichen Tiere um die Gunst der weiblichen. Sexueller Wettstreit gehört vermutlich zu den wichtigsten Charakteristika des frühen *Homo* – wie auch des heutigen Menschen. Dieser Kampfgeist hat zweifellos die freundschaftliche Kooperation bis zu einem gewissen Grade erschwert und sich sowohl auf die Zusammenarbeit bei der Jagd als auch auf das Zusammenleben im allgemeinen ausgewirkt.

Einer der menschlichen Grundzüge ist das Mitgefühl. Diese Emotion erteilt gleichsam den Befehl zu helfen, so daß der daraus entstehende Impuls eigentlich unfreiwillig geschieht. Allerdings verliert sich dieses Mitgefühl allmählich, wenn derjenige, dem es zuteil wurde, sich nicht im gegebenen Moment revanchiert. Die Gefühle, die einen selbstlosen Menschen bewegen, Gefühle des Mitleids und der Sympathie, sind Produkte einer langen Entwicklungsgeschichte, die der Mensch, das Geschöpf mit der ausgeprägtesten Geselligkeit, durchlaufen mußte. So sehr die Entscheidung vom Verstand eines Menschen motiviert sein mag, jemandem Hilfe zu leisten, so tief verwurzelt sind die Emotionen, die dahinterstehen.

Um nicht mißverstanden zu werden: Wir wollen keineswegs dem Menschen humane Sittlichkeit absprechen und den Wert einer noblen Geste der Selbstlosigkeit mindern, indem wir ihr animalischen Egoismus unterstellen. Dennoch wäre es Selbsttäuschung, wenn man die evolutionären Implikationen nicht wahrhaben wollte, die dem hochentwickelten und vielfältig verschlungenen Sinn des Menschen für Verpflichtung und Großzügigkeit innewohnen, denn diese Wesenszüge des menschlichen Denkens verraten uns in ihren Ursprüngen viel über unsere früheste Entwicklung.

Seit den ersten zaghaften Versuchen der sich gerade bildenden Wirtschaftsform der Sammler und Jäger, die vier und mehr Millionen Jahre zurückliegen, haben die Kräfte der natürlichen Selektion unbemerkt, aber stetig daran gearbeitet, einen Wesenszug auszubilden, der einzig und allein darauf ausgerichtet ist, anderen Gutes zu tun. Doch auch hier ist der reziproke Altruismus zu erkennen, der als eine der wesentlichen Charakteristika angesehen werden muß, der zum Erfolg der Spezies Mensch führte. Denn ein Mensch, der anderen hilft, hilft im Grunde wiederum sich selbst. Eine Gemeinschaft, deren Mitglieder ihre Fähigkeiten der Gruppe zur Verfügung stellen, ist ungleich erfolgreicher als eine rein numerische Ansammlung einzelner Individualisten. Eine Frau zum Beispiel, die ein besonders gutes Auge dafür hat, das Vorhandensein nahrhafter Wurzelknollen zu erkennen, wird dieses Wissen an die anderen weitergeben. Und wenn ein Mann besonders gute Steinwaffen herstellen kann, wird er den anderen zeigen, wie er dies tut oder ihnen ebenfalls welche anfertigen. Die Spezies, deren einzelne Angehörigen sich dem Gebot der wechselseitigen Hilfeleistung unterwerfen, ist für eine evolutionäre Weiterentwicklung geeignet. Das heißt konkret, daß wir zu humanen Lebewesen wurden, weil unsere Vorfahren lernten, ihre Nahrung zu teilen und jeder bereit war, seine besonderen Fähigkeiten an andere weiterzugeben oder sie davon profitieren zu lassen. Zur Verfeinerung dieses Netzes aus Hilfsbereitschaft und Verpflichtungsgefühl trug zweifellos eine speziell menschliche Fähigkeit bei: die Kommunikation durch die Sprache. Sprache ist die wirkungsvollste Methode, Zusammenarbeit effizienter zu machen. Die Fähigkeit zu sprechen ermöglicht es uns, Begebenheiten aus der Vergangenheit – und seien sie noch so unbedeutend – wachzurufen und Zukunftsprojekte zu planen. Wir sind dadurch in der Lage, andere an ihre Pflichten und die Einlösung von Versprechungen zu erinnern. Die Sprache knüpft das Netz sozialer Verpflichtungen fester als jedes andere Mittel der Kommunikation.

Wir werden niemals mit letzter Genauigkeit wissen, wann der *reine* Altruismus entstand. Möglich ist, daß er sich entwickelte, als das menschliche Gehirn dazu imstande war, den Menschen zur Selbstlosigkeit anzuhalten und somit zu einem Zeitpunkt, als der Mensch sich zum erstenmal bewußt wurde, was der Tod bedeutet. Da solche Gefühle jedoch selbst – oder gerade – in der materialistischen Welt des 20. Jahrhunderts so flüchtig sind, ist es kein Wunder, daß der archäologische Befund keinerlei Aufschluß darüber gibt. Den einzigen, winzigen Hinweis auf die ersten Anzeichen einer Gefühlswelt geben uns frühe Grabstätten, die mit bestimmten Gegenständen geschmückt waren. Selbstlosigkeit, sei sie nun aufrichtig oder nur zweckorientiert, hinterläßt keine Spuren im Sand der Zeit. Was wir in diesem Zusammenhang allein mit Sicherheit sagen können, ist, daß ohne sie ein Gemeinschaftsleben in eigens dafür errichteten Lagerstätten unmöglich gewesen wäre.

Zu dem Wenigen, was wir über die lange Vorgeschichte der Menschheit wissen, gehört, daß von den beiden frühgeschichtlichen Typen *Homo* und *Australopithecus* (mit seinen Unterarten) nur einer überlebte, und zwar der *Homo*. Wir vermuten, daß die anderen Hominiden allmählich ausstarben, weil ihre Lebensweise der des *Homo* zu ähnlich war, als daß für alle – evolutionsgeschichtlich gesehen – Platz gewesen wäre; aber wir *wissen* es nicht. Wir tappen auch völlig im Dunkeln in bezug auf die Frage, ob der *Australopithecus africanus* und der ihm verwandte, kräftigere *Australopithecus boisei* bereits eine primitive Form des Sammelns und Jagens kannten. Wahrscheinlich werden wir hier nie letzte Klarheit erlangen. Ziemlich sicher ist jedoch, daß die Hominiden sich nur anatomisch ähnlich waren, ihre Gehirne waren dagegen so abweichend voneinander strukturiert, daß der Unterschied im Verhalten zwischen dem *Homo* und den Australopithecinen unüberbrückbar war.

Natürlich können wir nicht beweisen, daß die Australopithecinen niemals die Vorteile einer Sammler- und Jägergesellschaft kennenlernten und nicht in der Lage waren, planvoll Werkzeuge herzustellen. Aber die biologischen Gesetze sprechen dafür, daß es wahrscheinlich so war. Vorerst stellen wir jedoch die These auf, daß nur der Typus *Homo* und kein anderer vor drei Millionen Jahren in diesen Lagern lebte und Werkzeuge herstellte, denn es ist schwer vorstellbar, daß auch andere Hominiden jene Gesellschaftsstruktur und die gemischt-ökonomische Wirtschaftsform entwickelt hatten. Der Kampf ums Überleben wäre zwischen so vielen hominiden Typen zu hart gewesen.

Ob der *Ramapithecus* der erste primitive Sammler und Jäger gewesen sein mag? Möglich wäre es. Dann aber müssen die Australopithecinen als eine evolutionäre Nachkommenschaft angesehen werden, die sich in völlig anderen ökologischen Nischen einnistete und eine ganz unterschiedliche Lebensform entwickelte. Wie dem auch sei, wäre der *Ramapithecus* ein *überlebensfähiger* Sammler und Jäger gewesen, so hätte sich aus ihm niemals der Typus *Homo* entwickeln können, denn es hätte ja keinerlei evolutionäre Notwendigkeit für eine Weiterentwicklung bestanden. Also bleiben wir bis zum Beweis des Gegenteils bei unserer Überzeugung, daß die Gemeinschaftsform des Sammelns und Jagens eben der Keil war, den evolutionäre Zwänge zwischen den primitiven *Homo* und die anderen frühen Hominiden trieben, die sich nun ihrerseits spezifizierten und in unterschiedliche ökologische Nischen zurückzogen.

So wie das Leben des Ernest Worthing in Oscar Wildes *Bunbury oder die Wichtigkeit, Ernst zu sein* in einer Handtasche begann, so entstand die Wirtschaftsform des Sammelns und Jagens, aus der sich die Menschheit im heutigen Sinne entwickeln sollte, in einem tragbaren Behälter. Das Bedürfnis, zu teilen und ein hochentwickelter Sinn für wechselseitige Hilfeleistung folgten nach. Daraus wurde schließlich, da die Menschen nun durch Kooperation auch mehr Zeit hatten, die erste Überflußgesellschaft.

Kapitel 8

Intelligenz, Werkzeuge und Gemeinschaftsleben

Ralph Holloway arbeitet in einem Laboratorium des Instituts für Anthropologie der Columbia-Universität in Manhattan. Die Fenster des Gebäudes, das an der Westseite des New Yorker Central Parks liegt, sind verdunkelt, so daß nicht das geringste Tageslicht eindringen kann. In einer Ecke befindet sich ein riesiger steinerner Spülstein, an dem sich Holloway alle möglichen exotischen Sorten von Tee zubereitet. In einer anderen Ecke hängt ein Lehrskelett neben einem Apparat, der auf den ersten Blick wie ein Navigationsgerät aussieht. In den hohen Holzregalen rings im Raum sind fein säuberlich Schalen aus Hartgummi aufgereiht, die so unansehnlich wie von Kindern liegengelassene Knetmasse ausschauen. Tatsächlich handelt es sich jedoch um Modelle frühester hominider Gehirne, also um wichtige Bindeglieder zu unserer Vergangenheit.

Holloway hat jahrelang an verschiedenen Techniken gearbeitet, mit deren Hilfe man die Form und Größe hominider Gehirne rekonstruieren kann. Aus Süd- und Ostafrika bringt er sich Abdrücke der dort entdeckten Schädel mit und macht sich in seinem Laboratorium an die mühselige und schwierige Aufgabe, die Schädelstruktur mit dem besagten »Navigationsgerät« zu analysieren, indem er den Abdruck Punkt für Punkt vermißt. Das Schwierigste daran ist, die so gewonnenen Daten zu interpretieren, das heißt zu untersuchen, was in diesem Gehirn vorgegangen sein mag, als es noch von Blut durchpulst war, und welche Lebensweise sein Denken bestimmt haben mochte.

Man wird diese Fragen detailliert nur ganz allmählich, manche vielleicht sogar nie beantworten können, denn Gedanken sind nun einmal die flüchtigsten Elemente der menschlichen Existenz. Aber dennoch konnte Holloway eine wichtige, ja fast revolutionierende Entdeckung machen. Er wies nach, daß die Grundstruktur des hominiden Gehirns sich bereits vor mindestens drei Millionen Jahren zu formen begann, und das bedeutet, daß das Gehirn des *Homo* wie auch des *Australopithecus* schon vor so unendlich langer Zeit absolut verschieden war von dem eines Menschenaffen. Wieder einmal müssen wir also weit in die Vergangenheit zurückblicken, um die ersten Anfänge des Menschseins zu erkennen. Dabei wollen wir nicht nur die äußere Erscheinungsform unserer frühen Ahnen erforschen, sondern wir wollen auch wissen, was in ihren Köpfen vor sich ging und wie sie sich zueinander verhielten.

Es ist ein eigenartiges Gefühl, den fossilen Schädel eines lang verstorbenen Lebewesens, des sogenannten »1470« zum Beispiel, in der Hand zu halten. Selbst der nüchternste Mensch wird nicht umhin können, dieses versteinerte Bindeglied zwischen uns und unseren Anfängen mit Neugier, aber auch mit einem gewissen Schauder zu betrachten. Die wegweisenden Techniken, die Holloway entwickelt hat, bringen uns noch einen Schritt weiter: Zwar ist das, was wir da in der Hand halten, nur eine Kautschukmulde, die mit Gips gefüllt ist. Der Gedanke aber, daß es sich dabei um die Form eines frühmenschlichen Gehirns handelt, ist aufregend. Man berührt den Kern unseres Seins, das, was uns zu so speziellen Geschöpfen macht – unser hochintelligentes Gehirn – und ist vielleicht damit näher an den Tiefen und Geheimnissen der Menschheitsgeschichte denn je.

Es klingt vielleicht merkwürdig – aber wenn wir unsere menschliche Entwicklungsgeschichte wirklich verstehen wollen, müssen wir uns die Frage stellen, *warum* denn der Mensch ein so intelligentes Geschöpf ist und *warum* wir so einfallsreiche und begabte Wesen sind.

Die Antwort scheint auf der Hand zu liegen: Ohne Intelligenz wäre der Mensch nicht zu der technologisch fortgeschrittensten Kreatur geworden. Durch die Beherrschung der Technik hat der Mensch die Krone in der Welt der Lebewesen errungen. Genauso gut könnte man jedoch sagen, der Mensch sei intelligent geworden, weil er technische Fähigkeiten besessen habe. Anthropologisch gesehen liegt der springende Punkt aber in der Frage, ob in dem unbezweifelbaren Vorteil, den eine ausgefeilte Technologie mit sich bringt, die *primär* treibende Kraft zu suchen sei, die schließlich zur Bildung des intelligenten menschlichen Hirns führte, oder ob die Tatsache, daß wir heute technologisch die Beherrscher unseres Planeten sind, ein Zufallsergebnis der Notwendigkeit ist, aus anderen, weniger greifbaren Gründen intelligent zu sein. Mit anderen Worten: Wie wollen wissen, ob die intellektuellen Gaben, die den modernen Menschen dazu befähigen, ein Raumschiff auf den Mars zu schicken oder eine Symphonie über dieses Ereignis zu komponieren, auch in noch so abgeschwächter

Form schon in der Welt der frühen Sammler und Jäger unerläßlich gewesen sind.

Bislang haben sich wenige Menschen die Mühe gemacht, zu fragen, *warum* wir intelligente Wesen sind. Ähnlich wie man bis zu Kopernikus fest und sicher glaubte, die Erde sei der Mittelpunkt des Universums und Darwin dann schließlich mit dem anthropozentrischen Irrglauben aufräumte, so wurde die außergewöhnliche Intelligenz mit Selbstverständlichkeit als Gipfel der Humanevolution betrachtet. Dabei ist die Antwort auf die Frage nach dem Warum keineswegs so offenkundig. Es könnte nämlich durchaus sein, daß die menschliche Intelligenz nicht etwa deshalb zunahm, weil mehr und mehr technologische Anforderungen an die Spezies gestellt wurden, sondern weil der Mensch mit einem immer komplizierter werdenden Gemeinschaftsleben fertig werden mußte.

Doch stellen wir diese Behauptung vorerst zurück und wenden uns noch einmal der Laborarbeit von Ralph Holloway zu, um im Detail zu verfolgen, was uns diese Innenabdrücke hominider Schädel zu sagen vermögen.

Drei Punkte sind für die Bestimmung des Gehirns wichtig: seine Größe, die Gesamtform und schließlich der feine Netzabdruck der Nervenfasern. Das zuletzt genannte Merkmal bestimmt am stärksten das Verhalten des Lebewesens. Viele geistig unterentwickelten Menschen haben ein Gehirn, das sich in Größe und Form nicht von dem anderer unterscheidet; die Ursache ihres abweichenden Verhaltens liegt in der unzulänglichen Verästelung der Neuren. Das bedeutet, um es auf eine eher theoretische Ebene zu bringen, daß zwei Gehirne mit derselben Form und Größe völlig unterschiedliche Verhaltensweisen zu steuern vermögen. Sind die Nervenfasern bei dem einen kompliziert verästelt, bei dem anderen jedoch erheblich einfacher und nur geringfügig ausgeprägt, so sind klaffende Unterschiede zwischen den jeweiligen Verhaltensweisen unvermeidbar.

Holloway gelingt es, mittels seiner Abdrücke die Markierungen zu reproduzieren, die das Gehirn auf der Innenfläche des Schädels hinterlassen hat. Er gießt ein wenig flüssiges Kautschuk (Latex) in den Schädel und schwenkt ihn vorsichtig, bis das ganze Schädelinnere von einer dünnen Schicht bedeckt ist. Dies wird ungefähr sechsmal wiederholt, bis die Schicht dick genug ist (ungefähr drei Millimeter) und sich für seine Arbeit eignet. (Da Latex auf Tageslicht äußerst empfindlich reagiert, muß er sein Laboratorium völlig verdunkeln.) Die meisten Schädel sind aus unzähligen fossilen Bruchstücken zusammengesetzt, was Holloways Arbeit sehr erleichtert. Er füllt die Latexform mit Gips auf, während sie noch das Innere des Schädels umschließt. Durch Hitzeeinwirkung beginnt sich ein Teil der Klebemasse aufzulösen, so daß sich der Abdruck aus der Gußform nehmen läßt, ohne den rekonstruierten Schädel zu zerstören. Ist der Schädel aber vollständig erhalten, so muß die erstarrte Latexmasse vorsichtig durch die Öffnung im Schädel herausgeholt werden, welche die Stelle des Wirbelsäuleneintritts darstellt. Erst danach kann die Form mit Gips aufgefüllt und gehärtet werden.

Es mag merkwürdig klingen, aber ein Gehirn hinterläßt in der Tat seine Markierung im Schädel, obgleich es nicht in direkte Berührung mit ihm kommt. Zwischen der weichen grauen Großhirnrinde und dem harten Schädel befinden sich schützende Membranen und Flüssigkeit. Bei manchen Tieren ist diese Schutzschicht so dünn, daß sich auf der Innenfläche des Schädels genaue Abdrücke finden. Leider ist das bei Hominiden anders. Es hat den Anschein, als habe die Natur ihr liebstes Geschöpf besonders schützen wollen und deshalb eine so dicke Membranschicht gebildet, daß die »Topographie« des hominiden Gehirns nur ganz schemenhaft auf der Innenseite des Schädels abzulesen ist. Ein geschultes Auge kann aber dennoch wichtige Angaben daraus entnehmen.

Beim Betrachten eines menschlichen Gehirns fällt einem zunächst die glänzende graue Oberflächenschicht auf, die von tiefen Falten durchzogen ist. Diese Schicht nennt man Cortex oder Großhirnrinde. Hier werden die sogenannten höheren Funktionen des Gehirns wahrgenommen. Die zahlreichen Fältelungen schaffen eine größere Oberfläche. Das Gehirn ist vertikal in zwei säuberlich voneinander getrennte Hälften geteilt, in die sogenannte rechte, beziehungsweise linke Hemisphäre. Jede dieser Hälften ist wiederum in vier Hirnlappen unterteilt. Die Stirnlappen sind der Sitz der Bewegungskoordination und gewisser Emotionen, im Hinterhaupthirn sitzt das Sehzentrum, die Schläfenlappen beherbergen den wesentlichsten Teil des Erinnerungsvermögens und die Scheitellappen spielen eine entscheidende Rolle bei der Koordination und Integration von Informationen, die dem Gehirn durch die Reize des Gesichts-, Gehörs-, Geruchs- und Tastsinns zufließen.

Im Grunde ist die Hirnstruktur auf folgende Formel zu bringen: Beim menschlichen Gehirn sind das Hinterhaupthirn und die Schläfenlappen besonders stark ausgeprägt, im Gehirn des Menschenaffen sind sie dagegen erheblich kleiner. Natürlich ist die Gesamtstruktur ähnlich, die Unterschiede sind nur gradueller

Art. Die Erinnerungsfähigkeit des Menschen und seine Möglichkeit, ein breitgefächertes Kaleidoskop sensorischer Informationen miteinander zu verbinden, ist ungleich größer als die eines Menschenaffen. Folglich sind auch die entsprechenden Hirnlappen größer.

Holloway erkannte im Zuge seiner langjährigen Untersuchungen, daß die Gehirne *aller* Hominiden, die er in Süd- und Ostafrika analysierte, dieselbe Struktur aufwiesen und keines davon dem eines Menschenaffen ähnlich war. Das gilt auch für den rund zwei Millionen Jahre alten Schädel »1470« vom Turkana-See. Obgleich sich nun aber alle hominiden Gehirnabdrücke in ihrer Form deutlich von denen der Menschenaffen unterscheiden, gibt es auch beträchtliche Unterschiede zwischen dem Gehirn eines *Homo* und dem eines *Australopithecus*. Die Stirnlappen eines zwei Millionen Jahre alten *Homo* sind beispielsweise breiter als die der Australopithecinen, auch die Schläfenlappen sind besser entwickelt. Daraus geht klar hervor, daß sich die Lebensweise des *Homo* schon vor mindestens zwei Millionen Jahren deutlich von der seiner Artverwandten unterschied, denn sein Gehirn ist wesentlich feiner strukturiert als das der Australopithecinen. Aber allein die Tatsache, daß sich eine spezifisch hominide Gehirnform bereits vor so langer Zeit gebildet hat, ist erstaunlich. Wir müssen uns also fragen, was das zu bedeuten hat.

Als erstes ist festzuhalten, daß das, was auch immer dem hominiden Gehirn seine spezifische Form gegeben hat, bis ins Miozän zurückreicht. Schon unser gemeinsamer Vorfahr *Ramapithecus* lebte von 15 bis 6 Millionen Jahren vor unserer Zeitrechnung auf eine Art und Weise, die ein Denken erforderte, welches sich von dem damals lebender Menschenaffen merklich unterschied. Die Fähigkeit, aufrecht zu gehen, dadurch neue Nahrungs- und somit Energiequellen erschließen zu können und die Notwendigkeit, sich mit den Forderungen eines immer komplexer werdenden Gemeinschaftslebens auseinanderzusetzen, muß ihre Spuren nicht nur im äußeren Erscheinungsbild, sondern auch im Kopf des *Ramapithecus* hinterlassen haben. Sollte eines Tages der Schädel eines sechs Millionen Jahre alten *Ramapithecus* entdeckt werden, braucht niemand darüber erstaunt zu sein, daß die Innenseite Spuren des Abdrucks eines unzweideutig menschenähnlichen Gehirns zeigt. Dies bedeutet eine Revolution innerhalb der prähistorischen Wissenschaft, denn bevor Holloway seine Gehirnabdrücke machte, waren die meisten Forscher der Ansicht, das Gehirn sei das Organ, das erst gegen Ende des dynamischen Evolutionsprozesses seine menschliche Form gefunden habe. Allerdings bleibt vorerst die Frage noch unbeantwortet, wann genau die Grundform dieses Gehirns entstand, wie wir auch das Erscheinen des höher entwickelten *Homo*-Hirns noch nicht exakt datieren können. Irgendwann in den Fernen des Miozäns muß das Gehirn eine Form gehabt haben, die eine Art Zwischenstadium zwischen dem eines Menschenaffen und dem eines Hominiden war. Noch wissen wir nicht, ob der *Ramapithecus* vor bereits rund 15 Millionen Jahren ein zumindest in den Grundzügen ausgebildetes Hominidenhirn hatte oder ob es sich langsam und stetig entwickelte, so wie aus dem *Ramapithecus* evolutionär weiter fortgebildete Typen entstanden. All diese Fragen werden uns noch lange beschäftigen, bis wir eines Tages vielleicht eine verbindliche Antwort darauf finden.

Bei seinen Untersuchungen analysiert Holloway nicht nur die Markierungen auf der Schädelinnenseite, die ihm Aufschluß über die Abgrenzung zwischen den vier Hirnlappen geben, sondern auch die gesamte Oberflächenbeschaffenheit der beiden Hirnhälften. Der Erfolg seiner Arbeit hängt davon ab, ob er einen intakten Schädel als Untersuchungsobjekt vorliegen hat – was extrem selten der Fall ist – oder eine Rekonstruktion aus zahllosen Fragmenten, die jedoch die Form des Kopfes zu Lebzeiten exakt wiedergibt. Natürlich ist Holloway nicht gerade glücklich über die Tatsache, daß die Hominiden die betrübliche Angewohnheit hatten, so zu sterben, daß ihre Schädel nur als Bruchstücke im Laufe der Zeit versteinerten, denn darin liegen das Kernproblem seiner Methode und gleichzeitig auch ihre Grenzen.

Doch selbst wenn man einen intakten Schädel zur Untersuchung vorliegen hat, ist der Spielraum für Analysen begrenzt, denn man kann damit – wie schon eingangs erwähnt – noch nichts über die so außerordentlich wichtige Struktur im Inneren des Gehirns sagen. Aus der Tatsache, daß die Oberfläche eines *Homo*- und eines Australopithecus-Hirns vor rund zwei Millionen Jahren praktisch gleich war, könnten wir möglicherweise schließen, daß auch der innere Aufbau identisch war. Stellen wir uns aber zum Vergleich einmal zwei Fabriken vor, die in äußerlich identischen Gebäuden untergebracht sind. Die eine arbeitet erfolgreich, während die andere allmählich dem Konkurs entgegengeht. Niemand würde annehmen, daß auch die Arbeitsleistungen in beiden Fabriken identisch seien. Das gleiche gilt analog für die Gehirne der Hominiden.

Die Konstruktion der frühen hominiden Gehirne war zwar im großen und ganzen ähnlich, unterschied sich jedoch in der Größe.

Der *Australopithecus africanus* hatte beispielsweise vor rund zweieinhalb Millionen Jahren ein Gehirnvolumen von weniger als einem halben Liter, nämlich etwa 450 Kubikzentimeter. Sein etwas kräftigerer Verwandter, der *Australopithecus boisei,* hatte ein Gehirn von rund 550 Kubikzentimetern Volumen, wobei die Differenz in der Größe nur besagt, daß dieses einen massigeren Körper zu steuern hatte. Das Gehirn des *Homo* war mit fast 800 Kubikzentimetern (Volumen des »1470«) noch umfangreicher. Da aber dieser aller Wahrscheinlichkeit nach die gleiche Körpergröße wie sein Zeitgenosse *Australopithecus boisei* hatte, ergibt sich daraus, daß sein Gehirn nicht nur größer, sondern auch fähiger – mithin der *Homo* intelligenter war als der *Australopithecus boisei.*

Im Laufe der Entwicklung der Australopithecinen von den Anfängen bis zu ihrem allmählichen Aussterben läßt sich nicht die geringste Veränderung hinsichtlich des Umfangs ihres Gehirns feststellen. Ihr gemeinsamer Vorfahr, der selbstverständlich auch der Ahnherr des *Homo* war, hatte nur ein unwesentlich kleineres Hirn als der *Australopithecus africanus.* Im Gegensatz dazu wurde das des *Homo* größer und größer. Der frühe *Homo erectus* erreichte vor rund eineinhalb Millionen Jahren annähernd 1000 Kubikzentimeter Gehirnvolumen. Im Verlauf der nächsten Million Jahre wuchs es noch auf 1200 Kubikzentimeter an. Als dann der neuzeitliche Mensch, der *Homo sapiens,* vor ungefähr 50000 Jahren in Erscheinung trat, maß sein Gehirn bereits durchschnittlich 1400 Kubikzentimeter. Während dieser Zeit nahm auch die Körpergröße unserer Vorfahren zu.

Das Gehirnvolumen allein verrät natürlich nicht sehr viel über den Intelligenzgrad des jeweiligen Lebewesens. Der entscheidende Faktor ist das Verhältnis von Körpergröße und Hirnvolumen. Übrigens liegt der Mensch hier keineswegs an der Spitze! Spitzhörnchen, Hausmäuse, Schweinswale und Totenkopfäffchen können da mit ganz anderen Relationen aufwarten! Im Vergleich zu den Menschenaffen haben wir allerdings das größere Gehirnvolumen.

Wir wissen zwar nicht mit Sicherheit, wie groß und wie schwer die frühen Hominiden waren, aber mit vernünftigen Schätzungen können wir doch annähernd gültige Aussagen über die Unterschiede der »Intelligenz« zwischen dem frühen *Homo,* den Australopithecinen und dem heutigen Menschen machen. Wir wollen uns hier auf keinerlei Zahlenspiele einlassen, denn die Ungenauigkeitsfaktoren sind entschieden zu groß. Unbedenklich kann man wohl sagen, daß sich das Verhältnis von Körpergröße zum Gehirnvolumen bei den frühen Hominiden einschließlich der Australopithecinen beachtlich von dem der heutigen Menschen unterschieden hat. Wir wären ihnen sicher überlegen. Die Australopithecinen konnten ihren evolutionären Status nicht verbessern, während der primitive *Homo* dagegen durch stetiges Ausdehnen seines Gehirns (und vergleichsweise langsamer zunehmender Körpergröße) schließlich seinen heutigen Rang erreichte.

Wenn es nun aber zutrifft, daß das Verhältnis zwischen Körper- und Hirngröße des »1470« und seiner Zeitgenossen einerseits und des heutigen *Homo sapiens* andererseits nicht auffallend verschieden war, wie ist dann der offensichtliche Unterschied im Verhalten und in der Intelligenz, der uns wie ein Abgrund voneinander trennt, zu erklären? Einer der Faktoren ist natürlich, daß Wissen und technisches Know-how durch Kultur und Tradition ständig zunehmen. Die Folge davon ist, daß der materielle Unterschied zwischen einer Überflußgesellschaft des 20. Jahrhunderts und der von Sammlern und Jägern vor 50000 Jahren nicht mit dem angeborenen intellektuellen Kontrast vergleichbar ist. Das heißt, daß wir von der Hirnstruktur her dieselben Lebewesen sind wie vor 50000 Jahren, nur wissen wir heute mehr. Wenn wir jedoch den modernen *Homo sapiens* mit seinen Vorläufern vergleichen, so liegt der Hauptunterschied darin, daß die Körper-Hirn-Relation tatsächlich auf eine gewichtige biologische Differenz schließen läßt. Während der letzten Jahrmillionen sind die Gehirne nicht nur größer, sondern ihre innere Struktur auch komplizierter geworden. Und darin liegt der einzige, wirkliche Unterschied zwischen uns und »1470«. Natürlich werden wir niemals einen unwiderlegbaren Beweis für diese Behauptung haben, aber die zunehmende Verflechtung zwischen einer Gemeinschaftsorganisation und einem ökonomischen System des Lebensunterhalts, wie sie durch die archäologischen Befunde belegt werden, dürfte es schwierig machen, unsere These völlig von der Hand zu weisen.

Die Durchschnittsgröße des heutigen menschlichen Gehirns liegt zwar bei 1400 Kubikzentimetern, variiert jedoch beträchtlich – nämlich von 1000 an der untersten bis zu 2000 Kubikzentimetern an der obersten Grenze. Offensichtlich gibt es jedoch keinen Zusammenhang zwischen der Größe eines Gehirns und dem Genius, den es hervorbringt. Iwan Turgenjew und Jonathan Swift hatten zwar mit über 2000 Kubikzentimetern ungewöhnlich große Gehirne, die einen ebenso ungewöhnlichen Intellekt beherbergten; die Talente eines Anatole France entsprangen dagegen einem winzigen Gehirn von weniger als 1000 Kubikzentimetern, es war also kaum größer als das des »1470«! Diese Beispiele belegen anschaulich, daß der Grad der Begabung und des Intellekts von der Innenstruktur des Gehirns bestimmt wird und nicht von seinem Umfang.

Wenn wir uns nun mit dem menschlichen Intellekt beschäftigen, müssen wir uns fragen, wozu das Gehirn eigentlich dient. Auch diese Frage mag zunächst merkwürdig klingen, aber sie hilft uns, einen Einblick in seine Entwicklungsgeschichte zu gewinnen.

Grundsätzlich haben alle Lebewesen ein Gehirn – ob Menschen, Affen, Mäuse oder Eidechsen – um die Realität ihrer Welt wahrnehmen zu können. Die Tiere in den verschiedenen Teilen des evolutionären Bereiches führen alle ein mehr oder weniger kompliziertes Leben. Ein Frosch zum Beispiel führt ein ganz simples Dasein. Er lebt von einem Tag zum anderen und kommt mit einem Minimum an Information über seine Umwelt aus. Ein afrikanischer Wildhund hat dagegen eine Vorstellung von seiner Umwelt, die schon wesentlich vielfältiger ist als die eines Frosches. Er braucht einen ausgeprägten Gesichts-, Geruchs- und Gehörsinn und muß in der Lage sein, innerhalb eines Rudels schnellfüßige Beute zu jagen. Das ist natürlich weit entfernt von der Selbstgenügsamkeit, mit der ein Frosch am Teichrand sitzt und seine lange Zunge nach Fliegen ausstreckt! Also ist es auch kein Wunder, daß ein Wildhund eine wesentlich komplexere Gehirnstruktur hat als ein Frosch.

Vor über 200 Millionen Jahren, also im späten Paläozoikum und frühen Mesozoikum, wurde die Erde von großen und kleinen Reptilien beherrscht, zu denen auch die Dinosaurier gehörten. Sie alle waren Tagtiere; ihre Welt war im großen und ganzen visuell bestimmt, so begrenzt sie auch gewesen sein mag. Obwohl diese Urreptilien wie auch ihre heute lebenden Artgenossen äußerst kompliziert strukturierte Augen hatten, wissen wir nicht, ob sie auch *wahrnahmen,* was sie sahen. Wahrscheinlich waren sie jedoch zu einer Erfahrung im eigentlichen Sinn nicht fähig, weil ein Reptil auf einen optischen Reiz immer gleichbleibend reagiert. Ein Frosch wird beispielsweise immer seine Zunge herausschnellen lassen, wenn er eine Fliege vorbeisurren sieht oder auch ein anderes Objekt, selbst wenn dies ungenießbar ist – solange es nur in etwa die Größe einer Fliege hat.

Vor über 20 Jahren führte der amerikanische Neurobiologe Roger Sperry ein inzwischen klassisch gewordenes Experiment an einem Frosch durch: Er operierte ihm ein Auge heraus und setzte es verkehrt herum wieder ein, so daß das Tier die Welt auf dem Kopf sah. Wenn man nun einem Menschen oder auch einer Katze eine spezielle Brille aufsetzte, durch die sie die Welt um 180 Grad gedreht sähen, würden sie sich sehr schnell diesen »falschen« Bildern anpassen, sich entsprechend verhalten und auch jede veränderte Situation adäquat handhaben. Ein Frosch jedoch kann sich niemals anpassen. Selbst wenn eine Fliege über seinen Kopf surrt, wird er immer seine Zunge nach unten schnellen.

Ein Reptilauge ist ein komplizierter Mechanismus. Der wesentlichste Teil der visuellen Analyse findet bereits in der Netzhaut statt, so daß nur wenige Informationen an das Gehirn weitergegeben werden – und mehr ist auch gar nicht nötig.

Vor 200 Millionen Jahren entwickelten sich die ersten säugetierähnlichen Lebewesen. Sie waren klein und gezwungen, im Schutze der Nacht zu leben. Das Sehvermögen eines Reptils nützte ihnen wenig. Im Zuge der natürlichen Selektion entwickelten sie jedoch einen ausgeprägten Gehörsinn. Im Gegensatz zum Auge bietet das Ohr aber nicht genügend Platz für die notwendige Apparatur zur akustischen Analyse. Somit muß das Gehörte an das Gehirn weitergeleitet werden. Mit dieser Entwicklung war der erste Schritt in Richtung einer Evolution des Gehirns getan.

Ungefähr zur gleichen Zeit paßte sich das optische System der ersten primitiven Säugetiere dem Dämmerlicht ihres nächtlichen Lebensraums an. So entstand die Fähigkeit, nachts zu sehen, die es diesen Geschöpfen ermöglichte, nun auch in der Abend- und Morgendämmerung ihre Umwelt wahrzunehmen und somit auch allmählich Entfernungen und Bewegungen einzuordnen. (Übrigens sind die meisten Säuger noch immer Nachttiere.) Da nun diese prähistorischen Tiere Informationen sowohl durch das Auge als auch durch das Ohr erhielten, war es biologisch nur sinnvoll, die beiden Eingaben im Gehirn miteinander zu verbinden. Diese sogenannte integrierte Information war nicht nur ein bedeutender Fortschritt im Ausbau des Gehirns, sondern sie bedeutete auch, daß zum erstenmal die Außenwelt in das Wahrnehmungssystem des Gehirns einzudringen vermochte.

Erst vor 70 Millionen Jahren, als die Vorherrschaft der großen Reptilien abrupt endete und das Zeitalter der Säugetiere begann, konnte sich das Gehirn weiterentwickeln. Zu diesem Zeitpunkt begannen Geschöpfe die Welt zu beherrschen, die sich aus merkwürdigen, säugetierähnlichen Reststämmen der Reptilien entwikkelt hatten. Als nun einige dieser neu entstehenden Säuger ihre bisher nächtlichen Gewohnheiten auf den Tag zu verlegen begannen, entwickelten sie erneut die Fähigkeit, bei Tageslicht sehen zu können. Im Gegensatz zum Sehvermögen der Reptilien war dieses jedoch von der Verarbeitung der gewonnenen Informationen durch das Gehirn abhängig. Nun entwickelte sich auch die Fähigkeit, farbig zu sehen. Außerdem waren insbesondere die Nachttiere jetzt gezwungen, einen besonders gut ausgeprägten Geruchssinn zu entwickeln. All diese Fortschritte hatten den Zweck, den Tieren ein besseres Verständnis ihrer Umwelt zu geben. Diejenigen, die die Welt sozusagen durch mehrere Fenster zu erkennen vermochten, zum Beispiel durch den Gesichts-, Gehör- und Geruchssinn, entwickelten im Laufe der Zeit immer wirkungsvollere Methoden, Informationen zu verarbeiten. Damit war ein entscheidender Schritt zur Bildung eines Bewußtseins getan; zudem wuchs auch das Gehirn weiter an.

Das Gehirn der säugetierartigen Echsen, die bereits besser hören konnten, war im Vergleich zu dem der Urweltreptilien viermal größer. Und die ersten echten Säuger besaßen Gehirne, die bereits fünfmal so groß wie die ihrer direkten Vorfahren waren. Die Primaten sind jedoch mit dem besten Gehirn ausgerüstet, das von Affen und Menschenaffen ist ungefähr doppelt so groß wie das aller anderer Säugetiere. Hominiden nehmen natürlich auch hier wieder eine Sonderstellung ein.

Die fortschreitende Evolution des Gehirns der höheren Primaten ließ gleichsam eine Maschine entstehen, welche die durch verschiedene Sinnesreize eingehenden Meldungen miteinander vergleicht, die Ergebnisse mit den in einem großen Gedächtnisspeicher aufbewahrten Informationen verbindet und somit ein schillerndes, bewegliches, farbiges Bild von der Außenwelt entstehen kann. Ein solches Gehirn kann einen Gegenstand nicht nur als Bruchstück eines Musters, sondern als deutlich getrennte Einheit verstehen. Es kann zum Beispiel das Fell einer Katze mit einem kleinen Tier, das miaut, assoziieren, wozu ein Gehirn ohne die Fähigkeit, Sinnesreize zu integrieren, nicht imstande wäre. Außerdem vermag ein so ausgerüstetes Gehirn in die Zukunft zu planen und Vorkommnisse in der Vergangenheit zu speichern.

Das also ist Intelligenz. Was aber ist *menschliche* Intelligenz? Zwar gibt es im Tierreich nichts, was dem menschlichen Intellekt gleichzusetzen wäre, aber wir müssen zugeben, daß der Sonderstatus unseres Denkens langsam schrumpft, je mehr wir über die Hirnkapazität der großen Menschaffen, insbesondere der Gorillas und Schimpansen wissen.

Eine Gegebenheit, die nur dem menschlichen Gehirn bewußt wird, ist das Wissen um die Vergänglichkeit. Ein echtes Begreifen der Ereignisse in der Außenwelt wäre nicht möglich, wenn nicht zu den Informationen im Gehirn das Zeitverständnis käme. Daher muß jedes Lebewesen, das die Außenwelt auch nur im geringsten als komplexes System erfährt, ein Gehirn haben, das nicht nur Raum-, sondern auch Zeitvergleiche anzustellen fähig ist. Das *Bewußtsein* der Zeit ist jedoch etwas völlig anderes. Vom Philosophischen her gesehen könnte man sagen, der Mensch sei unwandelbar und betrachte eine sich ständig verändernde Welt, nicht umgekehrt.

Der englische Theaterautor Tom Stoppard kommt in seinem glänzend geschriebenen Stück *Akrobaten* immer wieder auf diese philosophischen Ungewißheiten zu sprechen. In der Schlußszene sagt die Hauptfigur, ein Moraltheoretiker: »... wenn man die Dinge richtig betrachtet, braucht nicht der Zug den Bahnhof von Paddington zu verlassen, sondern es könnte genausogut sein, daß der Bahnhof von Paddington den Zug verläßt ...« Immerhin, wir *wissen,* daß der Zug den Bahnhof verläßt und nicht umgekehrt – genauso, wie wir *wissen,* daß die Welt konstant ist und die Menschen es nicht sind, zumindest wissen wir das ab unserem fünften oder sechsten Lebensjahr. Die Frage ist, ob Menschenaffen das auch wissen?

Bis vor kurzem wäre diese Frage negativ beantwortet worden. Allerdings sollte uns eine »Unterhaltung« zwischen einer jungen Wissenschaftlerin der Stanford Universität und ihrem »sprechenden« Gorilla namens *Koko* in diesem Zusammenhang zu denken geben. Drei Tage, nachdem das Tier die Primatologin Penny Patterson in einem Anfall von Wut in den Finger gebissen hatte, fragte sie *Koko* mit Hilfe einer Zeichensprache: »Was hast du Penny getan?« *Koko* antwortete: »Beißen.« – »Gibst du es zu?« fragte Penny Patterson weiter. *Koko* machte ein zerknirschtes Gesicht und sagte: »Entschuldigung, beißen, kratzen.« Patterson fragte nun, warum *Koko* sie gebissen habe. »Weil wütend«, war die Antwort. »Warum warst du wütend?« – »Weiß nicht.« Damit war die »Unterhaltung« zu Ende.

Bemerkenswert ist an diesem »Gespräch« vor allem, daß *Koko* in der Lage war, zu Ereignissen und Gefühlen Stellung zu nehmen, die bereits einige Zeit zurücklagen. Normalerweise will *Koko,* wenn sie etwas angestellt hat, danach nichts mehr davon wissen. Aber hier »sprach« sie über etwas, was bereits vor drei Tagen passiert war. Es ist natürlich schwer, genau zu definieren, welches

Zeitgefühl *Koko* nun tatsächlich hat, aber solche anekdotenhaften Vorkommnisse geben uns doch einen Hinweis darauf, daß Menschenaffen zumindest ein ansatzweises Zeitgefühl haben.

Wir Menschen verfügen weitgehend über die gleichen sensorischen Instrumente wie die großen Menschenaffen, um die Welt um uns herum wahrzunehmen. Eines besitzt der Mensch jedoch allein, nämlich die Sprache. Wir werden uns mit diesem Thema im folgenden Kapitel ausführlich beschäftigen. Es ist jedoch auch in diesem Zusammenhang wichtig, denn die Sprache ist ein besonders wirkungsvolles Instrument, das Bild der Welt, das wir in unserem Kopf tragen, noch klarer werden zu lassen. Wir können unsere Gedanken steuern und ordnen, weil wir in der Lage sind, Gegenstände zu benennen und zu kategorisieren. Ohne diese Fähigkeit wären unsere Beobachtungen nur ein verwirrendes Kaleidoskop ungeordneter Wahrnehmungen. Wenn wir miteinander über die Welt sprechen, so wie sie sich uns in unserem Denken darstellt, entsteht ein gemeinsames, echtes Bewußtsein, das ohne Worte unmöglich wäre. Demzufolge muß die Entwicklung der gesprochenen Sprache im Verlauf der letzten Jahrmillionen auf die Erweiterung und den Ausbau des menschlichen Gehirns entscheidenden Einfluß genommen haben. So wichtig die Sprache aber als Kommunikationsmittel wie auch als Denkhilfe ist, so besteht ihr wesentliches Merkmal doch darin, daß wir durch sie in der Lage sind, unsere Stellung in dieser Welt zu diskutieren und in Frage zu stellen. Äußerste, verstandesbetonte Neugier ist ein Merkmal der Menschheit.

Eine solche intellektuelle Neugier kann erst entstehen, wenn das Denken durch einen hohen Grad von Bewußtsein angeregt wird. Nun ist Bewußtsein natürlich ein Phänomen, das endlose philosophische Debatten und eine Kette von Fragen heraufbeschwört: Der Mensch hat Bewußtsein – aber hat es auch ein Schimpanse? Hat der Hund mehr Bewußtsein als die Katze? Hat es ein Frosch oder gar ein Fisch? Nun, wir wissen, daß unterschiedliche Tierarten unterschiedliche Bewußtseinsgrade besitzen, weil sich ihr sensorisches System und der dazu notwendige neurologische Apparat unterscheiden. Aber wir wissen nicht, ob sie sich ihrer Umwelt bewußt sind und ob sie empfinden können, ein Teil dieser Umwelt zu sein.

Warum sollte ein Lebewesen, der Mensch eingeschlossen, überhaupt ein Bewußtsein haben? Man kann doch ohne weiteres davon ausgehen, daß ein so komplexer neurologischer Apparat, wie ihn ein Mensch, ein Hund oder auch eine Maus aufweist, die Reaktionen auf die Umwelt koordinieren und physiologische Bedürfnisse stillen könnte, ohne daß wir uns dessen bewußt wären. Mit anderen Worten, wir *könnten* Maschinen sein. Aber da wir es nicht sind, müssen wir uns fragen, warum wir es nicht sind.

Der englische Psychologe Nicholas Humphrey geht von der Voraussetzung aus, das Bewußtsein sei vorhanden, weil es biologisch sinnvoll sei. Daher sei eine Interaktion zwischen sozialen Lebewesen durch Bewußtheit wirksamer. Wenn ein Mensch sich seiner Gefühle bewußt ist und nicht nur reflexartig darauf antwortet, kann er auch das Verhalten eines anderen Menschen besser verstehen. Das heißt zum Beispiel, daß man versteht, warum jemand sein Gesicht vor Schmerz verzerrt, wenn man Schmerz schon einmal bewußt am eigenen Leibe verspürt hat. Und das wiederum heißt, daß ohne Bewußsein auch kein Mitgefühl möglich wäre. Wer sich darüber klar ist, welche hintersinnigen Überlegungen er anstellt, um sich einen Vorteil innerhalb einer Gemeinschaft zu verschaffen, der ist auch im Stande, die Manöver anderer zu durchschauen, die ja dem gleichen Zweck dienen. Man kann also auch die Behauptung aufstellen, daß ohne einen hohen Grad von Bewußtsein kaum ein soziales Steuerungssystem bestehen könnte.

Im Gegensatz dazu gibt es Tiere, die gleichsam einsiedlerisch, ohne ein Bewußtsein der sie umgebenden sozialen Vielschichtigkeit leben. Diese Tiere brauchen natürlich nur einen Bruchteil der intellektuellen Qualität, von der hier die Rede ist. Wo aber das Bewußsein in der Tierwelt beginnt, und wo es endet, kann man unmöglich mit Bestimmtheit sagen. Dies alles ist überwiegend eine Frage der jeweiligen Definition. Es gibt Physiker und Philosophen, die sogar behaupten, auch ein Felsen habe Bewußtsein, insofern sein Molekularsystem auf Veränderungen in der Umgebung reagiere. Wir jedoch sprechen hier von einem höheren, humaneren Grad von Bewußtsein.

Ein wichtiger Schritt auf dem Wege der Entstehung eines menschlichen Bewußtseins ist das Bewußtsein des eigenen Ich und somit das Wissen, ein Individuum unter vielen anderen Individuen zu sein. Darauf folgt unmittelbar das Bewußsein des Todes, denn ohne das Zusammenlaufen der vielfältigen Stränge des bewußten Erfassens von Wahrnehmungen zu einem Gesamtbild, das uns Menschen verdeutlicht, eine abgeschlossene Einheit – also: Individuum – unter anderen einzelnen zu sein, gibt es kein Denken über das eigene Ende. Das bedeutet, daß der Gedanke an das

Ende des eigenen Lebens ohne dies überhaupt nicht aufkommen könnte. Erst als das erste, ansatzweise Bewußtsein der eigenen Sterblichkeit das Denken unserer Vorfahren beschäftigt hat, begannen sie, sich Gedanken über ihren Tod zu machen. So entstanden die frühesten Bestattungsrituale.

Das archäologische Beweismaterial reicht auch hier leider wieder nicht aus, um die Entstehung dieser Rituale zeitlich genau festzulegen. Es ist fast eine Ironie des Schicksals, daß das erste und gleichzeitig unumstrittene Zeugnis dieses bewegenden menschlichen Verhaltens aus einem Neandertal-Fundort im irakischen Zagros-Gebirge stammt. In der Höhle von Schanidar wurde vor über 60000 Jahren ein Mensch auf einem Blumenlager zur letzten Ruhe gebettet. Aber soweit wir bis jetzt wissen, war der Typus des Neandertalers ein Seitenzweig im Geäst der Humanevolution, der vor etwa 100000 Jahren in Erscheinung trat und ungefähr 50000 Jahre später wieder erlosch. Der Neandertaler blieb zwar auf dem langen Marsch zur Menschheit auf der Strecke, seine Gefühle müssen jedoch so menschlich gewesen sein, daß er ein Bewußtsein seiner Seele hatte.

Ein weniger direkter Beweis dafür, daß das Licht des menschlichen Geistes schon früh zu glimmen begann, ist ein Stück geschliffener Ocker, der in einem 300000 Jahre alten Felsenlager hoch über dem Mittelmeer in der Nähe von Nizza gefunden wurde. Dort, in der sogenannten Terra Amata, hatten Hominiden, die einen Übergangstypus vom *Homo erectus* zum frühen *Homo sapiens* angehörten, den Frühling zugebracht. Wir wissen nicht, wozu sie den Ocker benutzten, aber vermutlich haben sie damit ihre Schutzhöhle oder möglicherweise sogar sich selbst geschmückt. Die Tatsache, daß dieser Ocker geschliffen ist, verrät bis zu einem gewissen Grad die Absicht, ihn in einem rituellen Zusammenhang zu verwenden.

Zu den frühesten Anzeichen eines Rituals, die wir derzeit besitzen, gehören Funde aus den 200000 Jahre alten Höhlen von Choukoutien in China. Dort verspeiste vor rund einer halben Million Jahre eine Gruppen von Menschen die Gehirne von Artgenossen. Wir wissen, daß dies kein alltägliches Mahl war, weil die Teilnehmer sich die Mühe machten, die Öffnung am unteren Schädelende zu erweitern. Da es viel einfacher ist, den Schädel aufzuschlagen und das Gehirn herauszukratzen, ist dies eine reichlich mühsame Art, zu einer Mahlzeit zu gelangen. Hier also haben wir den Ansatz eines Rituals. Ob dies nun die Folge einer feindlichen Auseinandersetzung oder eine Respektsbezeugung für die

Toten war, ist in unserem Zusammenhang belanglos. Wichtig ist für uns, welchen Einblick in die Denk- und Gefühlswelt des primitiven Menschen wir durch diesen rituellen Akt erhalten.

Mit Ausnahme der Elefanten, die gelegentlich Zweige über ein totes Tier legen, bestatten Tiere ihre toten Artgenossen nicht. Natürlich wissen wir nicht, was die Elefanten mit dieser »Bestattung« bezwecken wollen. Aber es gibt auch in der Tierwelt rituelle Ansätze, wie wir aus Beobachtungen von Jane Goodall wissen. Sie sah, wie eine Gruppe Schimpansen im Gombe-Reservat, an den Ufern des Tanganjika-Sees, Verhaltensweisen an den Tag legten, die so etwas wie ein unterentwickeltes Ritual waren. Diese Schimpansen saßen auf einem Feigenbaum und fraßen die Früchte, als ein heftiger Sturm und schwarze Wolken heraufzuziehen begannen. Als die ersten Regentropfen fielen, kletterten die Schimpansen – Männchen, Weibchen und ein paar Jungtiere – vom Baum herunter und trotteten den Hügel hinauf. Kaum waren sie oben angekommen, öffneten sich die Wolken wie Schleusen. Der Regen fiel sturzbachartig herab, begleitet von Donnerschlägen, direkt über ihren Köpfen. Da begann eines der großen männlichen Tiere, von einem Fuß auf den anderen zu treten und dabei den keuchenden Heulton auszustoßen, der für Schimpansen so charakteristisch ist. Plötzlich rannte er den Abhang hinunter und blieb unten neben einem kleinen Baum stehen. Andere männliche Tiere folgten ihm. Einer riß einen Zweig ab, schwang ihn über seinem Kopf und warf ihn dann weg, ein anderer schwenkte das Bäumchen mit rhythmischen Bewegungen hin und her und riß dann ebenfalls einen Zweig ab. Schließlich taten es ihnen alle anderen Männchen nach, wobei die einen die Zweige nur in den Händen hielten, andere sie jedoch hin und her schwenkten. Als alle Männchen so beschäftigt waren, kletterte das erste wieder den Abhang hinauf. Die anderen folgten ihm. Dann begannen sie ihre Darbietung erneut voll Begeisterung. Das wiederholte sich, begleitet von Donner- und Blitzschlägen, während fast einer halben Stunde. Die Weibchen und die Jungtiere saßen derweil auf den Bäumen und schauten zu. Jane Goodall nannte dieses fast beängstigende Gehabe den »Regentanz«.

Was in den Köpfen dieser uns so nah verwandten Tiere vorging, werden wir niemals erraten können. Dennoch muß diese Darbietung die primitive Form eines Rituals gewesen sein, mit dem die Tiere auf die Entladung der Elemente reagierten.

In der ruhigeren und stets kontrollierbaren Atmosphäre psychologischer Testräume wurde die Fähigkeit verschiedener höherer Primaten, sich selbst zu erkennen, mehreren Versuchen unterzogen. Wir wissen, welche Verführung in der Fähigkeit liegt, sich als Individuum seiner selbst bewußt zu sein; es darf uns daher nicht wundern, daß Schimpansen den Test bestehen: Sie können sich in einem Spiegel erkennen. Ohne die Fähigkeit zur Selbst*identität* wäre eine solche Selbst*erkennung* unmöglich. Auch bei den Orang-Utans hat es den Anschein, als würden sie sich selbst erkennen. Warum sollten also nicht auch Gorillas den entsprechenden Test bestehen? Die anderen Primaten sind allerdings nur in der Lage, ein anderes Tier zu erkennen, wenn sie in den Spiegel schauen: Gibbons, Mandrille, Mantelpaviane, Klammer- und Kapuzineräffchen und verschiedene Makaken können, soweit man das bisher wissenschaftlich untersucht hat, ihr eigenes Abbild im Spiegel als solches nicht erkennen.

Die Fähigkeit, ein Bewußtsein der eigenen Identität zu haben, ist also graduell verschieden. Selbst die Tiere, die den »Spiegeltest« nicht bestanden, haben durch die Tatsache, daß sie in Gemeinschaften leben, einen höheren Bewußtseinsgrad als etwa ein Frosch. Daß sie nicht den Grad des Bewußtseins erreichen, auf der Selbstbewußtsein und Eigenidentität angesiedelt sind – wie sie zum Beispiel Schimpansen und Orang-Utans erreicht haben – ist ein Beweis dafür, daß das menschliche Gehirn lediglich die höchste Stufe des biologischen Spektrums darstellt, nicht aber eine eigenständige Schöpfung ist, wie uns manche Leute glauben machen wollen.

Auf die Frage, wie sich soziale Zwänge auf die Entwicklung des menschlichen Gehirns ausgewirkt haben, werden wir im nächsten Kapitel zu sprechen kommen. Zunächst wollen wir uns jedoch den praktischen Konsequenzen zuwenden, denn hier erweist sich sehr bald, wie rasch tierisches Verhalten den unnachgiebigen Gesetzen der natürlichen Selektion zum Opfer fallen kann. Ein Lebewesen, das in praktischen Dingen versagt, wird auf dem Wege der Evolution zu Fall gebracht, und sei es sonst auch noch so anpassungsfähig.

Lange Zeit ging die Fachwissenschaft davon aus, daß Werkzeuge Marksteine der menschlichen Entwicklungsgeschichte seien, denn Menschen hätten als einzige Lebewesen die Gabe, Werkzeuge zur Beschaffung ihres Lebensunterhalts zu benutzen. Wenn das so wäre, hätten wir eine säuberliche Trennungslinie zwischen uns und den ungeschickten Tieren. Aber leider ist das nicht der Fall, denn inzwischen weiß man mehr über das Verhalten von Vögeln, Seeottern und selbst Mollusken, so daß die Wissenschaftler auf die Aussage verzichten müssen, einzig der Mensch könne Geräte benutzen.

Die Spechtfinken auf den Galapagos beispielsweise holen – wie übrigens manche anderen Vogelarten auch – mit kleinen Zweigen, die sie in ihren Schnäbeln halten, Insekten aus schmalen Spalten. Schmutzgeier lassen aus ihren Schnäbeln Steine auf Straußeneier fallen, um sie auf diese Art und Weise zu zerbrechen. Eine kleine Uferschneckenart, die an der kalifornischen Pazifikküste vorkommt, häuft Kiesel auf ihren Körper, um sich wiederaufrichten zu können, wenn sie einmal umgekippt ist. Die leider vom Aussterben bedrohten Seeotter fressen mit Vorliebe Abalone-Austern. Sie öffnen die Schalentiere, die sie vom Meeresgrund heraufholen, indem sie sich auf den Rücken legen und sie auf ihrem Bauch mit einem Stein aufschlagen. Der verstorbene Geologe William Bishop hat einmal beobachtet, wie sich ein Seeotter der Segnungen des 20. Jahrhunderts bediente, indem er eine Abalone mit einer Cola-Flasche aufschlug!

Als somit hinreichend erwiesen war, daß die Nutzung von Werkzeugen keineswegs eine ausschließlich menschliche Domäne ist, zogen sich die Befürworter dieser widerlegten These auf den Standpunkt zurück, die Menschen seien immerhin die einzigen Lebewesen, die Werkzeuge *herstellen* könnten. Es gebe kein Tier, so wurde argumentiert, das Werkzeug anfertigen könne. Nun, auch das wurde eines Tages widerlegt. Schimpansen machen sich nämlich eine ganze Reihe von Geräten, mit denen sie sich wirkungsvoller ihr Futter – Ameisen, Termiten, Honig – beschaffen und mit denen sie zum Beispiel auch das Gehirn eines toten Tieres auskratzen können. Die Schimpansen haben uns also gelehrt, daß auch dies kein ausschließlich menschlicher Vorzug mehr ist. Bleibt uns nur noch der bescheidene Anspruch darauf, daß wir die einzigen Lebewesen sind, die *Werkzeuge anfertigen, um damit andere Geräte herzustellen.*

Geräte sind dann wichtige Elemente der Evolution, wenn sie ein besseres Leben und größere Bequemlichkeit ermöglichen. Vergleicht man die Art und Weise, wie Schimpansen einerseits, die Paviane aus dem Gombe-Reservat andererseits, Termiten verzehren, so wird einem schnell klar, wie nützlich die Anwendung von Werkzeugen ist. Termiten leben zu Tausenden und Abertausenden in Kolonien. Ihre riesigen, aus Lehm angehäuften Hügel sehen durch Wind- und Regeneinwirkungen manchmal wie bizarre Märchenschlösser mit schlanken Türmchen aus. Jahr für Jahr, zu Beginn der Regenperiode im Oktober oder November, schwärmen die fliegenden Termiten ungefähr zwei Wochen lang. Es hat den Anschein, als wären die Regentropfen, die an den Türmchen aufschlagen, das Zeichen für die Termiten, sich auf den Weg zu machen. Allerdings kann dies nicht das einzige Signal sein, denn die Termiten bereiten sich auf die Schwärmzeit vor, noch ehe es wirklich regnet, und wenn der Regen in einem Jahr aussetzt, verlassen die Tiere ihre Kolonien auch ohne dieses Aufbruchsignal.

Während der Schwärmzeit der Termiten springen die Paviane behende die Lehmburgen hinauf und hinunter und schnappen sich die fliegenden Tiere aus der Luft oder wenn sie gerade aus den Löchern kriechen wollen. Sie packen ihre Beute mit den Händen oder dem Maul.Offensichtlich ist diese Tätigkeit lohnend, sonst würden sich die Paviane nicht so lange Zeit damit aufhalten, obwohl sie eigentlich im Vergleich zu dem, was sie sonst mengenmäßig verzehren, davon nicht gerade übermäßig satt werden können.

Schimpansen sind da viel geschickter. Sie warten zwar genauso die Regenzeit ab, um auf Termitenfang zu gehen, gehen jedoch weitaus methodischer vor. Sie holen sich einen kurzen, biegsamen Zweig oder auch einen dicken Grashalm, wenn sie losziehen oder spätestens, wenn sie bei einem Termitenhügel angekommen sind. Dann kratzen sie den Eingang zu einem Gang frei, schieben den Zweig so hinein, daß er den Windungen des kleinen Tunnels folgt, lassen ihn ein paar Sekunden lang darin stecken und ziehen ihn dann rasch wieder zurück. Fast immer ist ihr Werkzeug schwarz von Termitensoldaten, die wild auf dem ungebetenen Eindringling herumbeißen. Nun pickt sich der Schimpanse die Termiten mit den Lippen ab und zerbeißt sie, bevor sie ihn ins Maul stechen können. Manchmal fischen Schimpansen über zwei Stunden lang nach Termiten. Gelegentlich tun sie sich dabei auch mit anderen Artgenossen zusammen.

Da die Schimpansen die noch geschlossenen Gänge aufbrechen und die Termiten mit einem Gerät herausholen, sind ihre »Expeditionen« natürlich wesentlich ergiebiger als die der Paviane. Außerdem dehnen sie ihre Fangsaison auf einen Monat aus. Sie jagen also doppelt so lange Termiten wie die Paviane.

Manche Stämme in Ostafrika ernähren sich ebenfalls gern von Termiten. Dabei verwenden sie nicht nur Werkzeuge, sondern sie gehen auch recht listig vor, so daß ihre Erfolgsquote die der Paviane und auch der Schimpansen weit übertrifft. Sie nehmen meist gröbere Stöcke und manchmal bohren sie auch Tunnels in die Termitenburgen. Aber noch wirksamer ist ihre List. Sie schlagen nämlich mit Stöckchen gegen die Burgen und täuschen so den Beginn der Regenzeit vor. Daraufhin kommen die Termiten in Scharen heraus. Im westlichen Zaire geschieht das gleiche durch Zungenschnalzen.

Schimpansen fressen aber auch Wanderameisen (gelegentlich auch Safari-Ameisen genannt). Hier ist eine andere Strategie und anderes Werkzeug erforderlich als beim Termitenfang. Die äußerst gefürchteten Ameisen, die zu zwei bis drei Millionen in Kolonien leben, ziehen in langen Reihen aus, bis sie eine geeignete Stelle für ihre unterirdischen Bauten gefunden haben. Diese gewaltigen Schwärme scheinen vor nichts Halt zu machen; sie durchdringen und zerstören alles, was sich ihnen in den Weg stellt. Selbst Jungtiere und sogar Säuglinge müssen vor den grimmigen Bissen dieser Armee geschützt werden. Richard Leakeys älterer Bruder Jonathan wurde als Baby von nur wenigen Wochen in seiner Wiege von einem Schwarm Wanderameisen überfallen. Zum Glück konnte man ihn in Sicherheit bringen, bevor die Tiere ernstlichen Schaden anrichteten.

Da die Wanderameisen bestens zu ihrer Verteidigung ausgerüstet sind, müssen die Schimpansen sehr vorsichtig vorgehen, wenn sie diese Tiere schnappen wollen. Das Werkzeug muß lang, gerade, kräftig und glatt sein. Manchmal suchen die Schimpansen sich ihr Gerät schon aus, bevor sie sich auf den Weg machen – genau wie beim Termitenfang –, oder sie suchen sich schnell einen Zweig, wenn sie auf einen unterirdischen Bau oder auf eine Ameisenkolonne stoßen, die gerade auf der Suche nach einem neuen Wohnsitz ist. Der Schimpanse streift also die Blätter von dem Zweig und löst gegebenenfalls auch die Rinde, wenn sie ihm zu rauh erscheint. Dieser Vorgang ist äußerst wichtig. Dann schiebt er diesen Stecken, der meist über einen halben Meter lang ist, in die marschierende Kolonne und wartet, bis die Ameisensoldaten ungefähr bis zu Dreiviertel der Länge hinaufgekrabbelt sind. Jetzt zieht er den Stock mit flinken, gewandten Bewegungen nach oben und hält ihn senkrecht vor sich. Mit der freien Hand ergreift er nun das untere Ende und streift mit der anderen die Ameisen von dem Stock ab. Dann stopft er die sich windenden und drehenden Tiere alle auf einmal in sein Maul und zerknackt sie, bevor sie überhaupt dazu kommen, ihn in seine weichen Lippen zu beißen.

Findet der Schimpanse jedoch einen unterirdischen Bau statt einer Kolonne, so muß er erst den Eingang freilegen, was er meist mit dem Ende seines Werkzeuges oder auch mit den Händen macht. Dieser Vorgang ähnelt sehr stark der Art und Weise, wie Menschen mit einem Stock nach nahrhaften Wurzelknollen graben. Allerdings besteht auch hier ein Unterschied: Schimpansen graben niemals nach Wurzeln und Knollen.

Um sich die Nester der Baumameisen zu kapern, benutzen Schimpansen ebenfalls Stöcke. Außerdem können sie die langen glatten Zweige in Bienenwaben stecken, um damit Honig herauszuziehen. Diese Menschenaffen sind also mit Sicherheit die handwerklich geschicktesten Tiere. Sie machen sich zum Beispiel auch Schwämme, indem sie ein Bündel Blätter zerkauen und damit – genau wie die !Kung – Wasser aus Ritzen und Spalten in Baumstämmen herausholen. Harte Früchte oder Nüsse zerschlagen sie mit dicken Steinen, die sie teilweise fast wie Hammer und Amboß verwenden. Schimpansen benutzen jedoch Werkzeug ausschließlich dazu, sich Pflanzennahrung und Insekten zu verschaffen. Gelegentlich verwenden sie ihren selbstfabrizierten »Blattschwamm«, um damit das saftige Hirn aus dem Schädel eines Tieres, das sie getötet haben, herauszuholen. Niemals benutzen sie jedoch ein Gerät, um ein Tier zu erschlagen oder eine Beute zu zerteilen. Hier sollten wir einen Moment verweilen und darüber nachdenken, inwiefern dies mit der handwerklichen Fertigkeit und Lebensweise der frühen Hominiden korreliert. Grabstöcke und tragbare Behälter sind – weil sie verwesen – archäologisch nicht nachweisbar; das gilt aber auch für die Stöcke und Blattschwämme der Schimpansen.

Im Gegensatz zu ihren evolutionär weiter entwickelten Verwandten sind Paviane handwerklich nicht besonders talentiert. Manchmal schlagen sie eine harte Frucht so auf wie Schimpansen. Hin und wieder sind sie auch schon dabei beobachtet worden, wie sie Skorpione unter einem Stein hervorholen und den Stein dann zum Töten des Tieres benutzen. Bevor sie das Insekt verzehren, achten sie übrigens sehr genau darauf, vorher den Stachel zu entfernen. Jane Goodall und Craig Packer sahen einmal, wie ein Olivenpavian einen Stein nahm, um sich damit eine klebrige Flüssigkeit aus dem Gesicht zu wischen. Aber sie fertigen sich niemals, so wie Schimpansen, Geräte an.

Häufig stellen Nachbildungen des frühen Stadiums der Humanevolution sämtliches Werkzeug nur als Waffen dar und zeigen somit unseren frühesten Vorfahr im Gewand des »Killeraffen«, wie Raymond Dart es formulierte. Schimpansen jedoch, die handwerklich so geschickt sind, benutzen – wie schon erwähnt – niemals Werkzeuge, um sich Fleisch zu verschaffen. Allerdings kommt es bei gelegentlichen Streitereien zwischen den Schimpansen und Pavianen im Gombe-Reservat schon einmal vor, daß die

Schimpansen ihre Vettern mit Steinen bewerfen und meistens auch ganz gut treffen. Häufig ergreifen die Paviane dann schnell die Flucht. Schimpansen wedeln auch oft mit großen Zweigen hin und her, aber weniger in böswilliger Absicht, als um Eindruck zu machen und den eigenen sozialen »Status« zu verbessern. Ein Männchen aus der Gombe-Gruppe namens *Mike* benutzte einmal ein paar von Jane Goodalls leeren Benzinkanistern, um sie für eine arteigene »Imagepflege« einzusetzen. Er kickte sie emsig vor sich her und machte dabei einen Höllenspektakel. Damit beeindruckte er seine Artgenossen so sehr, daß er umgehend der Boss der Gruppe wurde. *Mike* hatte sich also nicht durch Blecken der imposanten Reißzähne oder mächtig angespannten Muskeln Respekt verschafft, sondern nur durch seinen Einfallsreichtum einen beträchtlichen sozialen Prestigegewinn errungen. Dies trifft mit Sicherheit auch auf andere höhere Primaten zu. Nehmen wir als Gegenbeispiel *David,* ein noch nicht ganz ausgewachsenes Männchen aus der »Feuerwehrtruppe« von Gilgil. Obwohl er noch jung ist, hat er bereits eine respektable Größe, ein dichtes Fell und enorme Reißzähne. Außerdem ist er offensichtlich ganz versessen darauf, seinen sozialen Rang innerhalb der Gruppe zu verbessern. Er terrorisiert die anderen, indem er eine furchterregende Drohhaltung einnimmt und seine körperliche Überlegenheit ausspielt. Aber bis jetzt hat er sein Ziel noch nicht erreicht. Die anderen schließen ihn oft aus, und bei den Weibchen hat er auch nicht viel Glück. Im Grunde ist er nichts weiter als ein »grüner Junge«, der von seinen eigenen körperlichen Kräften so beeindruckt ist, daß er noch nicht gemerkt hat, daß man es mit Intelligenz und nicht mit Muskelkraft sozial und politisch zu etwas bringen kann.

Bei einer Technologie, die dem Lebensunterhalt dient, kommt es nicht so sehr darauf an, ein Werkzeug *herzustellen,* sondern – wie das Beispiel des Termitenangelns lehrt – darauf, wie man es *anwendet.* Der amerikanische Anthropologe Geza Teleki mußte zum Beispiel zu seinem großen Erstaunen entdecken, daß Termitenfangen keineswegs so leicht war, wie es aussah, wenn man den Schimpansen dabei zuschaute. Um herauszubekommen, wie die Schimpansen vorgehen, um die Gänge in den Termitenburgen zu finden, wie sie die Sonde hineinstecken und die Soldaten veranlassen, zuzubeißen, probierte Teleki es selbst aus. Aber er fand die Tunneleingänge erst, nachdem er mit einem Messer die oberste Schicht der Lehmburg bearbeitet hatte, und schließlich gelang es ihm, ein dürftiges halbes Dutzend Termitensoldaten auf sein Stöckchen zu locken. »Diese Erfahrung«, so schrieb er, »hat mich einigen Respekt vor den technologischen Talenten der Schimpansen gelehrt. Außerdem erregte sie in mir den Verdacht, die physischen und psychologischen Fähigkeiten, die erforderlich sind, um diese Geschicklichkeit zu entwickeln, könnten sich nur graduell, nicht aber prinzipiell von denen unterscheiden, die die Menschen brauchen, um Insekten und unterirdische vegetarische Nahrung zu lokalisieren, auszugraben und zu sammeln.«

Die Entdeckung Telekis besagt auch, daß Werkzeugherstellung weit über das Anfertigen und Benutzen hinausgeht. Um ein Werkzeug so anzufertigen, daß es für die Bearbeitung des jeweiligen Rohmaterials wirklich geeignet ist, bedarf es eines besonderen Erkenntnisvermögens. Dies gilt auch für die Art und Weise, wie ein Werkzeug für eine bestimmte Tätigkeit verwendet wird. Mit anderen Worten heißt dies, daß mehr Verstand notwendig ist, um zu erkennen, daß von einem belaubten Zweig die Blätter abgestreift werden müssen, wenn man ihn zum Termitenfangen verwenden will, als einfach einen glatten, festen Grashalm zu nehmen. Aus dem einen muß nämlich erst ein Werkzeug gemacht werden, während das andere unverändert als Werkzeug dienen kann. Eine weitere intellektuelle Stufe wird dann erreicht, wenn ein Lebewesen in der Lage ist, in der rohen Gestalt eines Felsbrockens eine tropfenförmige Handaxt zu erkennen, denn das Produkt hat dann nur noch wenig gemein mit dem Ausgangsmaterial. Zu diesem letzten geistigen Schritt ist jedoch nur der Mensch befähigt.

Schimpansen müssen also recht klug sein, um die Geräte herstellen und benutzen zu können, die sie für ihren Lebensunterhalt brauchen. Im Laufe der letzten Jahre haben unsere »Verwandten« so viele Tricks erlernt und so viele listenreich ausgedachte Tests mit Leichtigkeit absolviert, daß niemand mehr umhin kann, die außerordentlichen Wahrnehmungsfähigkeiten dieser Tiere anzuerkennen. Manchmal erreichen sie bei psychologischen Tests eine Punktzahl, die der von menschlichen Versuchspersonen in nichts nachsteht. Sie finden sich in den verschlungensten Labyrinthen zurecht, die selbst manchem Jünger der Wissenschaft Kopfzerbrechen bereiten würden. Sie können sogar Aufgaben lösen, die aus einer Reihe aufeinanderfolgender Schritte bestehen. Außerdem ist bekannt, daß sie die amerikanische Zeichensprache erlernen und sich mit Computern »unterhalten« können, wobei sie ein reichhaltiges Codesystem benutzen. Schimpansen sind also ebenso wie Gorillas und Orang-Utans außerordentlich intelligent.

Die Frage ist nur, welcher Intelligenzquotient erforderlich ist, um zu entdecken, daß man Termiten am besten mit einem Stock fangen kann, der wie ein Handwerkszeug verwendet wird. Wir wissen, daß die Intelligenz von Schimpansen weitaus größer ist, als für solch einfache Arbeiten vonnöten wäre. Sind diese Tiere also eigentlich überqualifiziert? Müssen wir davon ausgehen, daß Schimpansen, Gorillas und Orang-Utans im Laufe ihrer langen Entwicklung Gehirne ausgebildet haben, die zu weit mehr in der Lage wären, als wozu diese Tiere sie benutzen? Wenn das so wäre, hätten wir es tatsächlich mit einer Art von Verschwendung zu tun, welche die Evolution in allen anderen Bereichen sonst nicht kennt. Eine Reihe von amerikanischen und englischen Biologen haben sich damit befaßt und sind zu dem Schluß gekommen, daß Schimpansen und ihnen verwandte Menschenaffen die Intelligenz, die sie haben, tatsächlich auch benötigen, allerdings weniger für einen technologischen als für einen sozialen Nutzeffekt. Mit diesem Problem hat sich insbesondere Nicholas Humphrey auseinandergesetzt.

Im Verlauf der Säugetierevolution mußten vor allem die fleischfressenden Tiere ein besonders gut funktionierendes Gehirn entwickeln, denn das Aufspüren, Stellen und schließlich Töten von Beute erfordert wesentlich mehr Intelligenz als auf einer Wiese herumzustehen und Gras zu fressen. (Allerdings wurden auch Wiederkäuer und Huftiere allmählich klüger, wahrscheinlich um gegen Raubtiere besser gefeit zu sein!) Zweifellos haben sich die Anforderungen des Alltagslebens sozusagen als evolutionäre Zwänge auch auf das Gehirn der höheren Primaten ausgewirkt. Der eigentliche Intelligenzzuwachs diente jedoch der Fähigkeit, besser miteinander zu leben und auszukommen.

Eine Schimpansengruppe ist ein außerordentlich dynamisches Gebilde, ein schillerndes Kaleidoskop praktischer und sozialer Zusammenhänge. Die Dinge des Alltags sind relativ leicht vorhersehbar, zumindest im Vergleich zu den häufig verwirrenden Interaktionen zwischen den einzelnen Individuen. Selbstverständlich braucht ein Lebewesen eine gut ausgebildete Wahrnehmungsfähigkeit, um sich auf einem ausgedehnten und verschiedenartigen Gelände seine Nahrung zu suchen. Diese Fähigkeit erscheint jedoch recht unbedeutend, wenn man sie mit den intellektuellen Anforderungen vergleicht, die das Zusammenleben innerhalb einer Gruppe verlangt, wie etwa das Anbahnen und Aufrechterhalten freundschaftlicher Beziehungen, die »politische« Taktik, der jede Verbesserung des sozialen Ranges bedarf, oder einfach die Beziehung zwischen zwei Individuen, deren Reaktionen nicht vorhersehbar sind. Das Verhalten von Pflanzen, selbst das von

Beutetieren, kennt man im Grunde im voraus, das Verhalten von Schimpansen und Menschen innerhalb einer vielfältigen sozialen Organisationsform jedoch nicht. Folglich ist für den Umgang mit Unwägbarkeiten eine größere Intelligenz nötig, als mit Gewißheiten. Darüber hinaus schärft eine solch hochgradige Intelligenz auch das Bewußtsein für eine Welt, in der – wie wir schon in einem anderen Zusammenhang erwähnten – ständige Interaktionen zwischen den sie bevölkernden Individuen unerläßlich sind.

Das bedeutet also, daß sich soziale Zwänge als Motoren für die Evolution der Intelligenz erwiesen haben, und zwar sowohl bei den höheren Primaten als auch bei den Menschen. Allerdings werden auch technologische Faktoren und die Erfordernisse des täglichen Lebens eine gewisse Rolle gespielt haben, schon einfach deshalb, weil selbst die bescheidenste Technologie ökonomische Vorteile nach sich zieht. Dabei ist selbst eine nur unvollkommen ausgeprägte handwerkliche Geschicklichkeit schon wirkungsvoll. Bei den Schimpansen haben wir bereits gesehen, daß die einfache Technik, die sie anwenden, um Termiten zu fangen, die Jagdsaison für sie verdoppelt. Wir wissen jetzt auch, daß ein einfacher, tragbarer Behälter alles ist, was eine Gemeinschaftsform, deren Wesen das Teilen einer auf unterschiedliche Weise beschaffte Nahrung ist, zu ihrer Entstehung brauchte.

Innerhalb des Zeitraums von drei bis einer Million Jahren vor unserer Zeitrechnung entwickelte sich die Technologie der Hominiden von einfachen, teils gesplinteten Steinwerkzeugen zu der bereits verfeinerten, sogenannten »fortgeschrittenen olduvanischen« und der »acheuläischen Technologie«, die schon ein Dutzend und mehr deutlich voneinander unterschiedene Werkzeugtypen kannte. Obgleich der Fortschritt gewaltig war, kann man doch nicht behaupten, daß damit der Gipfel handwerklichen Könnens erreicht worden sei. Und doch verdoppelte sich eben in diesem Zeitraum der Gehirnumfang unserer frühesten Ahnen! Während des Zeitraums von einer Million bis zu 250000 Jahren vor unserer Zeit entwickelte sich die Steinzeitkultur im gleichen Schneckentempo wie zuvor. Und abermals nahm der Umfang des Gehirns zur gleichen Zeit um etwa ein Drittel zu! Der Einfallsreichtum, der zweifellos vorhanden gewesen sein muß, um diese einfache Technologie anwendbar zu machen, hat ganz bestimmt bei der Entwicklung des Gehirns eine nicht unbedeutende Rolle gespielt. Das gleiche gilt für die psychologischen Anforderungen, welche die Gesellschaftsform der Sammler und Jäger mit sich brachte. Beides reichte indes mit Sicherheit nicht aus, die bemerkenswerte Kraft menschlichen Denkens in Gang zu setzen.

Einen wesentlichen Beitrag zur Funktionalität der gemischt-ökonomischen Gesellschaftsform der Sammler und Jäger lieferte neben dem Wissen um das Vorhandensein von Nahrung die zunehmend intensiver werdende soziale Interaktion. Wie frustrierend es sein kann, als Teil einer unterschiedlich zusammengesetzten, aber auf das gleiche Ziel hinarbeitenden Gruppe mitzuwirken, weiß jeder, der jemals das Vergnügen hatte, in einer Kommission mitzuarbeiten! Zurückhaltung, Überredungskunst, Takt, die Bereitschaft, sich unterzuordnen, aber auch Aggression, Erkenntnisfähigkeit und ein gut Teil Humor müssen zusammenkommen, damit eine sinnvolle Zusammenarbeit entstehen kann. Und hinter all dem steht, bewußt oder unbewußt, der Wunsch, das System des reziproken Altruismus funktionsfähig zu erhalten, damit niemand einen ungerechtfertigten Vorteil erhält.

Wir können mit Sicherheit annehmen, daß die unzähligen Gefühle, die diesem System zugrunde liegen, schon seit langer, langer Zeit in uns angelegt sind. Die potentiellen Vorteile, die das Funktionieren dieses Mechanismus mit sich bringt, liegen doch allzusehr auf der Hand. So ist es zum Beispiel wichtig, auch solche Menschen zu mögen, mit denen man nicht verwandt ist, denn anders würden die Bande des reziproken Altruismus sich nicht als tragfähig erweisen. Das heißt, daß wir uns in aller Regel den Menschen gegenüber uneigennützig benehmen, die wir mögen – und die mögen, die sich uns gegenüber altruistisch verhalten.

Wenn aber jemand sich weigert, eine erwiesene Selbstlosigkeit zu erwidern, wird der »Verletzte« von einem Gefühl durchströmt, das der amerikanische Biologe Robert Trivers »moralische Aggression« nennt, womit er den Zorn über ein empörendes Verhalten bezeichnet. Wir haben schon in einem vorangegangenen Kapitel erwähnt, daß heutige Sammler- und Jägervölker in heftigsten Zorn geraten, wenn jemand sich derartig verhält. Diese moralische Aggression hat eine doppelte Wirkung: Einmal wird dadurch verhindert, daß dem »Unwürdigen« noch weiterhin eine solche Selbstlosigkeit zuteil wird, zum andern veranlaßt sie diesen gewöhnlich, sich nun doch altruistisch zu verhalten. Die natürliche Folge der moralischen Aggression ist ohne Frage, daß der Missetäter ein starkes Schuldbewußtsein empfindet.

Auch Gefühle wie Sympathie und Dankbarkeit dienen dazu, den reziproken Altruismus zu regulieren. Man hat Mitleid mit je-

Eine Schimpansenmutter und ihr Junges benutzen einen Stock, um Ameisen auszugraben und sie zu verspeisen.

Paviane fangen ebenso wie Schimpansen gelegentlich kleine Tiere. Hier frißt ein großes Männchen eine junge Thomson-Gazelle.

Chopper

Schwerer Schaber

Chopper

Chopper

Grabstichel

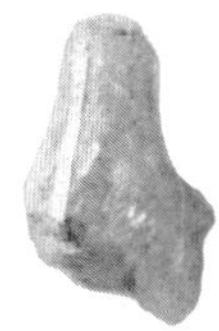

Leichter Schaber

Bearbeitete
schnabelförmige Spitze

Diskoid

Polyeder

Werkzeuge aus der Schlucht von Olduvai. Dies ist die erste zusammengehörende und klar identifizierbare Sammlung von Werkzeugen, die vor rund zwei Millionen Jahren entstanden. (Größenverhältnis etwa 1:2)

Werkzeuge der sogenannten »acheuleischen Technologie« aus Kilombe in Kenia. Diese Werkzeuge entstanden später als die olduvaischen, nämlich vor ca. eineinhalb Millionen Jahren. (Größenverhältnis etwa 1:2)

Erodierte Sedimente im Siwalik-Gebirge in Pakistan, wo der erste Hominide, der *Ramapithecus*, neben anderen, menschenaffenähnlichen Geschöpfen gefunden wurde.

Das Ödland von Hadar in Äthiopien. Hier wurden »Lucy« und andere wichtige Fossile ausgegraben.

Sanft hügeliges Gelände in der Nähe von Sterkfontein, Südafrika. Dort wurden einige der ältesten Hominiden-Funde gemacht.

Die Schlucht von Olduvai bildet ein Regenfluß, der sich durch die Erdschichten am Rande der Serengeti gegraben hat.

Yanomamo- Indianer in Venezuela. Sie sind Jäger, bauen aber auch verschiedene Pflanzenarten an, außerdem sind sie für ihre Aggressivität bekannt.

Die !Kung San aus Botswana sind ein friedliebendes Volk. Ein alter Mann erzählt seinen aufmerksamen Zuhörern eine Geschichte.

Ein Lager der !Kung in einem Mongongo-Wald. Die Nüsse bilden die Grundnahrung der !Kung.

Die Jäger der !Kung sind außerordentlich geschickte Spurenleser. Nicht der kleinste Hinweis auf ein Beutetier entgeht ihnen.

Die !Kung-Frauen graben saftige Wurzeln mit Stöcken aus.

mandem, der in Not ist. Je schlimmer das Elend, desto größer das Mitgefühl und die Bereitschaft zu helfen. Wer nun diese Hilfsbereitschaft erfährt, ist dem Helfenden gegenüber zur Dankbarkeit verpflichtet und damit psychologisch motiviert, sich irgendwann einmal, wenn es erforderlich ist, entsprechend zu verhalten. Die wechselseitige Beziehung zwischen Hilfe und Dankbarkeit ist sehr vielfältig und manche Soziologen folgern, daß auch die Tendenz, sich erkenntlich zu erweisen, auf einer Vielzahl von Faktoren beruht. Wenn jemand zum Beispiel von einem Freund in großer Not – nicht nur wegen einer kleinen Unannehmlichkeit – Hilfe erfährt, wird er eher geneigt sein, sich für die erwiesene Freundschaft erkenntlich zu zeigen, und wenn die Hilfsbereitschaft einen Menschen viel Zeit und Mühe gekostet hat, wird der Empfänger ebenfalls schneller bereit sein, die Hilfe zu lohnen.

Sobald dieses System des reziproken Altruismus in das Bewußtsein eines sozial empfindenden Lebewesens eingedrungen ist, verästelt es sich sofort. Dies um so mehr, wenn jenes Lebewesen die Fähigkeit hat, mittels Sprache zu kommunizieren. Im Zuge der natürlichen Selektion tauchen sicher auch Lebewesen auf, die (unbewußt) versuchen, in diesem Spiel zwischen Helfendem und Hilfebedürftigem zu »betrügen«. Sie sind in der Lage, das, was wir moralische Aggression genannt haben, verblüffend echt vorzutäuschen, Schuldgefühle, Sympathie und Dankbarkeit dem Scheine nach zu produzieren, um dadurch mehr zu erhalten, als sie zu geben bereit sind. Vom biologischen Standpunkt aus betrachtet bringt das, zumindest kurzfristig, durchaus Vorteile. Obwohl ein Lebewesen ohne Sprache ebenfalls zu solchem »Betrug« in der Lage ist, gelingt es dem Menschen mit Hilfe des gesprochenen Wortes viel besser. So wie die natürliche Selektion also potentielle Betrüger hervorbringt, so produziert sie unvermeidlich auch solche Lebewesen, die dieses Verhalten durchschauen. Hier beginnt das Spiel mit Bluff und Gegenbluff und damit entstehen neue Gefühlsbereiche, nämlich Vertrauen und Argwohn.

Zu Beginn war das, was wir unter dem spezifisch menschlichen, reziproken Altruismus verstehen, ein wesentlicher Bestandteil des »natürlichen« Verhaltens unserer frühen Vorfahren, wozu auch die verschiedensten damit eng verflochtenen Gefühlsbereiche gehörten. Später erreichte das Bewußtsein einen Grad, wo die Menschen bereit waren zu helfen, ohne unbedingt eine Gegenleistung zu erwarten. Genauso leicht fiel es ihnen aber auch, sich gegenseitig zu betrügen. Der Grundstock der Gefühle und Motivationen, die zu diesem Verhaltensspiel führen, ist so tief im menschlichen

Denken verwurzelt, daß dies eine bedeutende Rolle in der außergewöhnlichen Entwicklung des menschlichen Gehirns im Verlauf von etwas mehr als drei Millionen Jahren gespielt haben muß.

Selbstverständlich ist für die ganz und gar ungewöhnliche Entwicklung des menschlichen Intellekts nicht nur ein einziger Faktor verantwortlich zu machen, denn die Evolution nährt sich aus vielen Quellen. Dennoch darf man davon ausgehen, daß das System der sozialen Interaktionen die stärkste Schubkraft lieferte, durch die das Wachstum des menschlichen Gehirns vorangetrieben wurde. Daneben haben natürlich auch die intellektuellen Forderungen der Gemeinschaftsform der Sammler und Jäger und die sie begleitenden Verbesserungen der Technologie eine bedeutende Rolle in der Entwicklung des Intellekts gespielt. Nun tragen wir, jeder für sich, eine ganze Welt in unseren Köpfen, und da wir Menschen sind, ist die Welt des einen von der des anderen immer verschieden.

Während der vergangenen Jahrmillionen erreichten zwischenmenschliche Beziehungen und wahrscheinlich auch die technologischen Neuerungen einen solchen Höhepunkt, daß daraus ein eigener evolutionärer Antrieb entstand. Als wir immer stärker die Umwelt nach unserem Willen zu formen und gestalten begannen, wurden wir allmählich zu einem kulturfähigen und -tragenden Lebewesen. Unsere Vorfahren haben die Kultur erfunden. Je stärker und reicher sich dieses spezifisch menschliche Element entwickelte, desto intensiver entstand ein Klima, in dem das menschliche Denken bis zu dem Punkt heranreifen konnte, den es heute erreicht hat. Dies soll das Thema unseres nächsten Kapitels sein.

Kapitel 9

Sprache, Kultur und soziales Verhalten

Sechs Jahre lang versuchten Keith und Cathy Hayes mit Engelsgeduld, *Viki* sprechen zu lehren. Sie lobten sie, wenn sie Fortschritte zu machen schien, und trösteten sie, wenn sie traurig war, weil sie versagt hatte. Während dieser sechs Jahre lernte *Viki* fast alles, was jedes normale Kind auch lernt, und machte genau die gleichen kleinen Fehler. Aber sie lernte nur ganze vier Worte – nämlich »Mama«, »Papa«, »cup« und »up« (»Tasse« und »auf«) und selbst das nur mit größter Mühe. Schließlich gab das Ehepaar Hayes niedergeschlagen und entmutigt auf. Sie mußten einsehen, daß *Viki* niemals richtig sprechen lernen würde.

Das Problem war jedoch nicht, daß *Viki* geistig behindert gewesen wäre. Im Gegenteil – sie war gescheit und aufgeweckt, aber sie konnte nicht sprechen. *Viki* war nämlich eine Schimpansin.

Vor über 20 Jahren begannen die Hayes' ihr kühnes, aber zum Scheitern verurteiltes Experiment. Damals dachten sie, einen Punkt aufgreifen zu können, an dem ein anderer Wissenschaftler, nämlich William Furness, hatte aufgeben müssen. Zu Beginn dieses Jahrhunderts hatte Furness einen jungen Orang-Utan in Borneo mit der Flasche aufgezogen und ihn wie ein Kind gehalten, um den mühseligen Versuch zu machen, den kleinen Menschenaffen sprechen zu lehren. Genau wie *Viki* hatte der junge Orang-Utan schließlich einen winzigen Sprachschatz, den allerdings nur ein geneigtes Ohr als »Papa« und »cup« (»Tasse«) zu erkennen vermochte. In seinem Bericht an die Amerikanische Philosophische Gesellschaft schrieb Furness 1916 über seine begrenzten Erfolge. Er erzählte auch, daß er seinem Orang-Utan eines Tages zeigen wollte, wie sehr Schwimmen Spaß machen kann – wobei zu sagen ist, daß Menschenaffen Wasser generell verabscheuen. Er trug das Tier zum Schwimmbecken, aber dort bekam das Tier schreckliche Angst. »Sie klammerte sich an mich, legte mir die Arme um den Hals, küßte mich immer wieder und wiederholte ständig: ›Papa, Papa, Papa!‹ Natürlich brach ich nach dieser herzergreifenden Bitte mein Vorhaben ab!«

All diese vergeblichen Versuche, einen Menschenaffen sprechen zu lehren, scheinen René Descartes' vor 300 Jahren aufgestellte Behauptung zu bestätigen, daß nur der Mensch über Verstand und Seele verfüge, und dies ihn unleugbar und unüberbrückbar von allen anderen Lebewesen unterscheide. Das Hauptmerkmal unserer Ratio ist die syntaktisch geordnete Sprache, die »Fähigkeit, unterschiedliche Wörter einander zuzuordnen und so eine logische Satzfolge zu erstellen«. Tiere, so schrieb Decartes, seien Maschinen, Automaten, während das Denken des Menschen durch den reinen Geist der geordneten Sprache erleuchtet werde.

Tatsache ist, daß kein Tier sprechen kann – selbst wenn sich die Laute der Papageien und Wellensittiche gelegentlich danach anhören mögen. Und es trifft auch zu, daß nach Plato der »Webstuhl der Sprache« das wichtigste Werkzeug ist, um das verschlungene Material der menschlichen Kultur ineinanderzuflechten. Und wieder einmal müssen wir uns fragen, warum das so ist. Wie kam es, daß wir auf der evolutionären Reise vom menschenähnlichen Vorfahr bis heute die Kunstfertigkeit erlernten, Laute zu Worten zu formen und Worten Bedeutung zu geben?

Viele Tierarten sind imstande, zusammengesetzte Laute zu artikulieren, aber nur in der menschlichen Sprache verweisen solche willkürlichen Laute mit ihrem Zeichencharakter auf Gegenstände oder Ereignisse. Diese Laute, die wir für gewöhnlich »Worte« nennen, sind *Erfindungen* des menschlichen Gehirns. Eine große, schmale, braune Struktur, mit Zweigen und Blättern heißt »Baum« – und dies nicht aus göttlicher Eingebung, wie manche der alten griechischen Philosophen die Entstehung der Sprache zu definieren pflegten, sondern als Produkt der Tradition und Kultur der deutschen Sprache. Wörter sind insofern willkürlich entstanden, als sie ihre Gültigkeit nur innerhalb spezifischer kultureller Räume haben. Das heißt, daß es keine Kultur ohne Sprache gibt – ebensowenig könnte ohne Kultur keine Sprache entstehen.

Jemand, der Deutsch spricht, wird diese dünne, große, braune Struktur mit Blättern einen »Baum« nennen, ein Franzose »arbre« und ein Engländer »tree«. Dennoch sind die Regeln, nach denen wir Worte zusammensetzen, um miteinander zu sprechen oder für uns alleine zu denken, im Grunde überall auf der Welt dieselben, auch wenn jede Sprache und jeder Dialekt verschiedene Worte für dieselben Gegenstände oder Ereignisse hat. Trotz der unglaublichen Vielfalt der Sprachen haben sie alle zutiefst etwas gemeinsam. Die Fähigkeit zu sprechen ist so sehr im Denken des

Menschen verwurzelt, daß es eigentlich unmöglich ist, ein Kind daran zu hindern, eine Sprache zu erlernen – es sei denn, man ziehe es von Geburt an in totaler Isolation auf. In der Vergangenheit haben immer wieder ägyptische Pharaonen, Moguln und schottische Könige die grausamsten Experimente an Kindern durchgeführt, indem sie sie in einer Umgebung aufwachsen ließen, in der kein Wort gesprochen wurde. Das Ziel dieser Experimente war für gewöhnlich zu demonstrieren, daß Sprache nicht nur angeboren ist, sondern vielmehr, daß die Sprache, die in den Ländern dieser edlen Herrscher gesprochen wurde, diejenige sei, die man als Ursprache der menschlichen Rasse anzusehen habe. Natürlich sind solch chauvinistische Phantasien niemals wissenschaftlich bewiesen worden. Dennoch teilen heute die meisten Psychologen die Ansicht, das menschliche Gehirn bilde vor allem im Verlaufe der Kindheit einen reichen Nährboden, um eine gesprochene Sprache erlernen zu können.

Wir sind in der Lage, mit unserem Hund und unserer Katze zu sprechen, ja sogar mit einem rhythmisch schnappenden Goldfisch oder mit einer Zimmerlinde – aber sie werden uns nie in unserer Sprache antworten. Die menschliche Sprache dient nur der Verständigung mit anderen Menschen, und auch das nur innerhalb bestimmter kultureller Grenzen. Die Antwort auf unsere eingangs gestellte Frage »Warum« mag also darin liegen, daß die Sprache sein muß, damit wir sinnvoll miteinander *kommunizieren* können. Wenn »1470« und seine Freunde schon in der Lage gewesen wären, ihre Pläne für den nächsten Tag im einzelnen zu schmieden, sich darüber zu unterhalten, auf welche Art und Weise sie wohl am besten das Wild am Ufer des Turkana-Sees erlegen sollten, so hätten sie sich besser darauf vorbereiten können als ihre Rivalen, die sich mit spärlichen, affenartigen Gesten und Grunzlauten untereinander verständigten. Aber wahrscheinlich war die Möglichkeit, mittels der gesprochenen Sprache sinnvoll miteinander zu kommunizieren, nur ein zufälliges Nebenprodukt einer Notwendigkeit, die weniger offenkundig ist – was wiederum der Evolution der menschlichen Intelligenz entspräche.

Vielleicht wurde dem primitiven *Homo* die Fähigkeit der gesprochenen Sprache auf dem Wege natürlicher Selektion nicht gegeben, um sich miteinander über die praktischen Anforderungen des Lebens zu unterhalten, sondern um sinnvoll über die Welt, in der er lebte, *nachdenken* zu können. Wahrscheinlich waren auch die sehr komplexen Unternehmungen einer fortgeschrittenen Sammler- und Jägergesellschaft nur möglich, weil das Gemeinschaftsleben Regeln unterworfen wurde, zu deren Entwicklung und Übermittlung die gesprochene Sprache unerläßlich war. Wir werden daher im folgenden das Wesen der menschlichen Sprache aus der Perspektive der Individual- und Sozialpsychologie unter die Lupe nehmen. Plato meinte mit dem »Webstuhl der Sprache« nur ein gewöhnliches Handwerkszeug. Wir sind jedoch der Ansicht, Sprache ist sowohl ein Vehikel der individuellen Phantasie als auch des Gruppenzusammenhaltes und nicht nur ein bloßes Kommunikationsmittel.

Nun müssen wir uns jedoch fragen, wann die Sprache eigentlich entstand. Sprach etwa schon »1470« mit seinen Freunden?

Mit Sprechen meinen wir dabei zusammenhängende und untereinander geordnete Laute, die sich ganz entscheidend von den Grunzgeräuschen der Affen abhoben. Wurde die gesprochene Sprache erst geboren, als der *Homo erectus* vor rund eineinhalb Millionen Jahren die Erde betrat? Oder ist die Sprache erst entstanden, als der *Homo sapiens* vor etwa 50000 Jahren in Erscheinung trat? Wären wir auf die augenscheinlichen Beweise angewiesen, so müßten wir zu dem Schluß kommen, daß sie nicht älter als ein paar Jahrtausende sei. Die ersten Beispiele einer entzifferbaren, geschriebenen Sprache finden wir als Zeugnisse der sumerischen Kultur, sie sind rund 5000 Jahre alt. Aber niemand würde im Ernst behaupten wollen, Sprache sei erst vor so kurzer Zeit entstanden. Und doch ist allein die Schrift der direkte Beweis dieses flüchtigsten Produkts des menschlichen Gehirns. Wie wollen wir also feststellen, ob »1470« sich mit seinen Freunden in einer Art und Weise unterhielt, die wir als Sprache bezeichnen können?

Fraglos entstand Sprache im Schmelztiegel der Humanevolution. Aber es liegt in der Natur der Sache, daß das »Warum« ebenso wie das »Wann« für immer ein Rätsel längst verflossener Zeiten bleiben wird. Anläßlich des ersten internationalen Kongresses über die Entstehung der menschlichen Sprache sagte Ralph Holloway 1975 in New York ironisch: »Wenn es überhaupt so etwas wie ein Merkmal des Menschseins gibt, so ist es die Fähigkeit, allerlei Spekulationen über die Entstehung der Sprache anzustellen. Mein Respekt und meine Achtung vor den intellektuellen Fähigkeiten der Schimpansen ist zu groß, als daß ich mir vorstellen könnte, sie würden sich über solch müßige Fragen den Kopf zerbrechen.« Natürlich sind diese Spekulationen vom rein wissenschaftlichen Standpunkt aus nutzlos, weil sie nie beantwortet werden können. Die intellektuelle Neugier des Menschen zwingt ihn aber unerbittlich dazu, sich diese Frage wieder und wieder zu stellen. Oscar Wilde fand eine treffliche Beschreibung des englischen Landedelmannes auf der Fuchsjagd hoch zu Roß. Er nannte dieses Schauspiel: »Das Unaussprechliche in Verfolgung des Ungenießbaren.« Wir können in Anlehnung an Wilde den »Paläoanthropologen auf der Jagd nach dem Ursprung der menschlichen Sprache« als das »Unersättliche in Verfolgung des Unbeweisbaren« umschreiben. Übrigens ist Holloway trotz seiner zynischen Kommentare ein begeisterter Weggenosse auf dieser Jagd.

Dem großen Linguisten Noam Chomsky verdanken wir die Erkenntnis, daß alle menschlichen Sprachen etwas Gemeinsames haben, nämlich die grammatikalische »Tiefenstruktur«. Das Wesen einer jeden Sprache liegt fundamental darin begründet, daß der Sprechende die geistige Fähigkeit hat, zu klassifizieren, zu rubrizieren und ein Bezugssystem herzustellen. Das ist natürlich weitaus bedeutungsvoller als die Tatsache, daß sich bestimmte Leute überall auf der Welt ähneln. Der Schlüssel zum Verständnis der Sprache liegt also darin, daß ein Mensch Mitteilungen erdenken, analysieren und überdies beides in grammatikalische Bezüge einbetten kann. Vermutlich konnte die Meinung, einzig und allein der Mensch sei der gesprochenen Sprache fähig und nur er besitze die zugrunde liegende intellektuelle Fähigkeit, nur deshalb entstehen, weil noch niemand beobachtet hat, daß Tiere ebenfalls in einer gewissen Weise miteinander »sprechen«. Die Anhänger dieser These sagen, die menschliche Sprache bestehe aus veränderlichen Lauten, die von einer Maschinerie hervorgerufen würde, welche ihren Sitz ausschließlich im menschlichen Gehirn habe. Diese habe sich im Verlauf der Humanevolution entwickelt und habe nur den einen Zweck, die Sprache zu produzieren.

Wäre diese Ansicht richtig, so könnten wir eine säuberliche und äußerst befriedigende Trennungslinie zwischen sprechenden Menschen und den sprachlosen Tieren ziehen. Daß dies nicht zutrifft, bestätigen uns jetzt jedoch mehr als ein Dutzend Schimpansen und ein munteres Gorillaweibchen.

Das Institut für Primatologie der Universität von Oklahoma liegt ein paar Kilometer außerhalb des Studentendorfs Norman. Dort lebt der Psychologe Roger Fouts mit 20 Schimpansen, jungen und gesunden Tieren, die jeden Besucher regelmäßig auf ihre typisch geräuschvolle Art begeistert begrüßen. Sie springen auf, schwingen sich behende auf einen Ast und schreien alle lauthals im Verein. Ein aufmerksamer Besucher wird sofort bemerken, daß dieses Begrüßungsritual über das bei Menschenaffen übliche hinausgeht.

Eine Schimpansin ergreift zum Beispiel die Finger ihrer linken Hand mit der rechten. Dann zieht sie die linke mit einer heftigen Bewegung aus der Umklammerung der rechten Hand und deutet damit auf sich selbst. Wenn niemand darauf eingeht, wiederholt sie es. Für die meisten Menschen hat diese Geste keine erkennbare Bedeutung. Wer jedoch die amerikanische Taubstummensprache beherrscht (AMESLAN), weiß sofort, daß dies »laß mich heraus!« bedeutet. Diese Schimpansin heißt »Washoe« und ist das erste nichtmenschliche Lebewesen, das eine menschliche »Sprache« erlernte.

Der Gedanke, Menschenaffen eine Zeichensprache beizubringen ist keineswegs neu. Schon 1661 notierte der legendäre englische Chronist Samuel Pepys in seinem Tagebuch, als er einen Pavian gesehen hatte (wobei es sich möglicherweise auch um einen Schimpansen gehandelt haben könnte): »Ich glaube, daß dieses Tier schon recht gut Englisch versteht, und bin der Meinung, man könne es sprechen lehren oder ihm eine Zeichensprache beibringen.« Niemand nahm jedoch diesen weitsichtigen Gedanken ernst. Erst Mitte der sechziger Jahre unseres Jahrhunderts begannen Allen und Beatrice Gardner, *Washoe* an der Universität von Nevada in AMESLAN zu unterrichten. Als die Schimpansin mit ihren bahnbrechenden Kenntnissen 1970 nach Oklahoma umzog, bezifferte sich ihr Vokabular bereits auf 150 Zeichen und vergrößerte sich ständig. Im Institut der Universität von Oklahoma lebt jetzt eine kleine Schimpansenelite, die AMESLAN erlernt. *Washoe* als verdienstvolle Veteranin ist noch immer dabei.

Die Nachricht, welche aufregenden Fortschritte *Washoe* machte, überraschte, ja empörte sogar einige der Forscher, die in der Primatenforschung tätig waren. Ein Affe, der die menschliche Sprache beherrscht! Wie vermessen! Verständlich, wenn man bedenkt, daß sich damit eine weitere Abgrenzung als nichtig erwies, von der man bislang angenommen hatte, sie trenne den *Homo sapiens* von allen anderen Lebewesen. Die Bresche, die damit geschlagen worden war, erweiterte sich zusehends, je mehr die Fähigkeit der Schimpansen, eine Sprache zu erlernen, in den Primatenzentren erforscht wurde. David Premack, ein experimentell arbeitender Wissenschaftler an der Princeton-Universität, entwikkelte zum Beispiel eine Sprache mit Plastiksymbolen. Dadurch war es ihm möglich, sich mit seiner Schimpansin Sarah zu »unterhalten«. Das ausgefeilteste Projekt hat jedoch Duane Rumbaugh vom Yerkes-Primatenzentrum in Atlanta (Georgia) entwickelt. Er konstruierte ein Tastensystem auf Computerbasis, das auf einer erfundenen Symbolsprache beruht, die er »Yerkish« nennt. »Klassenbeste« ist die Schimpansin *Lana*.

Die menschliche Sprache ist – wie wir alle wissen – unerhört kompliziert. Nach jahrelangen intensiven Bemühungen der Techniker ist selbst der beste Computer nicht in der Lage, sich leidlich mit einem Menschen zu unterhalten. Also sollte es auch nicht verwundern, daß die Schimpansen ihre verschiedenen Zeichensprachen nicht bis zu einem Punkt entwickeln konnten, der dem hohen Anspruch der menschlichen Sprache gerecht werden könnte. Ihre Konversationsmöglichkeiten sind bestenfalls rudimentär. Eine in AMESLAN geführte Unterhaltung zwischen einem Reporter der *New York Times* und einer Schimpansin des Instituts von Oklahoma namens *Lucy* verlief ungefähr folgendermaßen: Der Reporter hielt einen Schlüssel hoch und fragte: »Was ist das?« *Lucy* antwortete: »Schlüssel.« – »Und was ist das?« fragte er weiter und hielt einen Kamm hoch. »Kamm«, antwortete *Lucy* richtig. Dann sagte sie: »Kämme mich.« Nachdem er das getan hatte, fragte er sie: »*Lucy,* willst du mit mir spazieren gehen?« *Lucy* dachte ein wenig nach und bequemte sich schließlich zu der Antwort: »Nicht spazieren. Will essen. Apfel.« Da der Journalist keinen Apfel dabei hatte, mußte er sich dafür entschuldigen, daß er dem Wunsch der Dame nicht entsprechen konnte.

Die »Unterhaltungen« zwischen den Psychologen und ihren Schimpansen erschöpfen sich bei all diesen sehr ernsthaften Forschungsprojekten keineswegs in reinem Geplapper. Fouts, Premack, Rumbaugh und ihre Kollegen untersuchen die angeborene Sprachfähigkeit der Schimpansen, was insofern bemerkenswert ist, als diese Tiere normalerweise nicht die geringsten Anzeichen für diese Fähigkeit erkennen lassen. Zwei Tatsachen sind jedoch bei all den »sprechenden« Schimpansen nachgewiesen, deren Bedeutung hinsichtlich der Vorgänge in ihrem Gehirn nicht zu unterschätzen ist. Zum ersten können sie für Gegenstände neue Begriffe erfinden, die beweisen, daß sie in der Lage sind, allgemeine Schlüsse zu ziehen. Zum zweiten zeigen sie – wenngleich in sehr bescheidenem Maße – eine bestimmte Vorliebe für die Zuordnung einzelner Wörter; sie haben also so etwas wie eine primitive affeneigene Grammatik.

Verallgemeinerungen begleiten uns immer und überall im Leben. Stühle zum Beispiel begegnen uns in unzähligen Formen und Ausführungen, doch sind wir sofort in der Lage, sie als Teil eines bestimmten Oberbegriffs zu erkennen. In unseren Köpfen haben wir eine Art Urstruktur, die es uns ermöglicht, schlangenförmige

Chromgebilde, solide Eichenstühle und weiche Plüschsesselchen in die gleiche Begriffsecke zu stellen. Das bedeutet, daß unsere Erkenntnisfähigkeiten zutiefst ökonomisch angelegt sind – und das wiederum ist ein Grundzug der Sprache schlechthin. Diese Fähigkeit haben aber auch Schimpansen. *Lucy* nennt eine Wassermelone beispielsweise eine Trinkfrucht; *Washoe* bezeichnet Enten als *Wasservögel* und erfand den Namen *Steinbeere,* als sie zum erstenmal eine Paranuß aufzuknacken versuchte. *Lana* spricht von einer Gurke als *grüne Banane* und nennt Fanta *Orangen-Coca-Cola.*

Schimpansen haben also ohne jeden Zweifel die geistige Grundausrüstung, um eine organisierte, wenngleich einfache Sprache sprechen zu können. Robert Yerkes unterschätzte die Gorillas, als er vor rund einem halben Jahrhundert schrieb: »Was Gelehrsamkeit und Gutartigkeit angeht, so ist der Gorilla dem Schimpansen derartig unterlegen, daß er kaum jemals den Platz des letzteren in den entsprechenden Forschungszentren einnehmen dürfte.« Diese Fehleinschätzung Yerkes' ist nicht verwunderlich, denn Gorillas galten schlechthin als weniger intelligent als die kleineren Menschenaffen. Das junge Gorillaweibchen *Koko*, mit dem die Stanford-Absolventin Penny Patterson arbeitet, beweist jedoch fleißig das Gegenteil. Nach vierjährigem Unterricht in AMESLAN kann *Koko* genausoviel »sprechen« wie die Schimpansen und erweist sich als ebenso geschickt darin, Oberbegriffe zu erfinden und Sätze zu strukturieren.

Daraus folgt also, daß Affen zwar im eigentlichen Sinne nicht sprechen können, ihre Sprachfähigkeit jedoch nicht von der Hand zu weisen ist. Vielleicht meint mancher Leser, es habe nichts mit Sprache zu tun, wenn so ein Tier Plastikformen einander zuordnen oder einem Computer bestimmte Symbole eingeben kann. Viele Menschen sind der Ansicht, es sei entschieden zu weit hergeholt, die AMESLAN-Zeichensprache als Sprache im eigentlichen Sinn zu bezeichnen. Wenn aber ein Gehirn über die Grundstruktur der Sprache verfügt, dann ist es im wesentlichen sprachfähig. Vor über 25 Jahren sagte der amerikanische Neurobiologe Karl Lashley: »Ich komme mehr und mehr zu der Überzeugung, daß die Rudimente der menschlichen Verhaltensmechanismen tief in den Anfängen der Evolutionsgeschichte zu finden sind und in den einfachsten Funktionen des Nervensystems nachgewiesen werden können.« Könnten *Washoe, Lucy, Lana und Koko* diese Argumentation verstehen, so würden sie diese voll bestätigen und Chomskys Meinung radikal ablehnen, daß der grundlegende intellektuelle Sprachmechanismus nur dem Menschen vorbehalten sei.

Wenn die ausschließlich menschliche Fähigkeit, im eigentlichen Sinne zu sprechen, das Produkt einer auch anderen Lebewesen eigenen intellektuellen Fähigkeit ist, müssen wir uns fragen, *warum* menschliche Sprachen entstanden. Zweifellos war der Druck vielfältiger evolutionärer Zwänge erforderlich, um unsere frühen Ahnen zum Sprechen zu bringen. Mit an Sicherheit grenzender Wahrscheinlichkeit gehört dazu, daß die Sprache eine genaue Vorstellung, ein besseres Bild von einer Sache ermöglicht. Wie wir früher schon erwähnten, ist eine der Kardinalfunktionen des Gehirns, eine Begriffswelt schaffen zu können, in welcher der jeweilige Mensch sich zu orientieren vermag. Das heißt, die Fähigkeit, Gemeinsamkeiten bei Objekten desselben Typus feststellen zu können – also etwa Bäume, Früchte, Raubtiere, Vögel und so weiter zu klassifizieren – bedeutet den entscheidenden Schritt zu einer geordneten Begriffswelt, in einem sonst überwältigenden Wahrnehmungschaos. Vermutlich besitzen Schimpansen und andere Primaten diese Fähigkeit und können darüber hinaus möglicherweise auch noch innerhalb bestimmter Grenzen eine gewisse Vorstellungskraft entwickeln. Wenn sie nicht fähig wären, Vergangenes zu reflektieren und in die Zukunft zu projezieren – und das bedeutet Vorstellungskraft –, so würden sie nicht immer wieder einen langen Zweig abreißen, die Blätter abstreifen und sich auf die Suche nach Ameisenkolonien machen.

Man kann seine Umgebung erst dann aus der Erfahrungsperspektive erforschen, wenn man in der Lage ist, Vorstellungskräfte zu entwickeln und damit intellektuell umzugehen. Je schärfer diese geistigen Bilder gezeichnet sind, desto genauer wird die Erkenntnis der jeweiligen Umwelt sein. Worte, das heißt willkürlich geformte Laute, mit deren Hilfe bestimmte Gegenstände oder Geschehnisse benannt werden können, sind hervorragende Werkzeuge, mit deren Hilfe die Vorstellungskraft gestärkt und entsprechend eingesetzt werden kann. Darüber hinaus kann man damit bestimmte Bilder im Kopf des Gesprächspartners heraufbeschwören. Buch, Sturmwolken, schwarzer Hengst, schöne Frau, gut aussehender Mann, Krieg – sind Worte, die aus dem Gehirn bestimmte Bilder abrufen. Zugegebenerweise unterscheiden sie sich von Individuum zu Individuum, weil sowohl die Welt als auch die Erfahrung jedes einzelnen Menschen völlig unterschiedlich ist.

Mit Worten kann man Geschichten erzählen. Man kann auch Anweisungen erteilen – aber dabei erweisen sich die Worte oftmals weniger überzeugend. Natürlich soll damit nicht behauptet werden, daß aus dem Bedürfnis, zusammenzusitzen und spannende Geschichten zu erzählen, genügend starke evolutionäre Kräfte erwachsen seien, um die rudimentäre Fähigkeit zur Sprache zu einem voll funktionsfähigen Kommunikationssystem auszubauen. Aber wer wollte leugnen, daß die Möglichkeit, Erfahrungen zu teilen – also: ein allen gemeinsames Bewußtsein zu schaffen – evolutionär nicht sinnvoll gewesen wäre, vor allem für Lebewesen, deren ungewöhnliches ökonomisches Versorgungssystem sie geradezu dazu zwang, einen ebenso ungewöhnlich intensiven Zusammenhalt untereinander aufzubauen?

Der frühe *Homo* lebte in Gruppen, wo das Überleben jedes einzelnen entschieden mehr von der Gemeinschaft abhing als jedes anderen Primaten. Die meisten Menschenaffen und Affen sind zwar sehr gesellige Geschöpfe und werden merkbar neurotisch, wenn man sie von ihrer Herde isoliert. Der Unterschied zum Menschen liegt jedoch darin, daß diese Primaten aus Gründen des psychologischen Wohlbefindens, nicht jedoch aus *ökonomischen* Motiven voneinander abhängig sind. Der *Homo* brauchte den engen Zusammenhalt seiner Artgenossen, um die gemischt-ökonomische Lebensform des Sammelns und Jagens aufrechterhalten zu können, wodurch wiederum die sozialen und emotionalen Bindungen enger geknüpft wurden. Die Fähigkeit, mittels einer bildkräftigen Sprache innerhalb einer kooperativen Gruppe Erfahrungen austauschen zu können, ist zweifellos ein wesentlicher Bestandteil des immer reicher werdenden Bezugssystems gewesen.

Zu voller Blüte gelangte das Geschichtenerzählen als soziales Element mit dem Entstehen von Stammesmythen und Schöpfungsgeschichten. Es gibt keinen Stamm auf der ganzen Welt, der nicht seinen eigenen Entstehungsmythos hätte. Merkwürdigerweise taucht immer wieder als wesentlicher Bestandteil das Mißfallen eines allmächtigen Gottes auf. Fast könnte man den Eindruck gewinnen, es gäbe so etwas wie einen einheitlichen Wunsch nach Selbstverleugnung. Trotz des gestörten Verhältnisses zur gekränkten Gottheit hält sich jeder Stamm aber für einzigartig. Der Schöpfungsmythos der Yanomamo-Indianer, in dem auch eine Flut eine zentrale Rolle spielt, erkennt nur die eigene Welt als real an, alle anderen Stämme werden als »Fremdlinge« bezeichnet. Das Wort der !Kung für ihren eigenen Stamm lautet: »zum/wasi«, was »das wahre Volk« bedeutet. Menschen, die nicht zu den !Kung gehören, sind also keine »richtigen« Menschen.

Obwohl wir es nie mit Gewißheit erfahren werden, ist es schwer vorstellbar, daß »1470« und seine Stammesgenossen vor reichlich zwei Millionen Jahren am Seeufer saßen und sich bereits ehrfürchtig die Geschichte eines grollenden Gottes erzählt haben, der ihre Vorfahren vor vielen, vielen Sommern am Rande des großen Wassers aussetzte und verstieß. Keineswegs weit hergeholt ist dagegen die Annahme, daß sie bereits eine »Sprache« hatten, mit der einfache soziale Gepflogenheiten und Regeln formuliert werden konnten, ohne die grundsätzlich kein sozialer Zusammenhalt möglich ist. Ihr Alltagsleben brachte es mit sich, daß verschiedene Tätigkeitsbereiche nach gemeinsamer Absprache untereinander aufgeteilt wurden, daß sie gemeinsam weit ausschwärmten, um Nahrung und das Material für ihre einfachen Gerätschaften zu sammeln, und daß sie ihre Beziehungen untereinander kontinuierlich aufrechterhielten. Dies ist der wichtigste Punkt, denn »1470« und seine Stammesbrüder lebten in vergleichsweise beständigen sozialen und ökonomischen Gruppen. Nur so konnte nämlich die Kindheit immer länger dauern, was wiederum für das Entstehen intelligenter, kulturfähiger Menschen entwicklungsgeschichtlich unerläßlich war.

Neben den Menschen sind Termiten und andere in Kolonien lebende Insekten die einzigen Lebewesen, die in einem so engen ökonomischen Zweckverband leben. Soziale Raubtiere wie der afrikanische Wildhund und der Wolf ähneln diesen zwar in ihrer Lebensweise, gehören letztlich jedoch einer anderen Kategorie an. Termiten leben zu Millionen in ihren Respekt abnötigenden Bauten. Ihre soziale Ordnung wird durch eine Verbindung der angeborenen Verhaltensautomatik und der stereotypen Reflexe aufrechterhalten, mit denen sie auf chemische Signale antworten, die jede »Kaste« abgibt, nämlich die sogenannten Pheromone. Menschen verhalten sich selbstverständlich nicht wie Termiten. Sie haben auch nur ein einziges unmodifizierbares Verhaltensmuster, und zwar das Saugen der Neugeborenen an der Mutterbrust. Außerdem reagieren wir nicht automatenhaft auf die Pheromone unserer Artgenossen. Ein Mitglied einer Sammler- und Jägergruppe wäre jedoch verloren, wenn es nicht bereit ist, sich einer straffen sozialen Ordnung zu unterwerfen und der Gruppe gegenüber loyal zu sein. Überdies wäre jede gemeinschaftliche Aktivität unmöglich. Im Verlauf der gesamten Humanevolution müssen starke selektive Zwänge vorhanden gewesen sein, die zu einer sozialen Konformität führten. Ein weiterer Gegensatz zum Leben der Termiten besteht darin, daß menschliche Tätigkeitsfelder nur innerhalb eines Gruppenverbandes sinnvoll sind. So entstand Kultur, die ohne Sprache undenkbar wäre.

Wir sind weit davon entfernt, einer faschistoiden Philosophie das Wort reden zu wollen, die einen strengen Konformismus für die Menschen des 20. Jahrhunderts fordert. Wir versuchen nur, den frühesten Anfängen der menschlichen Sprache und somit den ersten Ansätzen von Kultur aus der Sicht der Sozialpsychologie auf die Spur zu kommen. Wenn es stimmt – und alles scheint dafür zu sprechen –, daß das Gesetz der natürlichen Selektion die Entstehung eines sozialen Konformismus über einen Zeitraum von vielen Millionen Jahren hinweg begünstigte, dann wäre es töricht, wenn man leugnen wollte, daß uns dies als soziales Erbe überkommen ist. Wenn die Menschen nicht so schnell bereit wären, sich angepaßt zu verhalten, hätten wir weniger Kriege. Damit wollen wir nicht behaupten, daß der soziale Konformismus der *Grund* kriegerischer Auseinandersetzungen ist, aber man muß sich darüber klar sein, daß er machthungrigen Führerfiguren erleichtert, einen Krieg auszulösen. Wir möchten jedoch auch hier wieder betonen, was wir schon wiederholt festgestellt haben: Menschen sind im Verlauf der Evolution solch hochgradig kulturtragende Geschöpfe geworden, daß sie sich soziobiologischen Verhaltensmustern nicht sklavisch zu unterwerfen brauchen. Leider sind wir aber auch nicht immun gegen geschickte Manipulationen unserer tiefsten Regungen. Dies ist ein Gesichtspunkt von äußerster Wichtigkeit, den wir zu einem späteren Zeitpunkt noch einmal aufgreifen wollen.

Die Laute, die unsere frühesten Ahnen artikuliert haben mögen, sind längst verklungen. Wie wollen wir also der Entstehung der Sprache nachspüren? Es gibt im Grunde nur zwei Möglichkeiten: Zunächst einmal lassen sich Veränderungen der Größe und Form des menschlichen Gehirns im Verlaufe einiger Millionen Jahre messen. Das kann zu wichtigen Hinweisen auf die Entwicklung des Neuralsystems und somit der Grundstrukturen führen, die zur Ausbildung einer syntaktisch geordneten Sprache erforderlich sind. Sodann können wir die Gegenstände, nämlich Werkzeuge und rituelle Geräte betrachten, die uns nicht nur Aufschluß über die handwerklichen Geschicklichkeiten unserer Vorfahren geben, sondern auch darüber, was in ihren Köpfen vor sich ging. Das Nervenzentrum, in dem Sprachfähigkeit und Sprachverständnis verankert sind, liegt bei den meisten Menschen in der linken Gehirnhälfte. Das sogenannte Broca-Zentrum am Stirnrand koordiniert die zum Sprechen erforderliche Bewegung der Mund- und Kehlkopfmuskulatur. Das Wernicke-Zentrum am Hirnrand beherbergt Sprachstruktur und Sinngebung. Dort laufen auch die auditiven und visuellen Informationen zusammen. Es ist daher keineswegs ein neurologischer Zufall, daß dieses für die Sprache so wichtige Nervenzentrum dicht neben einem Assoziationszentrum des Großhirns liegt. Dies wiederum ist ein Bündel von Nerven, das die Informationen aller Sinnesorgane zusamenfaßt und in Bezug zueinander setzt. Wenn jemand etwas sagen will, so werden die Worte im Wernicke-Zentrum entsprechend der erforderlichen grammatikalischen Struktur koordiniert. Dann werden über ein Nervenbündel, das sogenannte Bogenfaszikel, Impulse an das Broca-Zentrum gegeben. Dort schließt sich der Signalkreis, indem Atem, Stimmbandmodulation und die Muskelbewegungen von Zunge und Lippen so koordiniert werden, daß der richtige Laut artikuliert, das richtige Wort gesprochen werden kann.

Da der gesamte Apparat zumeist in der linken Hemisphäre sitzt, ist diese fast immer ein wenig größer als die rechte. Überdies befindet sich über dem Broca – ebenso wie über dem Wernicke-Zentrum immer eine Art Ausbuchtung, wobei letzteres etwas weniger ausgeprägt ist. Wenn man also die fossilen Funde auf Anzeichen von Sprachfähigkeit untersuchen will, so scheint es zu genügen, einfach nach den richtigen Wölbungen an der richtigen Stelle zu suchen. Leider tauchen dabei zwei Probleme auf. Erstens werden, wie Ralph Holloway betont, fast alle Hominidenschädel während des langsamen Versteinerungsprozesses in irgendeiner Form beschädigt. Zweitens entdeckten Biologen erst vor kurzem, daß die Gehirnhälften von Menschenaffen aus Gründen, die wir vorerst noch nicht kennen, ähnlich asymmetrisch sind wie die von Menschen; das heißt, daß auch hier eine Hemisphäre meist größer ist als die andere. Und an der Stelle, wo bei den Menschen das Broca-Zentrum sitzt, befindet sich eine Ausbuchtung, die zwar weniger ausgeprägt, aber unwiderlegbar vorhanden ist.

Kurz nachdem Meave Leakey die Rekonstruktion des Schädels »1470« abgeschlossen hatte, kam Ralph Holloway als Gast des Nationalmuseums nach Nairobi und nahm ihn wieder auseinander. Das klingt paradox, war aber einfach eine Notwendigkeit, um einen Innenabdruck des Schädels zu bekommen. Holloway brauchte dazu zweieinhalb Wochen. Das erste, was er gründlich untersuchte, war das unübersehbare und gut ausgebildete Broca-Zentrum. Obwohl man nicht ganz sicher sein kann, ist es doch wahrscheinlich, daß das Broca-Zentrum des »1470« deutlicher ausgebildet war als bei Menschenaffen oder vergleichbaren Ausbuchtungen, die an den entsprechenden Stellen in den Schädelabdrücken von Australopithecinen nachgewiesen werden konnten. Bedeutet dies nun, daß der *Homo habilis* (dem »1470« ja zugerechnet wird) ein größeres verbales Ausdrucksvermögen hatte als seine australopithecinen Verwandten oder die heute lebenden Menschenaffen? Wir wissen es nicht; der Befund legt die Vermutung jedoch sehr nahe.

Wenn wir die frühen hominiden Schädel insgesamt betrachten, so stellen wir fest, daß sie aufgrund evolutionärer Zwänge bereits vor mindestens zwei Millionen Jahren eine erkennbar menschliche Form hatten. Vermutlich trugen sie jedoch schon wesentlich früher diese Züge. Außerdem wissen wir mit Sicherheit, daß das Gehirn des *Homo* sich bereits vor dreieinhalb Millionen Jahren beträchtlich vergrößert hatte. Das Leben der Australopithecinen muß dagegen vom Druck der natürlichen Selektion weitestgehend verschont geblieben sein, so daß ihre Gehirne nicht größer wurden. War die erste Abweichung, die in die evolutionäre Nische der Hominiden führte, dafür verantwortlich, daß sich das spezifisch hominide Gehirn entfalten konnte – so wie etwa der *Ramapithecus* als allen gemeinsamer Vorfahr die Fähigkeit entwickelte, aufrecht auf zwei Beinen zu gehen? Und eine weitere Frage: Verstärkte die Entwicklung einer gut funktionierenden Sammler- und Jägergemeinschaft mit ihren sozialen und psychologischen Anforderungen (einschließlich der Sprache) das Wachstum des *Homo*-Gehirns, während die ökologisch weniger unternehmungslustigen Australopithecinen zurückblieben? Auch das *wissen* wir nicht, aber die Vermutung scheint nicht unbegründet zu sein. Leider hilft uns dies nicht, den genauen Zeitpunkt zu bestimmen, wann die gesprochene Sprache im protohumanen Gehirn nun tatsächlich erstmals verankert wurde.

Allem Anschein nach geben Holloways Abdrücke von Hominiden-Gehirnen nichts preis, außer verführerischen, möglicherweise sogar irreführenden Spekulationen über den Ursprung der Sprache. Wir müssen uns also fragen, welche Erkenntnisse wir darüber hinaus aus den versteinerten Überresten dieses längst erloschenen Denkens gewinnen können. Was zum Beispiel hat es zu bedeuten, daß die Werkzeuge vor drei Millionen Jahren erheblich primitiver waren als die des *Homo erectus* vor einer Million Jahren? Und was können wir über das Denken unserer Vorfahren aus der Tatsache ablesen, daß sie ihre handwerkliche Geschicklichkeit zu einem relativ späten Zeitpunkt unserer Geschichte nicht nur für praktische, sondern auch für ästhetische Bedürfnisse nutzten? Diese Fragen können uns zu wichtigen Erkenntnissen führen. Doch bedürfen wir zu ihrer Beantwortung der genauen sozial-psychologischen Analyse und nicht nur der eher oberflächlichen Argumentation, daß alles von dem Motiv bestimmt gewesen sei, im Rahmen einer technologisch primitiven Welt möglichst gut zu leben.

Zunächst müssen wir uns fragen, was der Motor des technologischen Fortschritts im Verlauf der menschlichen Frühgeschichte gewesen sein mag. Da alle Geräte aus Holz, Häuten oder anderem pflanzlichen Material spurlos vergangen sind, müssen wir unsere Aufmerksamkeit den Steinwerkzeugen zuwenden. Die Tatsache, daß Steinwerkzeuge nur einen Teil der ökonomischen Tätigkeiten unserer Vorfahren repräsentieren, ist im Zusammenhang mit der Frage nach der Entstehung der Sprache unerheblich. Die ältesten, uns heute bekannten Steinwerkzeuge stammen aus dem äthiopischen Hadar. Möglicherweise ist der Begriff »Werkzeug« für diese primitiven Keile und Schaber überstrapaziert. Trotzdem sind sie zweckbestimmte Produkte hominider Gedanken und Arbeit gewesen – und dies schon vor über drei Millionen Jahren. Die Werkzeuge, die im zweieinhalb Millionen Jahre alten KBS-Lager am Ufer des Turkana-Sees gefunden wurden, sind sicher beeindruckender, doch ist der Unterschied nicht so viel größer, wie man annehmen sollte. Klar ist jedoch, daß der *Homo* zu jenem Zeitpunkt bereits wußte, daß rasiermesserscharfe Splinte und kantige Keulen entstehen, wenn man zwei Steinbrocken aufeinanderschlägt.

Mary Leakey dokumentiert mit ihrer Sammlung der Werkzeugkultur aus den frühen Ablagerungen von Olduvai zwar einen tatsächlichen Fortschritt und eine immer deutlicher werdende Verfeinerung der Geräte. Eine erkennbar neue Dimension des technologischen Fortschritts läßt sich jedoch erst vor etwa eineinhalb Millionen Jahren nachweisen. Den Beweis haben wir in der wunderschönen, tropfenförmigen Handaxt, sozusagen dem Markenzeichen der »acheuleischen Kultur«. Die Absicht, die hinter der Anfertigung eines solch auffallend symmetrischen Objektes steckt, ist etwas völlig anderes als der Grund, aus dem die primitiven, nur an den Kanten geschärften Werkzeugbrocken entstanden. Die Kultur des Werkzeugmachens orientierte sich bis vor etwa 250000 Jahren an den acheuleischen Mustern, und zwar ohne *merkliche* technologische Neuerungen oder geographische Abweichungen.

Erst vor 100000 Jahren beschleunigte sich das Tempo des technologischen Fortschritts; zu einem Zeitpunkt nämlich, als neue Techniken entwickelt wurden, mit deren Hilfe Steinklingen und andere, vordem nicht bekannte Werkzeuge hergestellt werden konnten. Aber es dauerte weitere 60000 Jahre, bis die Entwicklung dem raschen Wechsel, wie wir ihn in unseren Tagen gewohnt sind, annähernd gleichzukommen anfing. Da begannen sich die stilistischen Unterschiede innerhalb der technologischen Kulturen immer schneller zu verändern und die Charakteristika geographisch zu variieren. Trotzdem dürfen wir diese Neuerungen nur nach Jahrtausenden und nicht nach Jahrzehnten messen. Erst von dieser Zeit an, also vor rund 50000 Jahren, nahmen nicht-zweckorientierte Tätigkeiten wie Malen oder Schnitzen einen festen Platz im Alltagsleben der Menschen ein. Korrekter gesagt: Wir besitzen aus jener Periode die ersten greifbaren und dauerhaften Beweise dieses Schaffens. Die australischen Ureinwohner benutzen zum Beispiel für ihre ästhetischen und symbolischen Bedürfnisse meist Holz, Federn, Blut, pulverisierten Ocker, Schnitzereien, Sandzeichnungen, Gesänge und Tänze – Ingredienzen also, die äußerst vergänglich sind und niemals auch nur die geringste Spur im archäologischen Beweismaterial hinterlassen. Dies gilt nicht nur für die Australier, sondern auch für die rituellen Gepflogenheiten unserer frühesten Vorfahren.

Im Verlauf der menschlichen Frühgeschichte kann die fortschreitende technologische Entwicklung anhand der ständig wachsenden Zahl unterschiedlich einzustufender Geräte festgestellt werden. Die Skala der Geräte vergrößerte sich dabei nur unbeträchtlich, die Muster, nach welchen die einzelnen Werkzeuge angefertigt wurden, verfeinerten sich jedoch erheblich. Im Lauf der Zeit nahmen Steinwerkzeuge an Präzision, nicht jedoch an Vielfalt zu.

Im vorangegangenen Kapitel beschäftigten wir uns mit den ökologischen Vorteilen einer verbesserten Technologie, durch die mehr Energiequellen genutzt werden können. Hier bietet sich nun eine Interpretation der technologischen Veränderungen an, die auf den ersten Blick unverständlich und extrem erscheinen mag, von der wir jedoch glauben, daß wir mit ihrer Hilfe der Wahrheit ein erhebliches Stück näherkommen. Auch hier verdanken wir die wesentlichsten Erkenntnisse dem Archäologen Glynn Isaac.

Das technologische Element im Leben unserer Vorfahren war vermutlich zwischen zweieinhalb Millionen und 500000 Jahren vor unserer Zeitrechnung weitgehend konstant. Das bedeutet einen immensen Zeitraum, der mehrere tausendmal länger andauerte, als der gesamte Zeitraum, innerhalb dessen sich die industrielle Revolution abspielte, die unser Leben in materieller Hinsicht so ungeheuer verändert hat. Zwei Millionen Jahre aber lebten unsere Vorfahren genügsam als Sammler und Jäger, wobei die technologischen Anforderungen an diese Existenzform recht bescheiden waren. Der Fortschritt dieser einzigartigen Lebensweise lag darin, daß die Organisation des Gemeinschaftslebens, die Zusammenarbeit und der Zusammenhalt ständig verbessert wurden. Und wie wir bereits vorher behauptet haben, lag hierin der wesentliche Stimulus für Strukturierung und Wachstum des menschlichen Gehirns.

Wie sollen wir nun den langsamen, aber nicht zu leugnenden technologischen Fortschritt während dieses Zeitraums interpretieren, ohne in einem Meer von Spekulationen zu versinken, das uns als einzige Rettungsinsel nur einen spärlichen Beweis hominider Aktivitäten anbietet? Der springende Punkt dabei ist, daß die fortgeschrittene »acheuleische Kultur« nicht mehr hervorbrachte als die zufälligen, aber effektiven Produkte eines Hominiden, der einen Stein mit dem anderen aufschlug. Gesplintete, aufgeschlagene, gezackte und spitze Kanten findet man bei den als Werkzeuge erkennbaren Artefakten genauso wie in jedem Steinhaufen. Der Unterschied liegt darin, daß die einen ein Ordnungsprinzip erkennen lassen und die anderen nicht. Niemand wird annehmen, eine Handaxt sei das Zufallsprodukt aneinandergeschlagener Steine. Aber alles, wozu man eine Handaxt benutzte, konnte vermutlich ebensogut mit einem primitiven Gerät verrichtet werden, das sozusagen nebenbei entstand.

Unserer Meinung nach birgt die Erfindung einer Technologie, die vorgezeichneten Mustern folgt, wenig sozio-biologische Vorteile im Vergleich zu den Produkten eines Hominiden, der sich die Kanten und Schnittflächen in wenigen Minuten so zurechtschlägt, wie er sie gerade braucht. Wenn diese Nebenbeiproduktion also ausreichte, den Erfordernissen der Sammler- und Jägerökonomie ohne großen Aufwand gerecht zu werden, wäre es unter dem Gesichtspunkt der evolutionären Rationalität geradezu verschwenderisch, Gehirne zu entwickeln, die imstande sind, Werkzeuge gleichsam nach Schablonen zu fertigen. Wie also entstand diese formbewußte und geordnete Technologie? Die Antwort darauf liegt in der sozialen Struktur, die durch diese Technologie widergespiegelt wurde. Die gesellschaftliche Ordnung wurde zunehmend deutlicher gefächert, so daß sie schließlich zu ihrer Behauptung der Sprache bedurfte. Je mehr Regeln und Bräuche entstanden, um die sozialen und praktischen Probleme in den Griff zu bekommen, die die Lebensform des Sammelns und Jagens mit sich brachte, desto deutlicher drückten sie sich auch in der Form der Werkzeuge aus.

Archäologen haben eine ganze Reihe von Begriffen für die zerbrochenen und abgesplitterten Steine gefunden, die auf dem Pfad der Evolution verstreut liegen. Man nennt sie Artefakte, Werkzeuge, Geräte, Handwerkszeug, Steintechnologie, Steinzeitkultur und so weiter. All diese Bezeichnungen beziehen sich auf die Produkte des Hirns und der Hände unserer Vorfahren. Je kürzer der zurückliegende Zeitraum jedoch ist, desto differenzierter müssen die Begriffe werden. Die frühesten Funde, die zwar absichtlich, aber nur im Bedarfsfall hergestellt wurden, werden wohl am sinnvollsten als »Artefakte« bezeichnet. Je mehr diese Geräte nach einem bestimmten Muster angefertigt wurden, desto angebrachter ist die Bezeichnung »Steintechnologie«. Damit ist nicht nur die technische Verfeinerung gemeint, sondern auch die Tatsache, daß diese einen beträchtlichen Teil der sozialen Kultur unserer Vorfahren ausmachte. Da uns aus dieser längst vergangenen Zeit nichts überkommen ist als eben jene Technologie, dient sie uns als Spiegel, der die Vielfalt und Dichte der sozialen Kultur reflektiert, die sie hervorbrachte.

Wir stellen also die kühne These auf, daß zu einem Zeitpunkt, als die eben entstehende Sprache eine immer subtilere Ordnung in die protohumane Kultur einbrachte, auch die Steinwerkzeuge immer erkennbarer geformt und für ganz bestimmte Zwecke gefertigt wurden – und nicht etwa, weil die Hominiden solches Werkzeug unbedingt gebraucht hätten, sondern weil es ein Ausdruck ihres Denkens war, eines Denkens, dessen Struktur von sozialen und technologischen Mechanismen geprägt war. Dabei dürfte auch die manuelle Geschicklichkeit, die erforderlich war, um bestimmte Formen zu schaffen, einen evolutionären Zwang auf die Entwicklung des Gehirns ausgeübt haben. Der Einfallsreichtum, der erforderlich war, Kanten, Spitzen und Flächen zu bearbeiten, hat mit Sicherheit dazu beigetragen, das hominide Hirn so einzigartig werden zu lassen. Dennoch spielte das eine weniger spektakuläre Rolle als der Faktor des sozialen Verhaltens.

Zwischen der Herstellung von Werkzeugen und der Sprache gibt es in der Tat bemerkenswerte Gemeinsamkeiten. Das sind zum einen die sie überhaupt erst ermöglichenden Wahrnehmungsmechanismen, zum anderen der Beitrag, den sowohl Sprache als auch Technologie geleistet haben, um den *Homo sapiens* zum einzigen kulturfähigen Lebewesen zu machen. Viele Tiere verändern ihre Umgebung bis zu einem gewissen Grad, indem sie beispielsweise Löcher graben, Dämme aufschichten oder Bäume fällen wie etwa der Biber – aber nur Menschen prägen ihre Umgebung vollkommen willkürlich mit der Macht ihrer Phantasie. Worte sind ebenso wie Werkzeuge Erfindungen des menschlichen Gehirns und nicht einfach ein bearbeitetes Stück Natur wie etwa der Zweig, mit dem ein Schimpanse Termiten fängt. Menschen und Tiere haben manches Wahrnehmungs- und Empfindungsvermögen gemein. Aber erst die Integration dieser Elemente des Geistes und deren Formung aus freiem Willen macht uns zu kulturtragenden Lebewesen.

Interessanterweise überlagert sich auch die Entwicklung der Sprachstruktur mit dem technologischen Prozeß. Sprache und Werkzeug bestehen beide aus einzelnen Elementen – nämlich aus Wörtern, beziehungsweise besonderen Bearbeitungsmethoden, die in eine gemeinsame Form gegossen werden müssen. Grammatik ist die elementare Ordnung der Sprache. Werkzeuge bekommen ihre Form erst dann, wenn die Bearbeitung nach bestimmten logisch aufeinanderfolgenden Handgriffen erfolgt ist. Je weiter sich die Mechanismen, welche die Sprache erst möglich machten, im Gehirn der Hominiden entwickelten, desto ausgeprägter wurde auch das »kognitive Modell«, an dem sich die funktional nah verwandten technologischen Muster orientierten. Damit führten die kulturellen Zwänge sowohl zu einem technologischen als auch zu einem sozio-ökonomischen Konformismus, und die Sprache trug als Vehikel für die Kultur den intellektuellen Ansporn für eine geordnete Technologie in sich. Wir haben damit ein gutes Beispiel für die evolutionäre Sinnfälligkeit der gleichzeitigen Entwicklung sich ergänzender Fähigkeiten. Außerdem wollen wir an diesem Punkt unserer Analyse festhalten, daß die geographischen Varianten bestimmter Werkzeugmuster, die in den Steinzeitkulturen vor etwa 40000 Jahren nachzuweisen sind, fraglos auch die geographische Sprachvielfalt widerspiegelt, die uns heute so geläufig ist.

Man braucht sich nur einen Augenblick lang zu vergegenwärtigen, was passiert, wenn sich zwei Menschen miteinander unterhalten, oder sich einen gewandten Redner in Erinnerung rufen, um einen weiteren, wesentlichen Bestandteil der menschlichen Sprache zu erkennen, nämlich die nicht-verbale Gesten- oder die Körpersprache.

Der Gesichtsausdruck, stimmliche Modulation, Gesten – all das spielt eine große Rolle in der menschlichen Kommunikation. Diese Art des nicht-verbalen Austauschs ist die einzige, die auch

Tiere kennen, und erst vor kurzem haben Biologen nachgewiesen, daß sie bislang von der Wissenschaft unterschätzt worden ist. Wenn wir uns noch einmal vor Augen halten, wie gut Schimpansen und Gorillas die amerikanische Zeichensprache lernten – und dies ungeachtet der Tatsache, daß ihre Lehrer Menschen waren –, so bringt uns das unversehens auf den Gedanken, ob eine reiche Gestensprache nicht möglicherweise schon bei den frühen Hominiden entscheidenden Anteil am Ausbau der Kommunikationsmöglichkeiten hatte. Wenn heute lebende Menschenaffen eine Symbolsprache erlernen und sie strukturieren können, so müßten eigentlich auch die Hominiden des Pliozän, die zwischen fünf und zwei Millionen Jahren vor unserer Zeitrechnung lebten, mit ihren bereits menschenähnlichen Gehirnen in der Lage gewesen sein, ihre eigene Zeichensprache zu entwickeln.

Körpersprache in Verbindung mit bestimmten Lauten und Gesichtsausdrücken muß der erste Versuch der Hominiden gewesen sein, die Verständigungsbarriere untereinander zu durchbrechen. Erst später folgte vermutlich die gesprochene Sprache, deren Möglichkeiten, Informationen zu transportieren, natürlich ungleich reicher ist. Wahrscheinlich setzte die Entwicklung ausdrucksstarker Gestik ungefähr gleichzeitig mit der Vokalisation ein, die sich zur gesprochenen Sprache weiterbildete. Die verbale Kommunikation wird sich dann bald als sinnreich erwiesen haben. Gordon Hewes, Anthropologe an der Universität von Colorado, ist ein besonders hartnäckiger Verfechter der These vom Vorhandensein einer hominiden Gestensprache. Er verweist nachdrücklich darauf, daß aller Wahrscheinlichkeit nach ein Zusammenhang zwischen der handwerklichen Geschicklichkeit bestand, die für die Herstellung besserer Werkzeuge erforderlich war, und der manuellen Ausdruckskraft, deren jede Zeichensprache bedarf.

Die Bedeutung von Gesten spielte also zweifellos eine wesentliche Rolle bei der Entwicklung der frühen menschlichen Kommunikationsmöglichkeiten. Jeder Mensch gestikuliert, während er spricht, und zwar vor allem dann, wenn ihm ein Wort nicht einfällt. Die Gemeinsamkeit verschiedener Gesten und Gesichtsausdrücke weist darauf hin, daß die Zeichensprache als Kommunikationsmittel schon sehr früh in der Entwicklung des menschlichen Gehirns verankert war. Was wir also an uns selbst und an anderen beobachten, müssen Relikte einer uralten Kommunikationsform sein. Allerdings kann nicht nachgewiesen werden, ob die Gestik ein Vorläufer der gesprochenen Sprache oder eine Begleiterscheinung ist. Ohne die analytischen Grenzen zu eng ziehen zu wollen, meinen wir doch, für den kognitiven Ansatz einer gesprochenen Sprache sei die Miteinbeziehung eines Gestenkanons nicht unabdingbar gewesen.

Wenn wir im Buch der Frühgeschichte blättern, stellen wir fest, daß mit fortschreitender Zeit auch die Materialien vielfältiger wurden und sogar Objekte miteinschlossen, die nicht zweckgebunden waren, wie etwa geschnitzte Figuren, Anhänger, hauchdünne, blätterförmige Feuersteinklingen und Malereien. Diese Produkte eines ästhetischen Bewußtseins, die alle in einem symbolischen Kontext zu sehen sind, werden in größerer Zahl nur an Ausgrabungsorten gefunden, die nicht älter als 30000 Jahre sind. Die Motivation dafür, die zu jenem Zeitpunkt schon bereits beträchtliches kulturelles Gewicht hatte, muß jedoch sehr viel länger zurückliegen. Vermutlich hatte das geschärfte Ockerstück, das in Terra Amata entdeckt wurde und über 300 000 Jahre alt ist, bereits einen gewissen Symbolzweck. Da die Zeichnungen, für die es verwendet wurde, jedoch längst verschwunden sind, bleibt uns auch hier nur Raum für bloße Spekulationen.

Ein Beweis für das symbolorientierte, ästhetische Bewußtsein unserer Vorfahren wurde im französischen Pech de l'Azé gefunden, und zwar datiert er aus der gleichen Periode wie das Frühlingslager von Terra Amata. Zu jener Zeit, als sich der Übergang vom *Homo erectus* zum primitiven *Homo sapiens* vollzog, vor rund 300000 Jahren also, hat ein Mensch eine Reihe ineinander verschlungener Bögen in die Rippen eines Ochsen geritzt. Den Grund dafür kennen wir nicht, aber wir wissen, daß dieses Muster genau dem entspricht, das immer wieder zwischen 40000 und 15000 Jahren vor unserer Zeitrechnung auftaucht. Zwischen dieser verzierten Ochsenrippe und den späteren Objekten klafft ein archäologischer Leerraum. Aus der Zeit vor etwa 50000 Jahren datiert dann das Werk eines prähistorischen Künstlers, der einen Mammutzahn verzierte, der bei Tata in Ungarn gefunden wurde. Es ist unwahrscheinlich, daß unsere Vorfahren während des Zeitraums, aus dem wir keine Funde haben, ihr Bedürfnis nach ästhetischem Ausdruck verloren haben sollten. Wahrscheinlich gibt es zahlreiche Beweise dafür, die nur darauf warten, ausgegraben zu werden.

Eines der frühesten »Kunstwerke« ist ein fünf Zentimeter großes Pferdchen, das aus einem Mammutzahn geschnitzt wurde und über 32000 Jahre alt ist. Es stammt aus der Vogelherdhöhle bei Stetten im Lonetal in Baden-Württemberg und ist die älteste einer ganzen Reihe von Statuetten, die alle dort gefunden worden sind. Die künstlerische Fertigkeit kann sich durchaus mit den besten

Höhlenmalereien in Europa und Afrika messen, die jedoch 20000 Jahre jünger sind. Vermutlich wurde das Pferdchen längere Zeit in einem Beutel getragen, denn Augen, Ohren, Nase, Maul und Mähne, die sorgfältig geschnitzt waren, sind vom vielen Anfassen abgegriffen. Solche Anzeichen häufiger Benutzung tragen übrigens alle Statuetten aus der Vogelherdhöhle. Allem Anschein nach dienten sie nicht einfach irgendwelchen dekorativen Zwekken, sondern waren Amulette, die unbewußt immer wieder berührt wurden. Allerdings können sie auch eine bestimmte Rolle bei bestimmten rituellen Anlässen gespielt haben.

Wozu diese Schnitzereien und Zeichnungen auch immer gedient haben mögen – sie sind ein Zeichen jenes menschlichen Geistes, den auch wir heutigen Menschen in uns tragen. Wir sind vielleicht nicht die einzigen Lebewesen, die Werkzeuge mit einer bestimmten Absicht herstellen, aber wir sind mit Sicherheit das einzige Geschöpf, das bewußt nutzlose Objekte schafft. Dies ist aber ein Merkmal einer hohen Kulturstufe.

Was hat das alles jedoch mit Sprache zu tun? Nun, die Herstellung bestimmter Werkzeuge nach bestehenden Vorlagen ist ebenso ein Anzeichen sprachlicher Potenz, wie die sorgsame Anfertigung ausschließlich symbolischen Zwecken dienender Gegenstände. Selbst wenn es gerade noch denkbar ist, daß sprachlose Geschöpfe in der Lage gewesen sein mochten, Steinwerkzeuge herzustellen, so ist es absolut unmöglich, daß solch symbolhaltige, abstrakten Zwecken dienende Objekte, die vor 30000 Jahren geschaffen wurden, von Wesen ohne Sprache stammen. Ohne Begriffe, mit denen sie benannt werden können, würde keine Statuette, kein Felsenbild und keine Nationalflagge existieren, denn ohne Sprache haben sie keine Bedeutung. Die zunehmende Beschleunigung des technischen und ästhetischen Fortschritts, die vor ungefähr 30000 Jahren einsetzte, ist ein Zeichen dafür, daß ein entscheidender Punkt in der Akumulation kultureller Erfahrungen erreicht worden war. Die physische Evolution der Menschheit vollzog sich langsam und stetig wie alle biologischen Veränderungen. Der heutige *Homo sapiens* trat erst vor 50000 Jahren auf den Plan, und zwar vermutlich gleichzeitig mit der letzten Phase in der Entwicklung einer gesprochenen Sprache. Als jedoch der zähe Schmelzfluß der Kultur, deren Feuer Jahrmillionen leise geglommen hatte, einen ersten kritischen Punkt erreichte, loderte er in einer Explosion des Fortschrittes auf, deren Erschütterungen immer stärker wurden und immer noch andauern.

Als kulturfähige Lebewesen vermögen wir uns und unsere Um-

Wir wollen uns nun auch mit Sexualität beschäftigen, denn den Menschen zeichnet (als einziges Lebewesen!) nicht nur eine spitze Nase mit nach unten gerichteten Nasenlöchern aus, sondern auch ein ungewöhnlich starkes sexuelles Bedürfnis, das ihn wesentlich von den diesbezüglichen Gepflogenheiten aller anderen Primaten unterscheidet. Der *Homo sapiens* ist der einzige Primat, für den Sex nicht nur eine Notwendigkeit, sondern eine gern geübte Betätigung ist. Wir wollen im folgenden davon ausgehen, daß wir im Verlaufe unserer Entwicklung deshalb mit einer solch extremen Sexualität ausgestattet worden sind, weil darin ein biologischer Vorteil lag, der mehr war als ein zusätzliches Element sozialer Vielfalt. Dem Wesen dieses potentiellen Vorteils wollen wir versuchen auf die Spur zu kommen.

Daß Menschen sich sexuell so unterschiedlich verhalten, ist ein einzigartiges Phänomen im gesamten Bereich der Lebewesen. Dennoch bilden bestimmte Paarungsformen wie Vielmännerei, Vielweiberei bis zur Monogamie einen Wesenszug, der auch in der Sozialstruktur tierischer Gemeinschaften auftaucht. Erst in jüngster Zeit sind sich Biologen darüber klar geworden, daß und wie wichtig bestimmte Paarungsformen für eine spezielle Tierart sind. Die Sexualität ist also ungleich komplizierter, als man noch vor wenigen Jahren annahm. Sicher ist, daß mit der Sexualität eine vielfältige Interaktion zwischen genetischen Gesetzen und der Lebensweise der jeweiligen Spezies einhergeht.

Es stellt sich die Frage, ob es genügt, den gesamten Fossilbestand zu durchforsten, um sich ein Bild über die Anfänge dieses so wichtigen Bezugssystems machen zu können. Der englische Anatomieprofessor Alan Walker sagte anläßlich einer Konferenz, die Anfang 1977 in Kalifornien stattfand: »Wenn unsere Arbeit nicht mehr ergibt, als eine zeitliche und räumliche Schematisierung der Spezies der Hominiden, sollten wir die Finger davon lassen. Was wir wissen wollen ist, wie sie lebten, wie sie überlebten und wie ihr Sexualleben aussah.« Inzwischen ist es möglich geworden, diesem Lebensbereich der Hominiden auf die Spur zu kommen, ohne sich in schieren Phantasien zu verlieren. Wir werden im folgenden darauf eingehen. Darüber hinaus wollen wir uns auch mit dem weitaus schwierigeren Problem befassen, welche Rückschlüsse die Kenntnis der Vergangenheit auf sexuelle Gepflogenheiten und soziale Gesetzmäßigkeiten der Gegenwart zuläßt.

Insbesondere beschäftigt uns die Frage, weshalb die Vorherrschaft des Mannes auf dem Gebiet der Politik, der Wirtschaft und des sozialen Status nahezu universell ist.

Wir haben bereits in einem früheren Kapitel darauf verwiesen, daß das höchste Ziel jedes Individuums im Laufe der Evolution die Produktion des eigenen Nachwuchses gewesen ist. Wenn Eltern durch einen genetischen Zufall (etwa eine Mutation) Kinder in die Welt setzen, die besonders gut in der vorgegebenen Umgebung gedeihen, oder sich womöglich sogar einen etwas anderen Lebensraum erschließen, dann ist mit ihnen der Grundstock für eine überlebensfähige Nachkommenschaft gelegt. Aus ihm entstehen nämlich Lebewesen, deren genetische Substanz so beschaffen ist, daß sie sich in der neu gefundenen ökologischen Nische weiterentwickeln, während solche mit weniger geeigneten Genen allmählich aussterben. Über die unendlich lange Dauer der biologischen Zeit hinweg läßt sich eine langsame aber stete Entwicklung in der genetischen Beschaffenheit aller Lebewesen feststellen und zwar dergestalt, daß die Wirkung der mutierten Gene auf das jeweilige Verhalten erst an den bestehenden Gegebenheiten »getestet« wird. Das heißt ganz einfach: Wenn die neue genetische Zusammensetzung tauglich ist, können diese Geschöpfe überleben; wenn nicht, dann sterben sie aus. Im Kampf um die Nutzung der Ressourcen sind die einen erfolgreich, während andere unterliegen.

Schon seit einigen Jahren war etwas auf dem Gebiet der Biologie in Bewegung geraten, aber erst vor einiger Zeit ist uns bewußt geworden, daß sich hier langsam eine wissenschaftliche Revolution vollzieht, deren Brennpunkt die Erkenntnis evolutionärer Zwänge ist. Die Biologen erkennen nämlich allmählich, daß das Gesetz der natürlichen Selektion nicht nur verschiedene Arten zum Wettkampf zwingt, sondern auch Individuen derselben Spezies. Die natürliche Selektion bewegt sich also auf individueller und nicht auf allgemeiner Ebene. Wie bereits erwähnt, führt eine besonders günstige Mutation in den Genen eines bestimmten Individuums dazu, die genetische Substanz der nachfolgenden Generation entscheidend zu beeinflussen, die damit zum Grundstock einer eigenständigen Spezies werden.

Jedes Lebewesen wird sich immer so verhalten, daß es vor allem sich selbst nützt und wird daher niemals aus *reinem* Altruismus dazu beitragen, ein anderes im Wettkampf um das genetische Überleben zu unterstützen. Der Altruismus, mit dem wir uns im vorangegangenen Kapitel beschäftigt haben, ist etwas anderes. Er findet zwischen Lebewesen statt, die miteinander verwandt sind, so daß sie auch eine gemeinsame genetische Substanz haben, oder aber zwischen Individuen, die aufgrund der sozialen Struktur, in der sie verankert sind, sicher sein können, daß ihnen ein Gegendienst erwiesen wird. In diesem Zusammenhang ist also jedes scheinbar selbstlose Verhalten in Wahrheit von selbstsüchtigen Motiven bestimmt. Dabei darf jedoch niemals übersehen werden, daß ein solches Verhalten – sei es nun aggressiv oder altruistisch – niemals bewußt oder gar absichtlich ist. Es ist ganz einfach nur »adaptiv«, wie die Biologen sagen, das heißt: Es ist so geartet, daß es dem jeweiligen Lebewesen im Kampf um das Dasein und für die Nachkommenschaft zu helfen vermag.

Was hat nun dies aber alles mit Sexualität zu tun? Um diese Frage beantworten zu können, muß man sich darüber klar sein, daß Mann und Frau, so seltsam das auch klingen mag, in ständigem Wettbewerb miteinander liegen, um eine möglichst zahlreiche Nachkommenschaft hervorbringen zu können. Das ist natürlich völlig unproblematisch, wenn es – wie zum Beispiel bei Fröschen – nur darum geht, weibliche und männliche Geschlechtszellen zur gleichen Zeit und am gleichen Ort abzulegen, um die Nachkommenschaft zu sichern. Dennoch wird jedem, der einmal diese gallertartige Masse gesehen hat, die ein weiblicher Frosch ablegt, deutlich, daß jener Anteil an Substanz und Energie, durch den erst die nächste Froschgeneration entstehen kann, wesentlich größer ist als der mikroskopisch kleine Spermaschleier, den der männliche Frosch dazu beiträgt. Natürlich sind Eier *und* Sperma erforderlich. Das ist unabdingbar für die Fortpflanzung. Die biologischen Anforderungen an das weibliche Tier sind jedoch ungleich größer als an das männliche – und dieses Grundmuster zieht sich durch die gesamte Tierwelt.

Wenn die Frösche ihre ehelichen Pflichten hinter sich gebracht haben, lassen sie die befruchteten Eier einfach liegen und haben keinerlei elterliches Interesse mehr daran. Sowie jedoch die Aufzucht von Jungen elterliche Sorgfalt und Pflege verlangt, setzt der Kampf der Geschlechter ein. Rein materialistisch gesehen – und das entspräche auch dem Ablauf der Selektionsgesetze – wäre es natürlich jedem männlichen und weiblichen Lebewesen recht, seine Geschlechtszellen einfach irgendwo zu deponieren, sie befruchten zu lassen und dann an einem anderen Ort wieder neue abzulegen, um auf diese Art soviel Nachkommen wie möglich zu produzieren. Wer aber ist verantwortlich, wenn das heranreifende Embryo oder Junge Pflege oder Nahrung braucht? Ist dafür nur ein einzelnes ausgewachsenes Tier erforderlich, so wird der Fall dadurch gelöst, daß derjenige sich darum kümmern muß, der sich nicht schnell genug davonmachen konnte. Der andere ist dann frei und kann sich den nächsten Partner suchen, während der zurückgebliebene gezwungen ist, sich um die Jungen zu kümmern.

Bei Tierfamilien, die nur einen Elternteil kennen, ist es fast immer das Weibchen, das die Last der Aufzucht trägt, da es im Wettlauf um einen neuen Partner in der Regel langsamer als das Männchen ist. Eine wirklich bemerkenswerte Ausnahme machen dabei nur die Fische. Der Grund dafür liegt auf der Hand. Die meisten Fische legen, ähnlich wie die Frösche, ihre Eier irgendwo im Wasser ab; die Befruchtung findet dann ganz zufällig statt. Da das Sperma des männlichen Tieres jedoch außerordentlich leicht ist, würde es Gefahr laufen abzudriften, wenn es vor dem wesentlich schwereren Laich abgelegt würde. Im eigenen Interesse, das heißt, um seine Spermen nicht zu vergeuden, muß das Männchen also abwarten, bis das Weibchen seinen Beitrag geliefert hat. Erst dann kommt es zum Zuge. Aufgrund dieser ungewöhnlichen Reihenfolge kann das Weibchen das Männchen verlassen, so daß ihm nun die Aufgabe zufällt, alles Nötige zu tun, um für Sicherheit und ausreichende Nahrung der Brut zu sorgen. Das Männchen ist also, wie Robert Trivers ausführt, »grausam gebunden«. Es könnte ebensogut die Jungen ihrem Schicksal überlassen, aber dann gäbe es überhaupt keine Nachkommenschaft. Deshalb ist es keineswegs verwunderlich, daß im Zuge der natürlichen Selektion die Rolle des Männchens als Hüter der Brut bei sehr vielen Fischarten begünstigt wurde.

Die Schwierigkeiten für die weiblichen Tiere begannen, als die Lebewesen allmählich das Festland eroberten. Da das trockene Land ziemlich schwierige Lebensumstände mit sich brachte, konnten es die Tiere nicht riskieren, ihre befruchteten Samenzellen schutzlos der Luft auszusetzen, denn dann wären sie sehr schnell vertrocknet und damit vernichtet gewesen. Als Antwort auf die harten Bedingungen der neuen Umwelt entstanden die mit einer harten Schale umgebenen Eier. Auch hier investierte der weibliche Teil ungleich mehr als der männliche, denn das Weibchen mußte diese Eier in sich ausbilden und sie so ausreichend mit Nährstoffen versorgen, daß die Embryonen darin gedeihen konnten. Ein Vogelei wiegt oft ein Viertel des Muttertieres, was eine sehr schwere Belastung für den Vogel bedeutet. Da nach der Befruchtung das Ei im Weibchen heranreift, hat das Männchen die Möglichkeit, seiner Wege zu ziehen und seinen Samen anderswo weiterzugeben. Erstaunlicherweise verhalten sich die meisten Vogelmännchen aber nicht so. Ungefähr 90 Prozent aller Vogelarten sind monogam. Der Grund dafür ist, daß die Mühe und Belastung, die die Aufzucht eines Jungvogels erfordert, für einen Elternteil einfach zu groß wäre. Die ausgedehnte Brutzeit und das unausgesetzte Herbeischaffen von Nahrung für die gefräßigen ausgeschlüpften Jungen erfordert zwei Elternteile. Würde also ein Vogelmännchen nach der Befruchtung sein Weibchen verlassen, so gäbe es kaum eine Chance, daß aus dem Ei auch tatsächlich ein junger Vogel entsteht. Da jedoch biologisch gesehen eine Befruchtung ohne Gewähr einer Nachkommenschaft völlig sinnlos wäre, bleibt das Männchen beim Weibchen und übernimmt seinen Anteil an den »familiären Pflichten«.

Die überwiegende Monogamie innerhalb der Vogelwelt erklärt auch das prächtige Gefieder, das vor allem in der Balzzeit helle, kräftige Farbtupfer in die Landschaft setzt. Damit wetteifern die Männchen untereinander um die Gunst der Weibchen. Da es immerhin möglich ist, daß aufgrund mangelhafter Nahrungsquellen nicht alle Weibchen brüten können, muß sich das Männchen besonders anstrengen, um die Aufmerksamkeit eines Weibchens zu erringen, das ihm eine gesunde Nachkommenschaft sichert. Außerdem will er natürlich das beste Weibchen haben und sich nicht mit einem mickrigen Vögelchen begnügen, das seiner eigenen genetischen Investition unwürdig wäre. Sein prächtiges Gefieder und die eifrige Balz dienen dem einzigen Ziel, sich begehrenswert zu machen. Das Weibchen muß davon überzeugt sein, daß es in diesem Männchen nicht nur einen fähigen Vater für die zu erwartende gesunde Nachkommenschaft hat, sondern ebenso einen zuverlässigen Partner, der mit ihm zusammen das Brüten übernimmt. Denn schließlich ist es das Weibchen, das später auf einem Nest voller Eier sitzt. Auch hier, wie fast überall in der Tierwelt, haben die Weibchen die Wahl des Männchens. Diese wetteifern nach Kräften, um sich gegenseitig auszustechen. Bei vielen monogamen Vogelarten kommt es vor, daß die Weibchen ihre Gunst solange verweigern, bis das Männchen als potentieller Paarungsgefährte ein ordentliches Nest gebaut hat, das sich für die Aufzucht der zu erwartenden Jungen eignet. Diese Arbeit ist als etwa gleichwertiger Anteil elterlicher Fürsorge für den zukünftigen Nachwuchs zu werten. Das Weibchen legt das Ei und das Männchen baut ein Nest. Die Balz ist für das Männchen deshalb so wichtig, weil sie ihm einerseits die potentielle Mutter seines Nachwuchses gewinnen hilft, ihn selbst aber auch davon überzeugt, daß sie schön und gesund und damit geeignet ist, seine Jungen gut aufzuziehen. Darüber hinaus müssen die Männchen aber sicher sein, daß sie nicht von einem Weibchen ausgetrickst werden, das schon von einem anderen befruchtet worden ist, der sich aus dem Staube gemacht hat. Wäre dem Männchen bereits ein Rivale zuvorgekommen, würde dies bedeuten, daß er all seine Energie darauf verwendet, für das genetische Weiterleben eines Widersachers und Konkurrenten zu sorgen. Eine lange Balzzeit vor der Kopulation könnte an den Tag bringen, ob das Weibchen bereits befruchtet ist. Wenn ja, wird sich das Männchen verziehen und anderswo versuchen, sich und damit sein eigenes genetisches Potential fortzupflanzen.

Die Ungewißheit der eigenen Vaterschaft bedeutet eine ständige genetische Bedrohung für die männlichen Tiere. Da Weibchen ihre Eier legen (oder auch lebend gebären), sind sie immer absolut sicher, daß sie in ihren Jungen ihre eigene genetische Substanz versorgen. Selbst wenn ein Männchen das Weibchen zum richtigen Zeitpunkt begattet, kann es niemals die *Gewißheit* haben, nicht gehörnt worden zu sein. Es liegt genetisch gesehen im Interesse des männlichen Tieres, ein anderes Männchen zum Hahnrei zu machen und just dies für sich selbst zu vermeiden.

Vielmännerei (Polyandrie) kommt in der Tierwelt sehr selten vor, und wenn, dann nur bei Vögeln. Das trifft jedoch auf weniger als ein Prozent aller Vogelarten zu, weil es ökologisch ganz einfach unvernünftig ist. Vielweiberei (Polygynie) kommt dagegen häufiger vor. Sie hängt nicht nur davon ab, ob ein Elternteil ausreichend für die Brut sorgen kann, sondern vor allem davon, ob ein bestimmtes Männchen das, was seine Umwelt ihm bietet, besonders gut zu nutzen vermag. Ein bemerkenswertes Beispiel dafür ist der in Südasien lebende Honigkuckuck mit seinem orangefarbenen Schwanzgefieder. Der Vogel führt Tiere, die gerne Honig fressen, zu den Bienennestern, die normalerweise an vorspringenden Klippen hängen. Nachdem die anderen Tiere die Nester geplündert haben, holt sich der Honigkuckuck den Rest. Ein Kuckucksmännchen, das nun ein solches Nest entdeckt hat, ist seinen Widersachern im Wettstreit um die sexuelle Gunst eines Weibchens überlegen, weil dieses zu den Honigwaben kommt und dort kopuliert. Ein Ornithologe konnte einmal beobachten, wie ein solcher Glückspilz sechsundvierzigmal hintereinander mit 18 verschiedenen Weibchen kopulierte, während die anderen Männchen, die keine Honigwabe gefunden hatten, leer ausgingen.

Die Vorzüge der Polygamie sind bei der Übertragung der eigenen Gene auf die nachfolgende Generation erheblich. Ein einzelnes Lebewesen ist dadurch in der Lage, sehr viel Nachwuchs ohne großen Aufwand an elterlicher Fürsorge in die Welt zu setzen.

Daraus folgt, daß Polygamie das naturgemäß zu erstrebende Ziel für Mann wie Frau ist, soweit die Fürsorge für die Kinder wie auch die wirtschaftlichen Verhältnisse dies zulassen. Aufgrund ihrer biologischen Struktur haben Männer jedoch mehr Gelegenheiten, dieses Ziel zu erreichen, als Frauen. Selbst dann, wenn ein weibliches Lebewesen, welcher Spezies auch immer, es so einzurichten versteht, daß es mit mehreren männlichen kopulieren kann, und diese sich dann selbst um ihren jeweiligen Nachwuchs kümmern, kostet es das Weibchen dennoch einen beträchtlichen Einsatz: Es kann und muß zahlreiche umfangreiche Einheiten von Geschlechtszellen produzieren, die ihre eigene Überlebensration enthalten, also das Ei respektive das lebend zu gebärende Embryo. Für das Männchen bedeutet Polygamie lediglich, so viel wie möglich Sperma, dessen Produktion ihn nicht viel kostet, in so viele Weibchen wie möglich zu ejakulieren. Die biologischen Würfel sind nun einmal gefallen, und das hat zur Folge, daß Vielmännerei selten, Monogamie verhältnismäßig selten, Vielweiberei jedoch häufig anzutreffen ist. Bei Säugetieren einschließlich der höheren Primaten ist Vielweiberei bis zu einem gewissen Grade in der Tat die Regel. Was die Primaten angeht, so sind nur die flinken Gibbons und die ihnen verwandten, ebenso agilen Siamang monogam. Das fehlende Gleichgewicht zwischen den Geschlechtern – die sexuelle Ungerechtigkeit, wenn man so will – müßte eigentlich all diejenigen, die glauben, die Ordnung der Natur sei von göttlicher Hand geschaffen, davon überzeugen, daß Gott männlichen Geschlechts ist!

Natürlich kommt es auch in sozialen Ordnungssystemen, die auf der Vielweiberei basieren, vor, daß die Männer sexuelle Nieten sind – schließlich kann nicht jeder den Kampf um die Alleinherrschaft über die Frauen gewinnen. In einer solchen Situation könnte es als biologisch sinnvolle Anpassung erscheinen, daß die Frauen eher weibliche als männliche Kinder gebären. Auf diese Weise kann die Mutter zumindest sicher sein, daß ihre Gene an die nachfolgenden Generationen weitergegeben werden. Die Tochter wird sich mit dem männlichen Wesen zusammentun, das sexuell dominiert, und dessen Nachwuchs gebären. Ein Sohn, der auf der sozialen Stufenleiter nicht weiterkommt, wird möglicherweise niemals sexuell erfolgreich sein und somit überhaupt keinen Nachwuchs haben. Es scheint jedoch, als sei der potentielle genetische Vorteil, einen sexuell erfolgreichen Sohn zu haben, so groß, daß die Taktik, ausschließlich Töchter zu gebären, bei keiner einzigen Primatenart Anwendung findet. Die Verteilerquote der männlichen und weiblichen Geburten ist im Gegenteil im großen und ganzen gleich.

Allerdings zeigt sich bei Primaten eine ganz leichte Unausgewogenheit in der Frage, wer Söhne und wer Töchter hat. Dominante Frauen zeigen die Tendenz, mehr Söhne als Töchter zu haben, während weniger erfolgreiche Mütter für gewöhnlich mehr Töchter als Söhne haben. Dem liegt ein gewisser biologischer Mechanismus zugrunde, und zwar der, daß ein männlicher Fötus empfindlicher ist als ein weiblicher. Da diejenigen Mütter, die sich am unteren Ende der sozialen Stufenleiter befinden, in der Regel mehr gesellschaftliche Zwänge zu erleiden haben als die besser gestellten, geht ein männlicher Fötus häufiger ab als ein weiblicher. Genetisch ist der Grund darin zu sehen, daß der soziale Status eines Sohnes bei Primatenfamilien ziemlich genau den der Mutter widerspiegelt. Eine sozial unterprivilegierte Frau wird möglicherweise besser daran tun, Töchter zur Welt zu bringen als Söhne, deren soziale Aufstiegschancen äußerst gering sind. Das Gegenteil gilt jedoch für eine Mutter, die sich in einer gehobenen gesellschaftlichen Position befindet. Deren Söhne werden gesellschaftlich Einfluß besitzen und daher bei Frauen Erfolg haben.

Überzeugende, wenngleich grausame Unterstützung hat die These, daß genetische Gesetze sowohl die soziale Ordnung als auch die Paarungsweise bestimmen, in jüngster Zeit bekommen, als man entdeckte, daß die Hulman-Languren systematischen Kindesmord betreiben. Diese schlanken, laubfressenden Affen leben in großer Zahl auf dem indischen Subkontinent. Sie bilden Gruppen von ungefähr 25 weiblichen und Jungtieren und – in der Regel – nur einem einzigen ausgewachsenen Männchen. Dieses Männchen ist der Herrscher über den Harem. Die amerikanische Primatologin Sarah Blaffer Hrdy hat zwischen 1971 und 1975 den Ablauf des sozialen Lebens bei fünf Langurengruppen in der Nähe des Abugebirges im Süden der nordwest-indischen Stadt Jodhpur beobachtet. Während dieser Zeit konnte Dr. Hrdy wissenschaftlich bestätigen, was hin und wieder schon in Reiseberichten beschrieben worden war: Wenn es nämlich einem Männchen gelingt, den Haremsherrscher zu vertreiben, tötet es umgehend alle Jungtiere. Languren sind nicht etwa blutrünstig, sie verhalten sich nur biologisch rational. Der neue Herrscher des Harems will einfach nicht die Sorge für die Nachkommen eines anderen Männchens, nämlich des früheren Haremsherrn, tragen. Wenn also ein anderer Langur die Herrschaft übernimmt, beseitigt er die Jungen und besamt alle Weibchen, um seine *eigene* Nachkommenschaft großzuziehen – vorausgesetzt, er bleibt lange genug an der Macht, um sie vor einem potentiellen Nachfolger zu schützen, bis sie groß genug sind und sich selbst wehren können.

Hulman-Languren sind keineswegs die einzigen Tiere, die diesen besonderen genetischen Forderungen gehorchen. Löwen, Berber- und Rhesusaffen, Gorillas, Rotschwanz- und Brüllaffen sind nur einige der polygyn lebenden Tiergruppen, die sich nicht anders verhalten als die Languren.

Die Anforderung an den Einsatz der Mutter für die Jungen sind bei Säugetieren besonders groß. Die Mütter produzieren nicht nur eine größere Samenzelle, sondern ernähren das Embryo während ziemlich langer Zeit in ihrem eigenen Körper. Das geht auch nach der Geburt noch weiter, denn die Jungen brauchen Milch. Da die Natur es offensichtlich nicht für nötig hielt, die männliche Kreatur mit Milchwarzen zu versehen, hat diese es im häuslichen Bereich auffallend leicht, denn ihre väterliche Pflicht erschöpft sich häufig darin, schnell und emotionsfrei ihr Sperma an geeigneter Stelle abzusondern. Selbst bei den höheren Primaten dehnen sich die Bande der Vaterschaft kaum jemals über die Toleranz gegenüber dem verspielten Nachwuchs hinaus. Selbst Gibbon-Väter kümmern sich kaum direkt um ihre Jungen, aber sie verwenden viel Zeit darauf, den Lebensbereich ihrer Familie zu verteidigen. Siamang-Väter dagegen tragen ihre Jungen häufig mit sich herum.

Betrachtet man sich die dem Menschen am nächsten verwandten Primaten, Gorillas und Schimpansen, so fällt auf, wie sehr sich ihr Sexualleben voneinander unterscheidet. Gorillas leben in Gruppen von acht bis zehn Tieren, deren Anführer ein großes, silberhaariges Männchen ist. Die mannbaren Jungtiere bleiben entweder alleine oder bilden eine ausschließlich aus ihresgleichen bestehende Gruppe und warten auf den Moment, wo sie sich ein Weibchen verschaffen können – was in der Tat erstaunlich dem Modell ähnelt, das Freud entworfen hat. Das silberhaarige Männchen hat seine Position aufgrund seines prächtigen Äußeren und seiner offen zur Schau getragenen Männlichkeit erreicht, was ihn beides für die Weibchen anziehend erscheinen und außerdem die jungen Möchtegerns sehr sorgfältig darüber nachdenken läßt, ob sie ihm den Rang streitig machen sollen. Für gewöhnlich ist dieser Anführer doppelt so schwer wie die Weibchen. Dieser Unterschied ist im übrigen typisch für diese Art der Vielweiberei. Die Männchen und Weibchen der monogam lebenden Gibbons und Siamangs sind dagegen immer gleich groß.

Im Gegensatz zu den Gorillas leben Schimpansen in gemischten

Gruppen, deren Kern die Verbindung zwischen dem Muttertier und ihren Jungen bildet.

Aus jahrelangen Beobachtungen des Soziallebens der Schimpansen, über die sehr sorgsam Buch geführt worden ist, wissen wir nun, daß Geschwister untereinander eine große Zuneigung und gegenseitige Verantwortung empfinden. Normalerweise bleiben die Mütter und Jungtiere zusammen und fressen auch gemeinsam, während die Männchen auf der Suche nach Nahrung ziemlich weite Gebiete durchstreifen. Auch die Schimpansen kennen keine Vaterschaft im emotionalen Sinne, denn Schimpansenmännchen begatten jedes Weibchen, dessen sie habhaft werden können. Wenn ein Weibchen läufig wird – was ungefähr einmal pro Jahr eintritt –, zeigt es dies dadurch an, daß die Umgebung ihrer Genitalien anschwillt und sich hellrot färbt. Die Männchen antworten auf dieses unmißverständliche Signal, indem sie sich außerordentlich besorgt zeigen. Das Weibchen genießt seine plötzliche Popularität und läßt die Männchen zeigen, was sie können. Es wählt sich ihren jeweiligen Sexualpartner zwar in gewisser Weise aus, limitiert sich jedoch keineswegs auf eine einzige Kopulation; manchmal stehen die Männchen Schlange und warten, bis die Reihe an sie gekommen ist. Das Weibchen wird sie nur dann abweisen, wenn es sich um einen Sohn oder einen Bruder handelt. (Freud wäre einigermaßen beunruhigt gewesen, hätte er schon gewußt, daß solch starke Inzesttabus auch von »niederen Kreaturen« befolgt werden!)

Eigenartig ist immerhin, daß der Grad der moralischen Entrüstung über ein gebrochenes Inzesttabu bei den Menschen dann am größten ist, wenn die Beziehung zwischen Mutter und Sohn bestand, ein bißchen geringer, wenn sie zwischen Bruder und Schwester vorhanden war und am wenigsten dann, wenn es den Vater und seine Tochter betraf. Das ist eine fast exakte Parallele zur Verhaltensweise der Schimpansen, wobei diese keinerlei Inzesttabus bei einer Beziehung zwischen Vater und Tochter kennen. Allerdings ist letzteres auch dadurch begrenzt, daß die jungen Weibchen normalerweise die Gruppe, in der sie geboren wurden, verlassen, wenn sie geschlechtsreif werden.

Im Vergleich zu den männlichen Olivenpavianen, die ihren wesentlich ausgeprägteren Sozialstatus dazu mißbrauchen, so viel wie möglich empfängnisbereite Weibchen zu erobern, sind Schimpansenmännchen verhältnismäßig tolerant untereinander. Ihre Art des sexuellen Wettstreits ist anders. Ihre enormen Hoden befähigen sie dazu, riesige Mengen von Sperma zu ejakulieren –

und wer den stärksten Samenerguß hat, hat die größte Chance, der Vater des Nachwuchses zu sein!

Trotz ihrer gutmütigen Promiskuität sind Schimpansenmännchen größer als die Weibchen (nämlich bis zu 20 Prozent, was dem Unterschied beim *Homo sapiens* entspricht). Daran ist in gewisser Weise auch der Grad des sozialen Wettkampfs erkennbar, der sich in ihrem Verhalten immer wieder beobachten läßt. Männliche Olivenpaviane hingegen sind doppelt so groß wie die Weibchen. Dieser bedeutende sekundärsexuelle Unterschied (Dimorphismus) ist ein Spiegel der sozialen Wettbewerbssituation, in der sie sich laufend befinden. Außerdem ist dieser Unterschied der Körpergröße sehr wichtig, wenn es darum geht, die Gruppe vor einem Angreifer zu schützen, weil kein rettender Baum in der Nähe ist.

Was können wir nun über das Geschlechtsleben des frühen *Homo* sagen? Sexualität versteinert nicht, ebensowenig Geschlechtsteile, so daß wir also nicht wissen, ob unsere Ahnen sich ähnlich gewieft wie die Schimpansen verhielten oder nicht. Wenn man das Verhalten der Schimpansen gegen das der Paviane abwägt, scheint es jedoch näherliegend, daß das Geschlechtsleben des *Homo* eher dem der Schimpansen glich. Wir wagen das deshalb zu behaupten, weil es wahrscheinlicher ist, daß sich aus der vergleichsweise entspannten sozialen Situation einer Schimpansenfamilie eher die Umwandlung von der Einzelernährung zu einer nahrungsteilenden Wirtschaftsform vollzogen hat, als aus der spannungsgeladenen, strikt hierarchisch geordneten Gesellschaftsstruktur der Paviane.

Der einzige handfeste Beweis, der Rückschlüsse auf die Sexualität des frühen *Homo* zuläßt, ist der Unterschied der Körpergrößen von Männern und Frauen. Noch verfügen wir über zu wenige Funde, um nachweisen zu können, ob ein wesentlicher Dimorphismus bereits beim *Homo habilis* vorhanden war. In wenigen Jahren wird uns dies jedoch möglich sein. Wenn es sich herausstellt, daß der Größenunterschied zwischen Mann und Frau schon beim *Homo habilis* erheblich war, dann hätte dies zu bedeuten, daß zwischen den Männern bereits ein verschärfter sozialer Wettstreit stattgefunden haben muß. Es ist zwar kaum anzunehmen, daß der Unterschied zwischen Männern und Frauen vor zwei bis drei Millionen Jahren wirklich beträchtlich gewesen war, aber andererseits ist es ebenfalls unwahrscheinlich, daß er weniger als 20 Prozent betrug, was der heutigen Relation entspräche. Man kann natürlich darüber nachdenken, welche Rolle dieser sekundärsexuelle Unterschied in der Beziehung zwischen den Geschlechtern sowohl in der Vergangenheit als auch in der Gegenwart spielen mag. Es ist denkbar, daß die Männer weniger aus sozialen als aus ökonomischen Gründen 20 Prozent schwerer waren als die Frauen. Dennoch sehen wir im Augenblick keinen Anlaß, der gegen die Vermutung spricht, daß die Männer in jener Zeit im Rahmen einer kooperativen Gemeinschaft untereinander wetteiferten. Den sozial wie wirtschaftlich erfolgreicheren Männern ist dann möglicherweise mehr Aufmerksamkeit und Achtung seitens der Frauen zuteil geworden. Der Wettkampf war wohl nicht sehr hart, denn das hätte die Art der Wirtschaftsform, bei der einer vom anderen abhängig war, nicht zugelassen. Diesem unentrinnbaren biologischen Konflikt mögen durchaus statt offener Konfrontation subtile geistig Formen der Konkurrenz entsprungen sein.

Der Übergang von einer primitiven menschenaffen-ähnlichen Kreatur zu einer protomenschlichen wird den Einsatz der Frau für das Gedeihen ihres Nachwuchses kaum verringert haben. Nach wie vor mußte sie das Kind austragen. Da die Dauer der Kindheit ständig anwuchs, mußte sie auch immer mehr Zeit für Pflege und Sorge aufwenden. Die Verbindung zwischen Mutter und Kind, die bei den Menschenaffen besteht, war vermutlich während einer langen Phase der Menschwerdung auch der Kern des menschlichen Gemeinschaftslebens; es gibt Leute, die behaupten, er sei es noch immer.

Der Hauptfaktor für die Entwicklung zur Menschheit im heutigen Sinne war die Entstehung einer gemischt-ökonomischen Wirtschaftsform auf der Grundlage der Nahrungsteilung. Dieser Faktor muß sich auch auf das Geschlechtsleben der Hominiden ausgewirkt haben und war vermutlich auch für die Entwicklung der spezifisch menschlichen Sexualität ausschlaggebend. Eine Schimpansenmutter kann zwar für sich und ihr Junges während der ganzen Zeit seines Wachstums sorgen, weil Nahrung stets zur Hand ist; eine Mutter, die in einer gemischt-ökonomischen Gesellschaftsform lebt, hängt jedoch erklärtermaßen zumindest teilweise von der Unterstützung durch andere ab. Und so wie die Mutter vom Mann als Aassucher beziehungsweise Jäger abhängig ist, um Fleisch zu bekommen, ist es das Kind von der Mutter. Selbst wenn sie ihr Kind auf der Suche nach pflanzlicher Nahrung mitnehmen kann, indem sie es in einer Art Schlinge trägt wie die Frauen mancher heutiger Sammler- und Jägervölker, so ist sie doch immer noch unumgänglich vom Mann abhängig. Der Übergang zu einer Gesellschaft, die auf der Teilung von Nahrung basiert, brachte die Menscheit der Lebensweise der Vögel, wo beide Eltern für die Jungen sorgen, einen Schritt näher. Natürlich darf diese Parallele nicht zu weit ausgelegt werden. Wir Menschen leben nicht isoliert in Familieneinheiten, sondern sind wesentlich voneinander abhängig. Dies trifft auf keine anderen Lebewesen zu – mit Ausnahme der Insekten, die in Kolonien leben und – bis zu einem gewissen Grad – der sozialen Raubtiere.

Nun stellt sich uns die Frage, wie sich das unumgänglich wachsende Interesse des Vaters, an der Pflege des Kindes teilzuhaben, ergab. Lag es etwa daran, daß Monogamie plötzlich zur Norm wurde und sich winzige Familieneinheiten innerhalb einer kleinen Gemeinschaft bildeten? Oder sorgten die Männer einfach für Fleisch, um dadurch die Gemeinschaft insgesamt, also Männer, Frauen und Kinder zu ernähren? Im Verlauf der gesamten Menschheitsgeschichte haben einzelne innerhalb einer Gruppe aus dem einfachen Grund für die Ernährung der Gemeinschaft gesorgt, weil sie ein Teil davon waren. Die Struktur,die jedoch jeder Sammler- und Jägergemeinschaft zugrunde liegt, basiert auf dem verwandtschaftlichen Verhältnis zueinander, und diese Verwandtschaft bezieht das Vorhandensein einer Mutter als anerkanntes Mitglied der Gemeinschaft ebenso ein wie das des Vaters. Aller Wahrscheinlichkeit nach geht die Anerkennung der Vaterschaft und der damit verbundenen Pflichten weit in die Anfänge des *Homo sapiens* zurück; damit entstanden auch starke Bande zwischen den beiden Eltern.

Dies liegt zum Teil daran, daß Frauen so attraktiv sind. Jeder männliche Primat ist stets und ständig bereit, zu kopulieren, und der männliche *Homo sapiens* folgt schlicht und einfach dieser Tradition. Weibliche, nicht-menschliche Primaten führen jedoch ein höchst untergeordnetes Geschlechtsleben. Sie sind nur in bestimmten Abständen, die eher Jahre als Monate dauern, empfängnisbereit. Frauen sind dagegen immer an Sex interessiert. Und nicht nur das – für Menschen bedeutet Sex mehr als nur Fortpflanzung, was auch immer die Kirche zu diesem Thema zu sagen haben mag. Nicht-menschliche weibliche Primaten werden empfängnisbereit, wenn es biologisch sinnvoll ist. Der Geschlechtsakt ist kurz, dauert meist kaum eine halbe Minute und kann mit einem oder mehreren Männchen vollzogen werden. Ein Geschlechtsakt zwischen Menschen, die sich als Partner mögen und schätzen, kann Tag für Tag vollzogen, lange ausgedehnt werden und ist unabhängig davon, ob die Frau schwanger ist. Außerdem beinhaltet er ein Element, das bereits Bücher und Zeitschriften seitenweise gefüllt hat, nämlich den weiblichen Orgasmus, den die Tierwelt nicht kennt. Die biologische Antwort auf die weibliche Sexualität ist die Tatsache, daß ein Mann einen Penis hat, der größer ist als der jedes anderen Primaten, und zwar einschließlich des Gorillas, der fast dreimal so viel wiegt wie ein Mann. Jedermann weiß, daß die sexuellen Beziehungen zwischen Menschen ungleich mehr beinhalten als eine simple gefühllose Paarung. Es gibt sogar Autoren, die behaupten, eine der wesentlichsten evolutionären Kräfte, die uns zum »nackten Affen« werden ließ, sei das durch Berührung gesteigerte Lustgefühl während des Geschlechtsaktes. Allerdings sehen wir keine Möglichkeit, diese Vermutung wissenschaftlich zu beweisen.

Die Sexualität der Frau ist ein Thema, das sowohl Frauen als auch Männer beträchtlich beschäftigt. Vom biologischen Standpunkt aus könnte man zu der Auffassung gelangen, sie wirke als Mechanismus, um die Aufmerksamkeit möglichst vieler Männer auf sich zu ziehen, aus welchen dann der Attraktivste ausgewählt wird. Andererseits könnte man auch dahingehend interpretieren, sie habe den Zweck, den Mann solange an Haus und Hof zu binden, bis die Bedürfnisse des heranwachsenden Kindes gestillt sind. Es gibt selten Mangel an männlicher Aufmerksamkeit, auch wenn die Männer selbst einmal Mangelware sind, denn ein einziger Mann kann Tausende von Frauen schwängern, wenn es sein muß. Vermutlich ist also die subtile menschliche Sexualität gleichsam die emotionale Klausel eines Wirtschaftsvertrages, dessen Gegenstand die Sorge um ein Kind ist. Mit anderen Worten heißt dies, daß Sex für Menschen – und vor allem für Frauen – so interessant wurde, weil er ein wesentliches Element der einzigartigen Form der Aufzucht eines Kindes ist, wie nur der *Homo sapiens* sie kennt, eine Pflege, die auf wechselseitiger Fürsorge beruht. Wenn unsere Vorfahren vor rund drei Millionen Jahren nicht die Wirtschaftsform des Sammelns und Jagens erfunden hätten, die auf der Teilung von Nahrung basiert, hätten wir weder den Intelligenzgrad erreicht, den wir heute haben, noch wären wir sexuell so aneinander interessiert.

Was die Partnerwahl in den Gemeinschaftsverbänden des frühen *Homo* angeht, so müssen hier dieselben genetischen Forderungen am Werk gewesen sein wie im übrigen Tierreich. Ein Mann suchte eine Frau, die ihm gesunde Kinder gebären und sich um sie kümmern konnte; er brauchte sie als Mutter und als Nahrungssammlerin. Die Frau nahm sich einen Partner, der stark, angesehen, ein guter Jäger, ein tapferer Mann und gut zu den Kindern war; außerdem mußte er bereit sein, für die Kinder zu sorgen. Das heißt mit anderen Worten, daß sie einen Mann wollte, der zugleich Vater und Ehepartner war. Eine Frau, die außerhalb dieses »Wirtschaftsvertrags« sexuellen Kontakt suchte, konnte nur einen unwesentlichen Beitrag zur genetischen Verbreitung ihrer eigenen Substanz liefern, denn die Anzahl der Kinder, die sie zu gebären vermochte, war begrenzt. Ein Mann hingegen hätte genetisch gesehen alles verloren, wenn er Kinder großgezogen hätte, die nicht aus seiner »Ehe« stammten. Alles deutet also daraufhin, daß die Gesetze der natürlichen Selektion die Evolution eines Don Juan begünstigen, ebenso wie sie die Fähigkeiten der Frau verstärken, die Treulosigkeit zu erkennen, die sich hinter dessen alles verschleierndem Charme versteckt. Dies eben sind die Gesetze der Biologie.

Wenn in einer Gemeinschaftsform das Aufziehen eines Kindes wesentlich auf beiden Elternteilen basiert, muß die Frau ihren Partner sehr sorgfältig auswählen, um sicher sein zu können, daß der Mann bei ihr bleibt. Was den Mann angeht, so schleppt er eine Frage mit sich herum, die so alt ist wie die Menschheit selbst – die Frage nach der Vaterschaft nämlich – die Frage, ob er selbst der Vater oder nur ein Hahnrei ist.

Die tiefen Gefühle, die Mann und Frau miteinander verbinden, sind mit an Sicherheit grenzender Wahrscheinlichkeit das Ergebnis einer biologischen Notwendigkeit, denn die Pflege eines Kindes bedarf der Unterstützung durch einen zweiten Erwachsenen. Sexualität hat dabei, wie wir schon vorher sagten, eine verstärkende Funktion. Allerdings bedeutet dies nicht zwingend, daß Monogamie sexuellem Normverhalten entspräche. Auch die menschliche Fortpflanzungsweise ist, wie jedes biologische System, durch die Bedingungen der Umgebung bestimmt. Wo das Leben so leicht ist, daß ein Mann ohne Schwierigkeit mehrere Frauen ernähren kann, ist mit Vielweiberei zu rechnen. Außerdem ist das auch eine Frage der biologischen Vernunft. Polygynie zahlt sich, unter genetischen Gesichtspunkten betrachtet, weit besser aus als illegitime Geschlechtsbeziehungen, denn ein Mann kann wesentlich sicherer sein, daß die Kinder von ihm stammen, als im anderen Fall. Allerdings liegt es im Interesse der Frau, die Aufmerksamkeit des Mannes für sich allein zu erringen, und zwar unabhängig von den ökologischen Bedingungen. Daher setzt sie als Waffe die Eifersucht ein, um Konkurrentinnen aus dem Felde zu schlagen, und besteht auf einer langen Brautzeit vor der ersten sexuellen Beziehung, um so die Neigung des Mannes nach illegitimen Abenteuern möglichst gering zu halten.

Heutzutage ist Monogamie nur da die Regel, wo die Gesellschaft sie durch Gesetze fordert. Überall, wo die Beziehungen zwischen Mann und Frau nicht gesetzlich geregelt sind, findet man genau das Spektrum, das nach allgemeingültigen biologischen Gesichtspunkten zu erwarten ist. Das heißt, daß Monogamie am meisten vertreten ist, weil sie die ökonomisch sinnvollste Form der Lebensgemeinschaft darstellt; allerdings wird sie kurz gefolgt von der Polygynie, wohingegen Vielmännerei selten und nur unter außergewöhnlichen Bedingungen vorkommt.

Wer sich mit den Verhaltensweisen in den Anfängen der Menschheit beschäftigt, wird nicht umhin können, das Diktat der genetischen Forderungen in seine Betrachtungen miteinzubeziehen. Es ist nicht von der Hand zu weisen, daß dies eine große Rolle gespielt hat, als sich die Art der sexuellen Beziehungen zwischen unseren frühesten Vorfahren unbewußt und allmählich herauszubilden begann. Wie wichtig dies heutzutage ist, steht auf einem anderen Blatt. Außerdem ist diese Frage reichlich kontrovers. Das fängt schon damit an, daß wir nicht mehr in kleinen Sammler- und Jägersippen leben, sondern mit vielen Tausenden potentieller Sexualpartner in unseren Großstädten auf engstem Raum zusammenwohnen. Das muß jedes noch so tief in unseren Gehirnen verankerte biologische Programm völlig durcheinanderbringen.

Abgesehen von dieser Schwierigkeit müssen wir uns einmal damit auseinandersetzen, was folgende fundamentalen genetischen Forderungen in der Konsequenz zu bedeuten haben:

1. Frauen müssen ihren Sexualpartner sorgfältiger aussuchen als Männer und außerdem jemanden finden, der wirtschaftlich potent und sozial erfolgreich ist.
2. Männer sind von Natur eher zum Ehebruch bereit als Frauen.
3. Weibliche Prostitution ist häufiger als männliche.
4. Männer sind weniger bereit, einer Frau den Ehebruch zu verzeihen als umgekehrt.
5. Eine Verbindung zwischen einem älteren Mann und einer jüngeren Frau kommt häufiger vor als eine zwischen einer älteren Frau und einem jüngeren Mann.
6. Die Großmutter mütterlicherseits ist sich ihrer genetischen Investition bei den Kindern ihrer Tochter sicherer als eine Großmutter väterlicherseits und wird daher eher bereit sein, ihre Hilfe für die Betreuung der Enkelkinder anzubieten.

7. Unter günstigen ökonomischen Bedingungen werden die Männer danach trachten, mehrere Frauen zu haben – wobei die ökonomischen Umstände eher Vielweiberei begünstigen als Vielmännerei.
8. Der beträchtliche Unterschied der Körpergrößen zwischen Männern und Frauen legt die Vermutung nahe, daß die Männer diese einsetzen, um möglichst viele begehrenswerte Frauen zu besitzen, und daß Monogamie daher nicht die *natürliche* sexuelle Verhaltensform der Menschheit sein kann.

Dies sind die wichtigsten Gesichtspunkte, die zur Regel würden, wäre das Verhalten des *Homo sapiens* ausschließlich von genetischen Gesetzen bestimmt. Tatsächlich sind wir jedoch alles andere als beseelte Automaten, die dem Diktat ihrer Gene folgen. Wir stammen zwar aus dem animalischen Bereich; unser Denken jedoch ist das Ergebnis einer langsam gereiften Kultur, die gleichsam aus sich selbst erwachsen ist. Dennoch muß festgehalten werden, daß die unterschiedlichen Verhaltensweisen, die auf unterschiedlichen kulturellen Implikationen beruhen, eine angepaßte Lebensweise der gesamten Menschheit unterbinden. Trotzdem sind die von uns aufgezählten Punkte immer wieder in unseren modernen Gesellschaftsformen zu finden. Dazu gehört leider auch, daß die sexuellen Beziehungen durch einen unverblümten maskulinen Chauvinismus gekennzeichnet sind, denn unsere Welt wird heutzutage in der Tat durch die männliche Vorherrschaft bestimmt. Dies bezieht sich zwar nicht auf die gesamte Welt, aber auf die meisten Völker. Liegt das daran, daß selbst der kulturell so hochstehende *Homo sapiens* nicht in der Lage ist, sich dem genetischen Befehl zu entziehen? Oder, wie manche Leute behaupten, an einer gigantischen Verschwörung aller Männer, die mit künstlich gesetzten kulturellen Normen auch in den letzten Winkel der Welt dringt?

Niemand kann diese Fragen mit wissenschaftlicher Ernsthaftigkeit und Glaubwürdigkeit beantworten. Letztlich wird jeder Versuch einer Beantwortung davon bestimmt sein, welche Lebensauffassung der jeweilige Mensch hat. Bevor wir selbst unsere Meinung zur Diskussion stellen, wollen wir uns mit dem Gesellschaftssystem heute lebender, nicht Ackerbau betreibender Völker beschäftigen, und zwar in der Hoffnung, hier einen Beweis für die eine oder andere These zu finden.

Alle heute lebenden Sammler- und Jägervölker kennzeichnet eine durchgehend eingehaltene Arbeitstrennung zwischen Mann und Frau. Die Jagd ist die Aufgabe des Mannes, wohingegen die Beschaffung pflanzlicher Nahrung in die Verantwortlichkeit der Frau fällt. Natürlich wird diese Teilung nicht hundertprozentig aufrecht erhalten, weil die Männer selbstverständlich nicht an einem voll behangenen Nußbaum vorbeigehen, ohne die Nüsse zu sammeln und auch saftige Wurzelknollen ausgraben, wenn sie welche finden. Meistens erzählen die Männer den Frauen jedoch nur, wo sie die Nußbäume, Wurzelknollen oder eine andere Nahrung entdeckt haben und überlassen es den Frauen, sie zu einem späteren Zeitpunkt gründlich und systematisch einzusammeln. Die Frauen greifen natürlich ihrerseits zu, wenn sich ihnen die Gelegenheit bietet, ein kleines Tier zu fangen. Bei den Mbuti-Pygmäen aus dem Kongo-Becken und den indischen Bihor arbeiten Frauen und Männer sogar zusammen, um die Beute aus den Netzen zu holen, die sie ausgelegt haben. Trotz dieser »Grauzonen« läßt sich jedoch eine klare Trennungslinie in der Aufgabenteilung zwischen Mann und Frau ziehen.

Warum die Jagd zu den Vorrechten des Mannes gehört, ist schwer zu sagen. Fest steht jedoch, daß es sich hier keineswegs um eine biologische männliche Verschwörung handelt, und zwar aus folgendem Grund: Während bei Pavianen und Schimpansen zwar nur die männlichen Tiere jagen, tun das bei den Löwen die Weibchen. Die Frauen in Sammler- und Jägervölkern verhalten sich jedoch ähnlich wie Pavian- und Schimpansenmütter, indem sie einen großen Teil ihrer Zeit der Aufzucht der Kinder widmen. Die Pflicht, die Kinder beim Sammeln mit sich zu tragen, stellt eine schwere Last dar (!Kung-Frauen bringen im Jahr durchschnittlich fast zweieinhalbtausend Kilometer hinter sich und tragen dabei ständig einen Säugling auf dem Rücken!). Aber sie sind der Aufgabe gewachsen. Während die Frauen ihre Nahrung sammeln, sind sie zwar gewissen Gefahren – etwa durch angreifende Raubtiere – ausgesetzt, aber das Risiko der Männer während der Jagd ist größer. Für eine Mutter, die für den Fortbestand der Familie zuständig ist, wäre es ein schwerer Schlag, wenn ein Kind das Opfer eines Raubtieres würde. Es wäre daher sinnlos, das Kind einem zusätzlichen Risiko auszusetzen, welches ohnehin schon für die Eltern gilt. Darüber hinaus ist die Frau als Gebärerin von großer Wichtigkeit für das Fortbestehen der Sippe. Der Verlust eines Mannes – sei es auf der Jagd oder im Kampf – ist also in dieser Hinsicht weniger problematisch als der einer Frau. Außerdem darf man das Problem nicht unterschätzen, ein kleines Kind während der schwierigsten Phase der Jagd, nämlich dem stummen Anschleichen, still zu halten!

Aus diesen wie aus anderen Gründen jagen Frauen selten. Diese Verhaltensstrategie hat weitreichende soziale und politische Auswirkungen. Wie wir in einem früheren Kapitel bereits dargelegt haben, ist Fleisch weitaus mehr als ein Energiefaktor für den Körper. Es ist zwar eine besonders geschätzte Nahrung, aber auch ein sehr wichtiges Tauschobjekt. Pflanzennahrung, die »Lebensversicherung« fast aller Sammler- und Jägervölker, wird nur innerhalb der Familie ausgetauscht, Fleisch dagegen kann als Währung innerhalb der gesamten Sippe dienen. Warum Fleisch als ein so besonderer Nährstoff gilt, während Pflanzen, die doch den Nahrungsgrundstoff bilden, von dem diese Menschen überwiegend leben, als Allerweltsnahrung gelten, ist unerklärlich. Die meisten Sammler und Jäger sind ungeheuer aufgeregt, wenn jemand Fleisch bringt, weil es, wie sie sagen, »so gut schmeckt«. Vermutlich liegt das Geheimnis der Wirkung, die Fleisch auf jene Menschen hat, jedoch wesentlich tiefer und hat möglicherweise etwas mit dem Geist zu tun, der dieses Stück Nahrung einst beseelte – ein Geist, der Pflanzen abgesprochen wird. In diesem Zusammenhang ist es bemerkenswert, daß auch Schimpansen das Fleisch, das sie gelegentlich erjagen, ganz anders verzehren als ihre normale Nahrung. Ein Forscher konnte im Gombe-Reservat beobachten, wie eine Schimpansengruppe einen ganzen Tag lang damit beschäftigt war, ein totes Affenjunge unter sich aufzuteilen und zu verzehren, obwohl es nicht mehr als ein paar Pfund gewogen haben konnte. Die unverhältnismäßig große Aufmerksamkeit, die dem Verzehr von Fleisch beigemessen wird, läßt sich bei allen Menschenaffen nachweisen. Tiere, die ein Stückchen Fleisch ergattern konnten, bringen Stunden damit zu, es aufzufressen und machen es oft noch schmackhafter, indem sie sich dazu eine Handvoll Blätter ins Maul stopfen. Wer kein Fleisch hat, wartet stundenlang geduldig und bettelt, ohne die geringste Garantie dafür, daß der andere ihm etwas abgibt. Woher mag das kommen?

Vielleicht handelt es sich bei dem Mythos und dem Ritual, mit dem das Töten und der Verzehr von Tieren bei voragrarischen Völkern umgeben ist, um eine Art kultureller Verschönerung eines viel tiefer wurzelnden, biologischen Instinktes, wie wir ihn etwa bei Schimpansen beobachten konnten. Was auch immer der Impuls gewesen sein mochte, der Fleisch bei Sammlern und Jägern zu solch hohem Ansehen verhalf – es bedeutet auf jeden Fall einen gleichermaßen sozialen wie auch politischen Machtfaktor, der in diesen Gesellschaftsformen überwiegend in den Händen der Männer liegt. Nicht nur die Beschaffung, sondern auch die Aufteilung des Fleisches ist eine ausschließlich den Männern zustehende Aufgabe. Die Schlüsselfunktion, die die Fleischverteilung einnimmt, gibt den Männern ein beträchtliches soziales Prestige innerhalb der Gemeinschaft, wenn nicht gar direkten politischen Einfluß. In Gemeinschaften, wo die Verteilung auf gerechte und faire Weise vorgenommen wird, wird dem Mann durch die Tatsache, daß er das Fleisch innerhalb wie außerhalb der eigenen Sippe verteilen kann, ein Status zuteil, der für eine Frau unerreichbar ist. Fleisch zu besitzen, bedeutet für den Mann die Möglichkeit zur Kommunikation und Verpflichtung.

Unter diesem Gesichtspunkt ist es nicht schwierig, die jeweilige soziale Stellung von Mann und Frau in einer voragrarischen Gesellschaftsform zu bestimmen, wenn man ihre Wirtschaftsform kennt. Die Gleichung ist höchst einfach: Je größer die Rolle ist, die das Fleisch innerhalb einer solchen Gruppe spielt, desto mehr dominieren die Männer über die Frauen. Die tansanischen Hadza oder die Paliyani in Südwestindien haben beispielsweise eine sehr lockere ökonomische Gemeinschaftsform, denn Männer und Frauen sorgen mehr oder weniger nur für sich selbst. Hadza-Männer essen im allgemeinen sofort, was sie finden oder erlegen und bringen nur eventuelle Reste mit nach Hause. Diese Stämme kennen auch kaum eine Diskriminierung der Frauen. In systematischer geordneten Völkern, bei denen die Verteilung von Fleisch eine große und gleichsam fest verankerte Rolle spielt, schwingen die Männer jedoch wesentlich stärker das Zepter ihrer Macht. Dies trifft für die meisten Sammler und Jäger zu, wie etwa auf die !Kung, und zwar unabhängig davon, ob Fleisch das Hauptnahrungsmittel ist oder nicht. Das beste Beispiel für die Vorherrschaft der Männer über die Frauen geben die Eskimos, bei denen nur die Männer für die Nahrungsbeschaffung zuständig sind. Die Frauen sind an ihre häusliche Welt gebunden; ihr Gesellschafts- und Sexualleben ist absolut den Wünschen der Männer untergeordnet.

Die Unterschiedlichkeit der gesellschaftlichen Struktur, die sich aus der Verschiedenartigkeit der ökonomischen Bedingungen ergibt, läßt gleichzeitig einen Hinweis auf eine gewisse Flexibilität innerhalb der sexuellen Beziehungen zu. Interessant dabei ist jedoch, daß der soziale Status einer Frau nur dann dem des Mannes entspricht, wenn sie in einer Gesellschaft lebt, deren Regulativ nicht die Verteilung von Fleisch ist. Selbst die Männer der !Kung, die nur etwa ein Drittel der Gesamtnahrung beschaffen, nehmen – weil sie allein das wichtigste Tauschobjekt, nämlich Fleisch, in Händen halten – eine völlig andere gesellschaftliche Stellung ein als ihre Frauen. Eine so streng strukturierte Gesellschaftsform wie die der !Kung war der wichtigste Faktor in der sozialen Evolution zum *Homo sapiens*.

Es wäre lächerlich zu behaupten, die Zwänge der natürlichen Selektion hätten im Laufe der Jahrmillionen den Mann zu einem der Frau überlegenen Wesen geformt. Hingegen wird niemand bestreiten, daß Männer im Durchschnitt größer und stärker als Frauen sind. Möglicherweise bescherte die Evolution dem Mann auch die Fähigkeit, räumlich besser zu sehen, weil dies besonders wichtig für die Jagd war. Bei den Frauen wurde dagegen eher die verbale Fähigkeit ausgeprägt, was wiederum der Erziehung der Kinder zuträglich war. Mag es auch den einen oder anderen psychologischen Hinweis geben, der diese Vermutung verstärkt, so läßt sich nirgendwo ein stichhaltiges Argument finden, mit dem behauptet werden könnte, daß Männer intelligenter als Frauen seien.

Ebenso wie bei voragrikulturellen Völkern dominiert auch in unserer heutigen, hochtechnologischen Gesellschaft der Mann, was ebenfalls in Zusammenhang mit der Tatsache steht, daß der Mann die Kontrolle über die Versorgungsquellen hat. Jede Diskussion über die unendlich komplizierten Zusammenhänge innerhalb unserer heutigen Überflußgesellschaft muß zwangsläufig vereinfachen. Dennoch kann man als Äquivalent zu den Nahrungsquellen der primitiven Völker in unserer Gesellschaft das Geld sehen. Ein gutverdienender Mann genießt Ansehen unter seinen Freunden und neigt dazu, seinen Erfolg durch weidlich zur Schau gestellten Besitz von Konsumgütern zu demonstrieren. Und die Direktorengattin, die aus freien Stücken zu Hause bleibt und Magazine durchblättert, um Anregungen zu erhalten, zu welch neuen Käufen sie ihren Ehemann überreden soll, ähnelt weit mehr einer Eskimo-Frau als einer !Kung. Sie hat dadurch, daß ihr Mann erfolgreich ist, einen gewissen Status erreicht, ist aber absolut von ihm abhängig und dadurch weitaus mehr manipulierbar als eine Frau, die selbst arbeitet.

In unseren Tagen durchbrechen mehr und mehr Frauen diese Tradition und gehen zur Arbeit. Seit es die entsprechenden Milchprodukte gibt, die es jedermann ermöglichen, ein Baby zu füttern, liefern auch die verkümmerten Brustwarzen der Männer kein biologisches Alibi mehr dafür, daß die Frau die Hauptverantwortung für ein Kind zu tragen habe. Damit wäre auch der wesentliche Faktor aus der Welt geschafft, der bisher fast immer eine Frau in der Entwicklung ihrer Karriere entscheidend behindert hat, so daß es ihr nicht möglich war, mit einem Mann unter gleichen Bedingungen zu konkurrieren. Alles, was sich jetzt den gleichen Möglichkeiten und Erfolgen von Männern und Frauen in den Weg stellt – sei es auf sozialem, wirtschaftlichem oder politischem Gebiet – beruht einzig und allein auf der gesellschaftlichen Konvention. Oder sollte es doch anders sein? Sollte es so sein, daß sich die Lebensweise unserer Vorfahren zum größten Teil deshalb so durchzusetzen vermochte, weil sie auf einer Arbeitsteilung basierte, wie wir sie beschrieben haben? Dann wäre es durchaus möglich, daß sich im Zuge der natürlichen Selektion bestimmte psychologische Attribute verstärkten, wodurch Männer wie Frauen in ihren unterschiedlichen Tätigkeiten besonders gefördert wurden. Unserer Meinung nach gibt es keinen Anlaß, die Tatsache zu leugnen, daß der männliche *Homo sapiens* einen psychologischen Zugriff auf das Leben entwickelte, der ihn innerhalb eines gewissen Wettbewerbs mit seinen männlichen Artgenossen dazu motivierte, Erfolg zu haben. Ebenso überraschend wäre es, wenn nicht vor allem jene Frauen sich biologisch durchgesetzt hätten, deren Geschicklichkeit und Qualitäten als Mutter besonders ausgeprägt waren. Diese männlichen wie weiblichen Qualitäten hätten also wohl zur genetischen Durchsetzungsfähigkeit eines Individuums beigetragen und damit der Spezies insgesamt zu einer erfolgreichen Genealogie verholfen. Möglicherweise ist unsere heutige Gesellschaft von einem kulturellen Schleier überzogen, der die wesentlichen biologischen Voraussetzungen nur verhüllt.

Niemand kann dies aber beweisen. Daher sollten wir uns einem anderen Wesenszug der Kultur zuwenden, um eine Lösung unseres Problems zu finden, nämlich der Gerechtigkeit. Unsere Gesellschaft strotzt vor Gesetzen und Vorurteilen, die von der angeblichen Minderwertigkeit der Frauen ausgehen. Unberechtigterweise. Da wir als grundsätzlich kulturfähige Lebewesen in der Lage sind, unsere Gesellschaft nach unserem freien Willen zu ordnen, ist die einzig gerechtfertigte Haltung zu diesem Problem die, daß Männer und Frauen auf sozialem, ökonomischem und politischem Gebiet das Gleiche erreichen können. Dem steht nichts im Wege – außer den tief verankerten Konventionen, welche die Emanzipation der Frau dadurch erschweren, daß sie – wie alle Traditionen – nur sehr schwer durch Werte zu ersetzen sind, die auf der Übereinkunft von Gerechtigkeit und Gleichberechtigung basieren.

Kapitel 11

Vom Jäger zum Bauern – gigantischer Fortschritt oder fataler Rückschritt?

Wenn jemand am Morgen des 17. Juli 1975 Professor Alan Walker bei seiner Arbeit beobachtet hätte, müßte er ihn für verrückt gehalten haben. Walker befand sich im Hominiden-Raum des Nationalmuseums von Nairobi und hatte vor sich einen eineinhalb Millionen Jahre alten Schädel liegen. Es handelte sich um den ältesten, in jedem Falle jedoch um den am besten erhaltenen Schädel eines *Homo erectus,* der bisher gefunden wurde. Er stand über das Fossil gebeugt, hatte einen Meißel in der einen und einen schweren Hammer in der anderen Hand. Nachdem er den Schädel umgedreht und in eine mit Sand gefüllte Schale gelegt hatte, setzte er den Meißel an der unteren Schädelöffnung (dem Foramen magnum) an, wo einst die Wirbelsäule des Hominiden mündete, plazierte das spitze Ende genau in dem kleinen Loch, das er zuvor in die Gesteinsmasse gebohrt hatte, die jetzt die Stelle ausfüllte, wo einst das Gehirn gesessen hatte, und schlug dann aus voller Kraft mit dem Hammer auf den Meißel. – Ein schrecklicher Anblick! Doch nichts geschah. Also schlug er noch einmal zu. Der fossile Schädel blieb intakt. Aber Walker ließ sich nicht beirren. Über eine halbe Stunde lang schlug er auf den Schädel ein, bis dieser schließlich in zwei Teile zerbrach, und zwar genau oberhalb der Stelle, wo ehedem die Ohren gewesen waren.

Hier war weder ein Paläoanthropologe zum Vandalen, noch Walker verrückt geworden. Er hatte nur einfach die Aufgabe, das Fossil zu reinigen – und das war nur möglich, indem er den Schädel aufbrach, um so den harten Stein herauszubrechen. Bevor er jedoch mit Hammer und Meißel den Schädel zu bearbeiten begann, hatte er als Schutzmaßnahme Schicht um Schicht Papier und Klebmasse herumgewickelt, genauso, wie man eine Pappmachémaske abnimmt. Das hart gewordene Papier konnte den Schädel schützen und verhindern, daß er beim Aufschlagen in tausend Stücke zerbarst. Glücklicherweise war dies auch nicht der Fall.

Walker hat hervorragende Arbeit geleistet, denn nun haben wir den ausgezeichneten Schädel eines *Homo erectus,* der einst an den

Ufern des Turkana-Sees lebte, als unsere Vorläufer jenen Punkt ihrer Entwicklung erreicht hatten, an dem es an der Zeit war, den afrikanischen Kontinent zu verlassen und sich neuem Land zuzuwenden. Der *Homo erectus* als der direkte Abkömmling des *Homo habilis* hatte eine evolutionäre Schwungkraft erreicht, die ihn unerbittlich vorwärts trieb, zunächst zum ersten primitiven *Homo sapiens* und weiter bis zum heutigen modernen Menschen. Der erste frühe *Homo sapiens* trat vermutlich vor rund 500000 Jahren auf den Plan. Sein »Geburtsort« mag Afrika oder Eurasien gewesen sein; denkbar ist jedoch auch, daß er an mehreren Orten zugleich »auftauchte«. Die vielfältigen körperlichen und geistigen Fähigkeiten, die sich gegenseitig verstärkten, wirkten sich vermutlich innerhalb des bereits entstandenen kulturellen Rahmens so aus, daß unterschiedliche Arten des *Homo erectus* entstanden, aus denen sich zwangsläufig der *Homo sapiens* entwickelte. Nicht die Hand eines Gottes, sondern der unaufhaltsame Fortgang der biologischen Entwicklung war hier am Werk.

Die Geburt des Neuzeitmenschen exakt zu datieren, erweist sich als schwierig, denn schon die Frage, was darunter genau zu verstehen sei, ist immer eine philosophische Debatte wert. Man kam jedoch überein, eine Reihe von 40000 Jahre alten Skeletten, die 1896 von Arbeitern in den Kalksteinschichten von Les Eyzies bei Cro-Magnon (im südfranzösischen Dép. Dordogne) gefunden wurden, als die ersten Vertreter des Neuzeitmenschen zu betrachten. Allerdings könnte man einschränken, daß der moderne Mensch im eigentlichen Sinne sich erst entwickelt habe, als der Ackerbau sich durchzusetzen begann.

Als aus unbekannten Gründen vereinzelte Gruppen des Typus *Homo erectus* vor über einer Million Jahren nach Europa und Asien zogen, mußten sie ihrem Tagwerk als Sammler und Jäger in Klimazonen nachgehen, die unfreundlicher und unsicherer waren als ihre tropische Heimat. Zum erstenmal waren sie mit dem Wechsel der Jahreszeiten konfrontiert und erlebten, daß die Sommer fruchtbar, aber kurz, die Winter lang und hart waren. Die Eiszeiten verschoben sich in ungleichmäßigem Rhythmus, wobei ein großer Teil des nördlichen Eurasien oft über lange Zeit hinweg unbewohnbar war. Um diese Perspektive jedoch nicht zu verzerren, die immerhin auf eine entscheidende Phase der Humanevolution gerichtet ist, muß betont werden, daß auch während der wärmeren Perioden, in denen das Eis zurückwich, ungefähr fünf- bis zehnmal so viel Hominiden in Afrika lebten als in Eurasien. Wenn das Eis sich weiter nach Süden erstreckte, bewohnte vermutlich nur etwa jeder zwanzigste Hominide den eurasischen Doppelkontinent. Die oft zitierte Ansicht, das Zentrum dieser evolutionären Phase – womit der Übergang vom *erectus* zum *sapiens* gemeint ist – liege in Europa, erweist sich somit als schlechthin unkorrekt.

Die fundamentale Fähigkeit des Menschen, sich anpassen zu können, muß bereits für diese frühen Menschen von grundlegender Bedeutung gewesen sein. Ihre zweifellos braune Haut stellte sie nämlich, als sie in kühlere Zonen mit wechselnden Jahreszeiten zogen, vor ein nicht zu unterschätzendes Problem. Die Pigmentschicht, die sie vor der tropischen Sonne geschützt hatte, war jetzt nicht nur unnötig, sondern verhinderte auch, daß die zaghafte nördliche Sonne das lebensnotwendige Vitamin D in der Haut entstehen ließ. Die biologische Antwort darauf ist höchst simpel: Diese Menschen verloren einfach den größten Teil ihrer Hautpigmentierung in den kühleren Klimazonen. (Es ist dabei nicht ohne Ironie, daß heute so mancher blasser Mensch viel Geld dafür ausgibt, seine geringe Pigmentierung Jahr für Jahr einer kräftigeren Sonnenbestrahlung auszusetzen, nur um ein wenig brauner zu werden.)

Eine wirklich bemerkenswerte Entwicklung in bezug auf die gesamte Humanevolution vollzog sich im Zeitraum von einer Million bis ungefähr 10000 Jahren vor unserer Zeitrechnung. Zu Beginn dieser Periode starben die afrikanischen Australopithecinen aus, was möglicherweise die Folge eines immer stärkeren Zugriffs auf die Nahrungsquellen war, den einerseits der *Homo erectus,* andererseits Menschenaffen wie Paviane und Schimpansen ausübten, die sich zunehmend vermehrten. Das enorme evolutionäre Potential, das durch den nun in Afrika, Europa und Asien lebenden *Homo erectus* entstanden war, beschleunigte die Entwicklung in einer Art und Weise, daß sich sozusagen der Nährboden für den *Homo sapiens* bilden konnte, wobei geographische Verschiedenheiten nicht ausbleiben konnten. Die einen überlebten, die anderen starben aus.

Die berühmteste Fehlentwicklung dieser Phase der Evolution war vermutlich der Neandertaler. Er gehört zu einer untersetzten Rasse mit buschigen Augenbrauen, dessen hervorspringende Gesichtszüge vermutlich die Folge einer Anpassung an die extremen Lebensbedingungen waren, die Nordeuropa mit den nahen Gletscherzonen vor rund 100000 Jahren kennzeichneten. Dieser Neandertaler tauchte allerdings nicht nur im Norden, sondern auch im weiter südlichen Europa und in Mittelasien auf. Die markanten

Züge, die den »klassischen« Neandertaler charakterisieren, sind jedoch ein Phänomen, das nur in nördlichen Klimazonen zu finden ist. Offensichtlich hat sich diese Rasse entwicklungsgeschichtlich in einer Sackgasse verlaufen, denn vor rund 35000 Jahren war sie plötzlich verschwunden. Möglicherweise konnte sie sich nicht mehr dem sich allmählich erwärmenden Klima anpassen, das sich nun in Europa auszubreiten begann. Vielleicht war sie auch nicht in der Lage, den Kampf um die Nahrungsquellen mit dem sich stetig entwickelnden *Homo sapiens* aufzunehmen. Denkbar ist auch, daß sie nicht einfach vollkommen verschwand, ohne biologische Spuren zu hinterlassen, sondern sich mit dem *Homo sapiens* vermischte; schließlich war auch der Neandertaler ein – wenn auch extremer – Nebenzweig derselben Spezies. Seine Gene leben also möglicherweise in uns allen heute noch fort.

Wir wollen die Geburt des ersten *Homo sapiens* nicht auf einen bestimmten geographischen Ort festlegen, auf dem sich dann eine Bevölkerung ausbreitete, die alle anderen überrollte. Das wäre eine zu enge Perspektive und würde dieser ungewöhnlichen Phase der Menschheitsentwicklung nicht im mindesten gerecht. Man sollte vielmehr von einem ausgesprochen lebhaften »Nährboden« ausgehen, der Völker hervorbrachte, von denen sich die einen erfolgreicher als die anderen entwickelten und wieder andere, wie etwa die Neandertaler, sich vom Hauptstrom absonderten und verlorengingen. Die meisten vermochten sich jedoch biologisch durchzusetzen, so daß nun eine Evolution auf genetisch breiter Basis stattfinden konnte.

Im Verlauf der Jahrmillionen wurde unser Gehirn etwas größer, unsere Intelligenz schärfer und – was das Wichtigste ist – unser soziales und kulturelles System reicher und farbiger. Vor 10000 Jahren schließlich stand der Mensch an der Schwelle einer Revolution, welche die gesamte Welt umformen sollte. Als vor gut 12000 Jahren die – vielleicht nur vorläufig – letzte Eiszeit endete, setzte die große Veränderung ein: Langsam erst, aber unaufhaltsam begann sich der Ackerbau durchzusetzen. Durch die Umwandlung vom System des Sammelns und Jagens zur Agrikultur war die wesentliche Voraussetzung für die Entwicklung der nachfolgenden industriellen und technologischen Revolution geschaffen. Es war gleichzeitig der Funke, der die Bevölkerungsexplosion auslöste: Die Nahrungsteilung, auf der die Lebensform des Sammelns und Jagens basiert, konnte nur eine Erdbevölkerung von 20 bis 30 Millionen Menschen ernähren. Durch die Nahrungsproduktion, die durch organisierten Ackerbau gewährleistet ist, kann ein Vielfaches dieser Zahl ernährt werden. Heute haben wir bereits eine Gesamtbevölkerung von 4 Milliarden – und diese Zahl steigt ständig und rasch weiter an. Warum die Lebensform des Ackerbaus zu jenem Zeitpunkt begann, ist noch immer ein Rätsel. Möglicherweise war die Tatsache, daß die Gletscherschicht sich immer weiter zurückzog, ein wichtiger Faktor. Was auch immer der Grund dafür gewesen sein mag – fest steht, daß die Menschheit bereit war, diese neue Lebensform anzunehmen. Das ist daran abzulesen, daß so viele völlig unterschiedliche Völker zum Ackerbau übergingen. Wir haben Zeugnisse einer primitiven Agrikultur vor etwa 10 000 Jahren in Mittelamerika, am südöstlichen Zipfel des Mittelmeers (dem sogenannten Fruchtbaren Halbmond) und in Teilen Südasiens. Diese Völker können unmöglich miteinander in Berührung gekommen sein, weil sie einfach viel zu weit voneinander entfernt lebten. Der Übergang zum Ackerbau vollzog sich an vielen verschiedenen Orten gleichzeitig und strahlte von diesen Brennpunkten überall hin aus. Dadurch wurde das Leben im größten Teil unserer Erde im Verlauf von nur 400 Generationen vollständig verändert – ein Beweis für die evolutionäre Eigendynamik der Kultur.

Die Humanevolution hat ein sehr merkwürdiges Lebewesen geschaffen; ein Lebewesen mit der Fähigkeit, nach Gutdünken seine Umwelt zu verändern, kein Tier kommt ihm darin gleich. Sein Leben kreist um Dinge, die es dank seiner geistigen Gaben selbst erdacht und produziert hat; es ist aber auch ein Lebewesen, das im Gegensatz zu jedem anderen Geschöpf die unübersehbare Neigung hat, seine Artgenossen in organisierter Form zu töten. Kein Lebewesen außer dem Menschen kennt Krieg. Wir müssen uns also auch hier die Frage nach dem Warum stellen.

Bevor wir versuchen, eine Antwort auf diese Frage zu finden, müssen wir festhalten, daß Kriegführen an sich eine sehr erfolgversprechende Tätigkeit ist. Die Geschichte lehrt uns dies immer wieder. In einer Welt, die von materiellen Gütern beherrscht wird – seien das nun Waren, Land oder Rohstoffe –, kann ein Volk sich gezielte Vorteile verschaffen, wenn es ein anderes militärisch besiegt. Allerdings nur dann, wenn der Gewinn höher ist als der Einsatz, nämlich der Preis für investierte Zeit, Rohstoffe und Menschenleben. Eine materialistisch ausgerichtete Lebensweise ist zweifellos der beste Boden, auf dem Kriege gedeihen können. Je komplexer die soziale Struktur der Menschheit wurde, desto mehr Kriege wurden geführt. Der amerikanische Anthropologe Marshall Sahlins drückte das einmal so aus: »Mit der sich entwickelnden Kultur wurden die Kriege immer blutiger und dauerten immer länger ..., bis sie ihren Höhepunkt mit der heutigen Zivilisation erreichten.«

Der durchschlagende Erfolg moderner Zivilisationen, insbesondere der Supermächte, kann durchaus als *Ergebnis* von Kriegen gesehen werden. Folglich ist es nicht ohne Ironie, daß die Technologie, die erst in solchen Superstaaten möglich war, eine Umwelt schuf, die äußerst *ungünstig* für eine Kriegsführung ist. Die Erfindung und der stetige Ausbau nuklearer Waffen bedeutet den totalen Krieg, und dies wiederum heißt, *daß es keinen Sieger geben kann*. In einem atomaren Holocaust *verliert jeder*. Wir brauchen wohl nicht daran zu erinnern, daß das atomare Potential der Supermächte ein Vielfaches dessen ist, was nötig wäre, um die Welt auszulöschen. Ein außerirdischer Beobachter würde sich wohl wundern, daß die Lebewesen auf diesem Planeten so eifrig bestrebt sind, durch die Art ihrer Politik genau jenen Punkt zu erreichen – als hätten gerade wir Erdbewohner nicht das größte Interesse daran, dies zu vermeiden!

Diese todbringende Veränderung der Umwelt, in der Kriege geführt werden, muß uns auch mehr denn je zuvor motivieren, die Gründe kennenzulernen, die ein Volk veranlassen, mit einem anderen Krieg zu führen. Politologen und Soziologen haben seit Bestehen dieser Wissenschaften immer wieder mit großer Akribie die Wurzeln der menschlichen Kampfeslust zu erforschen versucht, und auch Biologen beschäftigen sich damit, da das Verhalten des Menschen einige Rückschlüsse auf das Verhalten der restlichen Tierwelt ziehen läßt. Am wichtigsten sind die hier zu gewinnenden Erkenntnisse jedoch für Paläoanthropologen, denn erst wenn wir die evolutionären Kräfte kennen, die uns zu dem gemacht haben, was wir heute sind, können wir einen ersten Einblick in das Wesen des Menschen gewinnen. Die Schlüsselfrage muß also lauten, ob die Lust an kriegerischen Auseinandersetzungen in der Natur des Menschen verankert ist oder nicht.

Sigmund Freud glaubte, die Antwort gefunden zu haben, als er 1930 schrieb, die Menschen wären keine freundlichen, friedlichen, liebebedürftigen Lebewesen gewesen. Ein Großteil ihrer Instinkte seien von nahezu hemmungsloser Aggressionslust beherrscht gewesen. Und er erhärtete noch die Behauptung, daß es sich hier um *Instinkte* handle: »Wer wollte wagen, dies angesichts all dessen, was wir am eigenen Leibe erleben und was die Geschichte uns lehrt, zu bestreiten? Man braucht sich nur die Grausamkeiten vor Augen zu halten, die die ersten Völkerwanderungen begleiteten, die Wahnsinnstaten der Hunnen oder auch der Mongolen unter Dschingis Khan und Tamerlan, die Plünderung Jerusalems während der Kreuzzüge und die Schrecklichkeiten des letzten Weltkrieges, um demütig sein Haupt vor der Wahrheit über unsere Vorfahren zu beugen.«

1918, als das Blutbad des Ersten Weltkrieges noch frisch im Gedächtnis war, hatte Freud geschrieben: »Die Wichtigkeit, die wir dem Gebot ›Du sollst nicht töten‹ beimessen, läßt außer Frage, daß wir die Nachfahren einer endlosen Generationsfolge von Mördern sind, denen die Mordlust ebenso im Blut steckt wie wohl auch in unserem.« Konrad Lorenz, der 1974 mit dem Nobelpreis für seine Pioniertat auf dem Gebiet der Verhaltensforschung bei Tieren ausgezeichnet wurde, beschäftigte sich intensiv mit Freuds Aussagen über die Natur der menschlichen Aggression. Ihn interessierte vor allem das Wesen der Instinkte. In seinem berühmten Buch *Das sogenannte Böse* schreibt er, daß der Aggressionstrieb ein echter, primär arterhaltender Instinkt sei. Er warnt: ». . . Die Spontaneität des Instinktes ist es, die ihn so gefährlich macht.« Gesellschaftlich sanktionierter Mord – also Krieg – ist dieser Meinung nach das Ergebnis einer angeborenen Mordlust, eines Instinktes also, dem wir nicht entfliehen können. Wenn dieser Instinkt – den Lorenz Aggression nennt – nicht in vorgegebene Bahnen geleitet wird, ist er noch gefährlicher, weil er dann unvorhergesehen und unkontrollierbar ausbricht. In bezug auf spezifisch menschliches Verhalten sagt Lorenz: »Ich glaube . . ., daß der heutige Zivilisierte überhaupt unter ungenügendem Abreagieren aggressiver Triebhandlungen leidet. Es ist mehr als wahrscheinlich, daß die bösen Auswirkungen der menschlichen Aggressionstriebe, für deren Erklärung Sigmund Freud einen besonderen Todestrieb annahm, ganz einfach darauf beruhen, daß die intra-spezifische Selektion dem Menschen in grauer Vorzeit ein Maß von Aggressionstrieb angezüchtet hat, für das er in seiner heutigen Gesellschaftsordnung kein adäquates Ventil findet.«

Zur gleichen Zeit beschäftigte sich Raymond Dart, der den ersten Australopithecinen entdeckt hatte, mit dem seines Erachtens unwiderlegbaren Beweis dafür, daß der frühe Mensch ein Fleischfresser, ja sogar Kannibale gewesen sein mußte. In seinem Aufsatz mit dem Titel »Wie der Affe zum Raubtier Mensch wurde«, schrieb Dart über die Neigung unserer frühen Vorfahren, ihre Mitmenschen zu töten: »Nach dieser These unterschieden sich die Vorläufer des heutigen Menschen vom Affen darin, daß sie entschlossene Mörder waren, fleischfressende Geschöpfe, die sich gewaltsam ihre lebende Beute fingen, sie totschlugen, ihren Körper auseinanderzerrten, Glied für Glied abrissen, ihren mörderischen Durst mit dem frischen, heißen Blut ihrer Opfer stillten und gierig das manchmal noch lebende, sich krümmende Stück Fleisch verschlangen.« Damit nicht genug. Dart läßt seiner üppigen Phantasie noch mehr freien Lauf, wenn er schreibt, unsere Ahnen hätten zwar ein kleines Gehirn gehabt, aber dennoch sei »selbst dieser Mikrozephalus so ausgestattet gewesen, daß er nachweislich völlig ausreichte, dieser grausamen, gierigen, kannibalischen, keulenschwingenden Phase in jener dunklen Zeit des menschlichen Beginns die Züge eines wahren Samson zu geben ... zu den charakteristischsten und am deutlichsten erkennbaren Zügen des Menschen gehört in der Frühzeit eine abscheuliche Grausamkeit, die nicht anders als gefräßig und kannibalisch bezeichnet werden kann ...« Dart bezog seine Schlußfolgerung aus der Tatsache, daß die versteinerten Schädel von Hominiden und Pavianen häufig beschädigt waren, wobei er davon ausging, daß diese Verletzungen nur durch die tödlichen Schläge waffenschwingender Vor-Menschen entstanden sein könnten.

Lorenz zögert nicht, den angeblichen Beweis prähistorischer Mordlust seiner These von der angeborenen Blutrünstigkeit des Menschen hinzuzufügen. Er behauptet, daß es keinerlei natürlichen Hinderungsgrund gegeben habe, die Waffen als todbringendes Objekt anzuwenden, nachdem die Hominiden einmal gelernt hätten, wie sie herzustellen seien. Mann gegen Mann seien sie dann aufeinander losgegangen. »Das dialogisch fragende Experimentieren mit der Umwelt«, so Lorenz, »das aus dem begrifflichen Denken herkommt, schenkte ihm (*dem Menschen*) seine ersten Werkzeuge, den Faustkeil und das Feuer. Er verwendete sie prompt dazu, seinen Bruder totzuschlagen und zu braten, wie die Funde in den Wohnstätten der Pekingmenschen beweisen. Neben den ersten Spuren des Feuergebrauchs liegen zertrümmerte und deutlich angeröstete Menschenknochen.«

Diese verblüffenden Formulierungen, mit der die menschliche Natur von ihrer blutrünstigen Seite definiert wird, wurde lange Zeit von den fähigsten Fachwissenschaftlern anerkannt, wenngleich sie ihnen keinen besonderen Wert beimaßen. Öffentliches Aufsehen erregten sie erst, als Robert Ardrey begann, über dieses Thema zu schreiben. Ardrey ist der Autor von *Adam kam aus Afrika.* Er wurde 1908 in Chicago geboren. Als Jugendlicher nahm er in Chicago an einem Seminar teil, das von dem Soziologen

Professor Ogburn gehalten wurde. Während der Weltausstellung in Chicago hielt er in einem Stand Vorträge über Anthropologie und machte nach diesen äußerst flüchtigen Begegnungen mit der Wissenschaft Karriere als Dramatiker. In Hollywood verfaßte er das Drehbuch zu dem Kriegsfilmepos *Khartoum* und blieb bis 1954 mit einer kurzen Unterbrechung durch den Zweiten Weltkrieg, Drehbuchautor. Nach längerer Zeit ohne Filmaufträge und dem Mißerfolg eines seiner Stücke am Broadway erhielt er von der Zeitschrift »Reporter« den Auftrag, eine Artikelserie über den Aufstand der Mau-Mau in Kenia zu schreiben.

Während seiner Recherchen in Afrika lernte er zufällig Raymond Dart kennen. Diese Begegnung sollte sein gesamtes Leben verändern. So wie Saul auf dem Wege nach Damaskus, erkannte Ardrey ganz plötzlich, für welches Ziel er sich in Zukunft einsetzen wollte. Darts Begeisterung, die zerschlagenen, versteinerten Knochen und die abgesplitterten Steine, versetzten Ardrey in einen neuen schriftstellerischen Rausch. Er wollte der Menschheit die häßliche Wahrheit über sie selbst sagen: Er wollte nachweisen, daß die Lust zu Mord und Totschlag im Menschen selbst tief verwurzelt sei und immer wieder gestillt werden *müsse*. Auch wenn Ardrey wenig Erfolg am Broadway gehabt haben mag, so hat sein Durchbruch als Autor mit einer weltweiten Leserschaft den eines erfolgreichen Theaterschriftstellers bei weitem überflügelt. Er brachte es nämlich fertig, Fakten und Meinungen mit einer brillanten, geschliffenen Prosa ineinander zu verweben. Wichtiger jedoch war, daß er genau das schrieb, was die Menschen lesen wollten. Sie wollten bestätigt bekommen, daß diese blutigen Gemetzel, die sich durch die gesamte Menschheitsgeschichte ziehen, die Folge eines nicht auszulöschenden, grundlegend menschlichen Wesenszuges waren. Ardrey schreibt dazu: »Wir sind Kains Söhne. Das Zusammentreffen eines sich vergrößernden Gehirns mit der karnivoren Lebensweise ergab die genetische Möglichkeit des Menschen. Die Waffen des Raubtieres bilden das höchste und letzte Fundament, auf dem wir stehen . . . Der Mensch«, so Ardrey weiter, »ist ein Raubtier, dessen natürlicher Instinkt ihn dazu treibt, mit einer Waffe zu töten.«

Im Zusammenhang mit der menschlichen Fähigkeit, Steinwerkzeuge – die Ardrey durchweg als Waffen zu bezeichnen pflegt – herzustellen, schreibt er über die früheste Epoche der Humangeschichte: »Die Annahme, der Mensch habe die Waffe geschaffen, ist absolut antiquiert. Im Gegenteil: Die Waffe schuf den Menschen. Das mächtigste Raubtier entstand als logischer Schlußpunkt einer evolutionären Wandlung. Der Mensch mit seinem größeren Gehirn und seiner Steinaxt vernichtete seinen Vorgänger, der nur mit Knochen kämpfen konnte. Seit dieser Zeit hat die Geschichte der Menschheit sich danach ausgerichtet, wer die stärksten Waffen hatte. Und dies aus gutem Grund, nämlich aus einer genetischen Notwendigkeit. Wir handhaben und wetteifern mit unseren Waffen aus den gleichen Gründen, aus denen Vögel instinktiv ihre Nester bauen.« Das heißt mit anderen Worten, daß laut Ardrey der Motor der Humanevolution in der Waffe zu sehen sei und dies wiederum hätte dann zu bedeuten, daß eine Gruppe, deren genetisches Erbe sie besonders dazu befähigte, wirksame, vernichtende Waffen herzustellen und anzuwenden, auf Kosten eines friedlicheren Volkes überleben konnte.

Diese Gleichung ist ebenso simpel wie ihr Ergebnis. In einem sehr perversen Sinne ist es nämlich durchaus tröstlich, sich sagen zu können, daß Krieg selbst von den vernünftigsten Menschen nicht kontrolliert werden könne. Wenn blutige Konflikte unauslöschlich in unseren Genen festgeschrieben sind, brauchen wir uns deswegen auch keine ernsten Vorwürfe zu machen. Und wenn Kriege als Teil unserer Natur unvermeidbar sind, brauchen wir auch kein schlechtes Gewissen deswegen zu haben. Dann ist die Verantwortung von uns genommen und alles, was wir brauchen, ist Trost und nicht Schuldbewußtsein. Ardrey bezieht seine Argumente, daß die Verderbtheit dem Menschen angeboren sei, aus unserer heutigen, aber auch aus längst vergangenen Zeiten. Da ist einerseits der animalische Aggressionstrieb, der oft mit Territorialansprüchen verbunden ist, und andererseits sind da verstreute Fossile, vermeintliche Zeichen prähistorischer Gewaltakte.

Selbst für einen flüchtigen Betrachter ist klar, daß Aggression – oder zumindest das Verhalten, das so bezeichnet wird – in der Tierwelt sehr häufig auftritt. Tiere kämpfen um Nahrung, um Raum und um Geschlechtspartner. Diese Art des Kämpfens wurde von Ethologen und anderen Fachwissenschaftlern als Aggression bezeichnet. Allerdings teilen Tiere auch im heftigsten Kampf selten Schläge aus und wenden ihre Klauen, Zähne oder sonstigen bedrohlichen Hilfsmittel nur sehr, sehr selten an, um zu zeigen, daß es jetzt ums Ganze geht.

Die soziale Eigendynamik von Tiergemeinschaften und die vorherrschenden ökologischen Bedingungen bringen es mit sich, daß das einzelne Tier nach einem Höchstmaß an Nahrung und Geschlechtspartnern trachten muß, wobei die Abgrenzung des eigenen Lebensraumes ein integraler Bestandteil dieser Faktoren ist.

Der Grund dafür, daß Tiere nicht töten, um sich diesen Besitz zu sichern, liegt darin, daß der Kampf einen zu hohen Preis hätte: Er würde Zeit und Energie, ja sogar das eigene Leben kosten. Wenn also beispielsweise zwei Männchen um ein Weibchen kämpfen wollen, beginnen sie ein Ritual, das sich nach ganz bestimmten Regeln vollzieht. Jeder versucht, den anderen zu bluffen und ihn zu überzeugen, daß er selbst der wesentlich Stärkere sei und sich ernsthaft zu wehren wisse, wenn der andere nicht alsbald seine Unterlegenheit bekenne. Natürlich wird einer von beiden über kurz oder lang die offensichtlich überlegenen Aggressionssignale des anderen erkennen und sozusagen das Handtuch werfen, indem er eine typische Demutsgebärde zeigt. Gewöhnlich nimmt er dabei eine Stellung ein, die dem Stärkeren die verletzbarsten Stellen des Körpers ungeschützt darbietet. Ohne seinen Vorteil zu nutzen, akzeptiert der Sieger diese Zeichen. Damit ist der Kampf beendet.

Die Frage liegt nahe, warum der Sieger nicht den Kampf abschließt, indem er die Gurgel seines Opfers durchbeißt. Die Antwort ist einfach: Wenn solche Auseinandersetzungen wirklich alle tödlich ausgehen würden, würde der Verlierer es seinem Gegner nicht so leicht machen, dann würde er fanatisch bis zum letzten Atemzug kämpfen, und auch der Sieger hätte aller Wahrscheinlichkeit nach dann seine Überlegenheit teuer bezahlt. Daher liegt es in aller Interesse, solche Auseinandersetzungen um Nahrung oder Partner nur in stilisierter und meist sehr kurzer Form auszutragen und sich nicht in Kämpfen zu verlieren, die alles fordern. Im Tierreich herrscht das Gesetz, seinen Gegner auszutricksen, nicht ihn zu töten.

Die Anhänger der menschlichen Aggressionstheorie weisen oft daraufhin, daß der Mensch von heute nicht mehr die instinktiven Reflexe habe, die die Tiere davon abhalten, ihre Kämpfe bis zu einem tödlichen Ende auszutragen. Einige Forscher, wie etwa Desmond Morris, der Autor des *Nackten Affen,* kommen zu der Ansicht, daß die plötzliche Verfügungsgewalt über so wirksame »Waffen« wie die Steinwerkzeuge einen zu entscheidenden Wandel im empfindlichen Gleichgewicht bedeutete, als daß die subtilen Instinkte ausgereicht hätten, das nachfolgende Unheil abzuwenden. Wenn die Meinung zutreffen sollte, daß die frühen Hominiden ihre Steinwerkzeuge als Waffen gegeneinander richteten, dann müssen sich auch die biologischen Grundgesetze in dem gewaltigen Evolutionszeitraum, über den wir uns Aufschluß zu verschaffen suchen, entsprechend verändert haben. Natürlich paßt es ins Bild, daß in den frühen Phasen die individuellen Konflikte mit

Waffengewalt ausgetragen worden sind. Die biologischen Gesetze werden sich jedoch sehr bald wieder in ihrer ursprünglichen Form behauptet haben. Schließlich wäre es ein evolutionärer Selbstmord gewesen, wenn unsere Ahnen jeden Konflikt nur dadurch hätten lösen können, daß sie den Gegner umbrachten. Die Kosten wären bei weitem zu hoch gewesen – und das nicht nur für das Opfer, sondern auch für seine Mörder. Solche Lebewesen wären nicht überlebensfähig gewesen.

In seinem Buch *Das sogenannte Böse* stellt Lorenz folgende These auf, um die beim Menschen nicht vorhandenen Tötungshemmungen zu begründen. Wörtlich heißt es: »In der Vorgeschichte der Menschen waren keine besonders hochentwickelten Hemmungsmechanismen zur Verhinderung plötzlichen Totschlages nötig, da ein solcher sowieso nicht möglich war ... Als dann die Erfindung künstlicher Waffen mit einem Schlage neue Tötungsmöglichkeiten eröffnete, wurde das vorher vorhandene Gleichgewicht zwischen den verhältnismäßig schwachen Aggressionshemmungen und der Fähigkeit zum Töten von Artgenossen gründlich gestört ... Man kann sich lebhaft vorstellen, was geschehen würde, wenn ein nie dagewesenes Naturspiel jählings einer Taube den Schnabel eines Kolkraben verleihen würde. Der Lage dieser Mißgeburt scheint die des Menschen genau zu entsprechen, der eben den Gebrauch eines scharfen Steines als Schlagwaffe erfunden hat. Man schaudert bei dem Gedanken an ein Wesen von der Erregbarkeit und dem Jähzorn eines Schimpansen, das einen Faustkeil in der Hand schwingt.« Allerdings ist es erstaunlich, warum Lorenz die uns am nächsten verwandten Primaten, nämlich Schimpansen und Gorillas, als »jähzornig« bezeichnet. Es mag sein, daß die ersten Forscher diesen Eindruck bekamen. Die gründlichen Untersuchungen von Schimpansen und Gorillas, die zum Beispiel von Jane Goodall, Diane Fossey und einer Reihe anderer Fachkollegen durchgeführt worden sind, beweisen jedoch, daß diese Menschenaffen alles andere als »jähzornig« sind. Aber selbst wenn sie es wären, scheint es nicht zwingend logisch, daraus zu schließen, die frühen Hominiden seien genauso böswillige Geschöpfe gewesen.

Der Hauptfehler dieser Theorie liegt jedoch in der Annahme, Aggression sei ein unveränderbarer Instinkt. Die Gesetze des Lebens funktionieren nämlich allesamt so, daß aggressive Begegnungen auf ein Minimum reduziert werden, und außerdem ist aggressives Verhalten immer ein Reflex auf die jeweiligen Umweltbedingungen. Das heißt, daß eine Spezies in einer bestimmten

Umgebung ihr Revier mit äußerster Intensität verteidigt, während sie in einer anderen völlig friedlich ist. Ein Beispiel dafür ist der Ayu, ein Fisch aus der Familie der Lachse. Solange dieser Fisch in flachen Gewässern lebt, verteidigt er sein kleines Revier heftigst gegen jeden Eindringling. Kommt er jedoch in tiefe Teiche, so bewegt er sich nur noch in großen Schwärmen vorwärts. Das schottische Moorhuhn markiert sehr genau das Revier, in dem es frißt und brütet. Ein englischer Biologe hat durch ein einfaches Experiment nachgewiesen, daß sich die Größe des Reviers nach der dort vorhandenen Proteinmenge richtet, und somit das Abstecken des Lebensraums keineswegs ein unausweichlicher, tief im Gehirn des Vogels verankerter Trieb ist. Er düngte ganz einfach ein großes Geviert im Hochland, wo die Moorhühner ihre Reviere haben. 15 Monate später lebten dort sehr viel mehr Vögel als früher, weil die Vegetation ungleich üppiger als vorher gedieh. Jedes Tier gab sich dabei mit einem viel kleineren Territorium zufrieden als vor dem Experiment. Vervets, eine südafrikanische Meerkatzenart, verhalten sich äußerst aggressiv, wenn sie in einer ungünstigen Umgebung leben. Sowie sie jedoch auf fruchtbares Gelände kommen, läßt sowohl ihre Aggressivität als auch ihre Revierverteidigung merklich nach.

Männliche Schimpansen streiten sich manchmal ein bißchen um die Gunst der läufigen Weibchen. Je mehr Bewerber jedoch da sind, desto geringer wird die Streitlust. Der Grund ist wahrscheinlich darin zu sehen, daß jeder, der sich mit einer Anzahl Konkurrenten um ein bestimmtes Weibchen streitet, während dieser Zeit keine Möglichkeit hat, mit einem anderen zu kopulieren, denn während er noch kämpft, könnten sich die anderen Männchen schon über ein anderes Weibchen hermachen! Ein fabelhaftes Beispiel dafür, wie durchsichtig diese angebliche Aggression ist, bietet ein prächtiger aber verletzter männlicher Hirsch, der auf der Insel Rum an der schottischen Westküste beobachtet werden konnte. Diese Tiere haben oft einen Harem von ungefähr sechs Hirschkühen, die sie im Kampf gegen einen Rivalen gewonnen haben. In regelmäßigen Abständen tun die »Haremsbesitzer« der Umwelt ihre Herrschaft kund, indem sie röhrende Schreie ausstoßen, die von den Bergen der wunderschönen Insel widerhallen. Dies ist ein typisches Beispiel für Besitzaggression. Unser Hirsch hatte jedoch eine gerissene Sehne, was zur Folge hatte, daß er nicht mehr direkt mit anderen kämpfen konnte. Dessen ungeachtet stieß der Hirsch seine röhrenden Schreie aus – aber nur dann, wenn er allein war. Sowie er es geschafft hatte, ein paar Hirschkühe zu gewinnen, verhielt er sich auffallend ruhig. Das war natürlich äußerst klug. Denn hätte er auf seinen Harem aufmerksam gemacht, hätte er selbstverständlich andere Interessenten angelockt, und in dem dann unausweichlichen Kampf wäre er auf jeden Fall unterlegen gewesen.

Inzwischen haben wir noch weit mehr Beweise dafür, daß eine äußerst vernünftige Relation zwischen Aggression und Revierverteidigung einerseits und bestimmten Umweltbedingungen andererseits besteht. Der Verteidigungsinstinkt, so hat sich dabei ergeben, ist keinesfalls so unflexibel, wie man früher annahm. Der Aggressionstrieb kann mit an Sicherheit grenzender Wahrscheinlichkeit nicht als ständig anwachsender Zwang gesehen werden, der unterdrückt werden muß, damit es nicht zu einer gefährlichen Explosion kommen kann. Wenn man jedoch von Aggressionstrieb und vor allem wie Ardrey vom Territorialinstinkt spricht, so heißt das nur, daß man tierisches Verhalten unter rein mechanistischen Aspekten sieht, die nur wenig mit der beobachteten Wirklichkeit zu tun haben.

Man kann durchaus davon ausgehen, daß unsere Vorfahren gelegentliche Auseinandersetzungen kannten, und zwar sowohl einzeln als auch in Gruppen – wenngleich wir das niemals mit letzter Sicherheit wissen werden. Diese Auseinandersetzungen steigerten sich vermutlich immer dann, wenn wichtige Ressourcen wie Frauen oder Nahrung knapp waren. Jede andere These würde bedeuten, daß die Hominiden keine animalischen Wesen waren. Die Annahme jedoch, unsere Ahnen hätten sich in einem dauernden Kriegszustand befunden, ist biologisch völlig widersinnig. Lorenz spricht von den »feindlichen Nachbarn« unserer Vorfahren – und dies einzig und allein, weil es in seine Theorie paßt.

Der größte Fehler, welcher der These, die menschliche Geschichte sei ein einziges Gemetzel, anhaftet, liegt darin, daß animalische Aggression mit organisiertem Kampf gleichgesetzt wird. Das stilisierte Verhalten, das Tiere an den Tag legen, wenn sie um Geschlechtspartner oder Nahrung kämpfen, ist die Angelegenheit eines einzelnen. Wenn jedoch eine ganze Nation in den Krieg zieht, hat dies herzlich wenig mit individualpsychologischem Verhalten zu tun. Es ist dies eine politische Antwort auf einen politischen Nutzen oder eine Bedrohung. Biologisch gibt es keinerlei Verbindung zwischen einer exerzierenden Armee und dem weit aufgerissenen Maul, mit dem ein Pavian seinen zeitweiligen Konkurrenten bedroht. Deshalb muß das Wort »Aggression« mit Bedacht angewandt werden. Wird dieses Wort gleichermaßen benutzt, um das politische Verhalten eines Volkes zu beschreiben, das sich auf einen Krieg vorbereitet, und das stilisierte Kampfgebaren zweier miteinander wetteifernder Männchen um die Gunst eines Weibchens, so könnte man leicht verführt werden, beide Verhaltensmodelle demselben Ursprung zuzuschreiben. Dies trifft jedoch nicht zu.

Wie können wir überhaupt wissen, ob unsere Vorfahren besonders kriegslüstern waren? Raymond Dart hat auch darauf eine Antwort. Für ihn liegt sie in den Verletzungen, die fast alle hominiden Schädel aus dem südafrikanischen Höhlengebiet aufweisen. Das erste hominide Fossil, das dort gefunden wurde, nämlich das Taung-Kind aus der Gattung *Australopithecus africanus* weist eine Reihe von Frakturen rund um das Gesicht und an dem, was vom Schädel übriggeblieben war, auf. Dart glaubt, das Kind habe »einen seitlichen Schlag auf die linke Schläfen-Stirn-Region des Schädels« erlitten. Über einen anderen, ebenfalls nur als Fragment erhaltenen Schädel eines Erwachsenen, der in Sterkfontein entdeckt wurde und dem sowohl der Unterkiefer als auch ein großer Teil des Gesichts fehlt, schreibt Dart, er sei »an einem seitlichen Schlag gegen die linke hintere Stirnhälfte« gestorben. Ein drittes beklagenswertes Opfer endete laut Dart durch »einen vertikalen Schlag rechts hinter dem Bregma (wo die beiden Stirnbeinhälften zusammenstoßen), der mit einem keulenartigen Gegenstand ausgeführt wurde«. Ein vierter Fund aus derselben Höhle zeigte wiederum laut Dart, daß er »einen vertikalen Schlag links neben der Schläfenmitte erlitt, und zwar mittels eines Knüppels«.

Der Schädelteil, der in der Höhle von Makapansgat gefunden wurde, ist für Dart »das Ergebnis eines heftigen Schlages mit einem Knuppel quer über das Scheitelbein, wodurch der Schädel in zwei Hälften geteilt wurde«. Aus derselben Höhle stammt auch der beschädigte Teil des Unterkiefers eines Heranwachsenden (vermutlich eines etwa Zwölfjährigen), der nach Dart ebenfalls eines gewaltsamen Todes gestorben sei: »Die Frakturen am Unterkiefer zeigen, daß die Verletzung vermutlich von einem Streit stammt, in dem dieser Hominide einen Schlag auf die Mitte des Kinns erhielt. Wahrscheinlich wurde er mit einer Keule ausgeführt. Dieser überlegt ausgeführte Schlag führte dazu, daß die vier Schneidezähne (und vielleicht auch der zweite Backenzahn links) aus dem Unterkiefer gebrochen und der Kieferknochen selbst zersplittert wurde.« Darts Liste vermeintlicher prähistorischer Gewaltakte ist lang; seine Artikel sind voll von Detailangaben über das Ausmaß der jeweiligen Beschädigungen und deren »wahrscheinlichen Ursachen«. Ardrey war außerordentlich davon beeindruckt, als er versuchte, unserer »blutbefleckten Vergangenheit« auf die Spur zu kommen. Bob Brain allerdings weniger. Er hat exakte Untersuchungen darüber angestellt, auf welche Weise sich die Knochen in diesen Höhlen ansammeln konnten und was danach mit ihnen geschah. Wie wir uns erinnern, war es gerade Brain, der Darts These von der osteodontokeratischen Kultur widerlegte, indem er nachweisen konnte, daß die ungewöhnlich reiche Sammlung von Fragmenten in diesen Höhlen nur zustande kam, weil bestimmte Knochenarten den scharfen Zähnen von Aasfressern besser widerstehen als andere.

Wenn ein Schädel nun einmal in eine solche Höhle gerollt ist, wird er allmählich von Staub, Steinen und selbstverständlich auch anderen Knochen bedeckt. Je stärker das Gewicht wird, das auf ihm lagert, desto mehr wird er verformt, es sei denn, die leere Schädelhöhle hätte sich schon früh mit feinem Geröll gefüllt, das allmählich versteinerte und der Hülle so von innen Halt verlieh. Die meisten Schädel wurden verformt und mögen auch von herabfallenden Felsbrocken beschädigt worden sein. Wenn so eine Höhle einstürzt und die Knochen dadurch der natürlichen Erosion ausgesetzt sind, werden die Versteinerungen erneuten Beschädigungen ausgesetzt.

In seinem jüngsten Aufsatz über die Höhlenfunde schreibt Brain: »Wenn die Knochen erst einmal unter all den Ablagerungen begraben sind, werden sie gequetscht, gebrochen und möglicherweise an andere Stellen geschoben, je mehr das Gewicht und die Eigenbewegung der Sedimente zunimmt. Die häufigsten Verformungen, die bei in Brekzien (Sedimentsgestein) eingeschlossenen Knochen festgestellt wurden, sind auf das enorme Gewicht und den dadurch entstehenden Druck zurückzuführen. Die Knochen sind meist flachgedrückt. Schädel, deren innere Ausbuchtungen nicht mit versteinerndem Schlamm gefüllt wurden, weisen eine typische Abflachung auf – fast so, als wäre eine Dampfwalze darüber gerollt. Schadstellen der Schädel, die ganz oder teilweise ausgefüllt sind, sind je nach Beschaffenheit des Füllmaterials, des umgebenden Gesteins und des auf das Fossil ausgeübten Druckes entstanden.« Diese Untersuchungen widerlegen also die Anwendung permanenter Gewalt in prähistorischen Perioden auf das entschiedenste!

Da Brain ein vorsichtiger Mann ist, kommt er zu dem Schluß, daß es »angesichts all dieser Komplikationen häufig schwer ist zu entscheiden, ob das Fossil beschädigt wurde, bevor es in die Höhle rollte oder erst, als die Kalksteinablagerungen sich mit ihrem enormen Gewicht darauf absetzten ... Es ist daher möglich, daß wir nie mit letzter Gewißheit sagen können, was die Ursache der sichtbaren Beschädigung gewesen ist.« Im weiteren Verlauf räumt er ein, daß »Anthropologen, die Darts These vom Vorhandensein einer osteodontokeratischen Kultur folgen, zu der Ansicht kommen mögen, die Funde von Makapansgat seien der Beweis für prähistorische Gewalt und Kannibalismus«. Träfe das tatsächlich zu, so muß das Leben im Pleistozän allerdings sehr riskant gewesen sein, denn im Grunde genommen weisen 100 Prozent aller in Südafrika gefundenen Schädel Beschädigungen auf, die mindestens von einem Forscher als Beweis für einen gewaltsamen Tod gedeutet worden sind! Brain ist durch seine Untersuchungen in der Lage, eine andere These anzubieten, die dem Wesen des Versteinerungsprozesses in diesen Höhlen-Brekzien Rechnung trägt. Dennoch vermeidet er jeglichen Dogmatismus. »Die Frage«, so schreibt er, »ob die Australopithecinen gewalttätig miteinander umgingen, muß letztlich unbeantwortet bleiben.« Wenn ein Kopf Löcher aus natürlichen Gründen aufweist, so ist das selbstverständlich für den Leser weniger wirkungsvoll, als wenn man dramatische Geschichten über waffenschwingende, blutrünstige hominide Ungeheuer erzählt. Die erste Version kommt jedoch vermutlich der Wahrheit näher. Weniger umstrittene Beweise dafür, daß Menschen ihresgleichen Schaden zugefügt haben, liefern die Schädel aus den Höhlen von Choukoutien bei Peking. Dort lebte vor etwa 500000 Jahren eine Gruppe der Gattung *Homo erectus*. Jeder hatte den Schädel eines Artgenossen vor sich, dessen Wirbelsäulenöffnung (Foramen magnum) er sorgfältig öffnete, um so an das Gehirn zu kommen. Wahrscheinlich geschah das in der Absicht, die Gehirne der Toten zu verzehren. Auf diese Schädel bezieht sich Lorenz, wenn er schreibt, unsere Ahnen hätten ihre neuen Waffen nicht nur benutzt, um Wild zu erlegen, sondern auch ihresgleichen. Die daraus folgende Kannibalismus-These scheint unwiderlegbar. Die Kardinalfrage ist jedoch, in welchem Kontext diese Menschenfresserei gesehen werden muß. Waren diese Menschen das Opfer eines blutigen Massakers? Oder waren sie mit denen, die ihre Gehirne verzehrten, verwandt? War das Ganze ein Akt ritueller Verbindung der Toten mit den Lebenden? Bis vor nicht allzu langer Zeit kannten technologisch primitive Völker noch diese beiden Arten des Kannibalismus. Beweise eines prähistorischen Kannibalismus bleiben keineswegs auf China beschränkt; wir finden sie auch in anderen Teilen Asiens und Europas. Wir müssen also versuchen, der Frage nachzugehen, ob unsere Ahnen ihre Feinde im Kampf töteten und verzehrten, oder ob sie ihre Artgenossen aßen, damit deren positive Eigenschaften auf sie übergingen.

Der sogenannte Endokannibalismus – worunter zu verstehen ist, daß der Körper (oder Körperteile) verstorbener Verwandter oder Stammesmitglieder verzehrt wird – ist in vielen Teilen der Welt bekannt. Bei den Dieri, einem im Südosten Australiens lebenden Stamm, schneidet ein alter Mann, der mit dem Toten verwandt ist, alles Fett aus Gesicht, Bauch, Armen und Beinen und verteilt es an die anderen Stammesmitglieder. Diese Ureinwohner Australiens glauben, daß das Fett besondere Kräfte enthalte, die auf den übergehen, der es verzehrt. Außerdem sind sie davon überzeugt, dadurch Persönlichkeit und Seele des Verstorbenen in sich aufzunehmen, die damit also im Stamme weiterleben.

Einige südamerikanische Stämme, wie zum Beispiel die Amahuaca, die Tucana, Waika, Pakidai und Jumano, glauben, die Seele des Menschen wohne in seinen Knochen. Sie verbrennen ihre Toten und mischen dann deren Asche in ihre Getränke, so daß die Seele des Verstorbenen auf diese Weise in sie eingehen kann. Die Chiribichi dagegen rösten ihre Toten langsam, fangen das herabtropfende Fett auf und verzehren es. Der Endokannibalismus kennt zahlreiche unterschiedliche Riten, die zum Teil äußerst kompliziert sind. Alle jedoch haben das eine gemeinsame Ziel: das Weiterleben der Toten in den Lebenden.

Auch das Gegenstück zum Endokannibalismus, der sogenannte Exokannibalismus, bei dem Angehörige eines anderen Stammes, also Fremde, verzehrt werden, weist die unterschiedlichsten Formen auf. In letzter Zeit war er häufiger nachzuweisen als die erste von uns beschriebene Form. Die Sumo, ein südamerikanischer Indiostamm, töteten den Feind, zerlegten und aßen ihn auf. Dies sollte sowohl den erschlagenen Feind verhöhnen als auch verhindern, daß er Rache nehmen konnte. Die Parintinin, ein anderer südamerikanischer Stamm, waren wählerischer in ihrem Exokannibalismus. Sie schnitten ihren toten Feinden Augen und Zunge aus, trennten die Arm- und Beinmuskeln ab und aßen sie, um dadurch zu verhindern, daß der Tote noch einmal sehen, sprechen, gehen und schießen können würde. Und wenn die Cubeo einen Feind erschlugen, gaben sie am Ende eines Festmahls den Penis des Toten der Häuptlingsfrau zu essen, um so ihre Fruchtbarkeit zu stärken.

Exo- und Endokannibalismus dienen also keineswegs zur Bereicherung einer Mahlzeit, sondern sind Teil des kulturellen Rahmens, den ein Volk für sich entwickelt hat. Abgesehen davon ist der menschliche Körper keine besonders ergiebige Proteinquelle. Sollte beispielsweise eine durchschnittlich große Gruppe von Sammlern und Jägern sich dazu entschließen, Menschen auf ihren Speiseplan zu setzen, um damit nur die Hälfte ihres Eiweißbedarfes zu decken, so müßten sie jeden zweiten Tag einen Artgenossen erschlagen! So denkbar dies theoretisch sein mag, so wenig sinnvoll wäre es jedoch im Hinblick auf ein entwicklungsfähiges Leben.

Der deutsche Anthropologe Hermann Helmuth analysierte eine Reihe südamerikanischer Stämme, um herauszubekommen, welche Form des Kannibalismus die primitivere sei. In seinem *Handbuch der südamerikanischen Indios* verzeichnet er 16 Stämme, die Leute aus dem eigenen Volk verzehrten, und 38, die sich ihre Feinde einverleibten. Interessant ist dabei jedoch die Relation zwischen reinen Sammlern und Jägern einerseits und Ackerbauern andererseits. Zwei Drittel der endokannibalischen Stämme waren Sammler und Jäger, wohingegen 32 von 34 ackerbauenden Gruppen Exokannibalen waren. Geht man davon aus, Exokannibalismus als die aggressivere Form der Menschenfresserei anzusehen, so weisen die Zahlen daraufhin, daß die Lebensform des Ackerbaus die Menschen aggressiver macht. Die Wirtschaftsform des Sammelns und Jagens, die primitivste also, die wir kennen, zeichnet sich durch einen eher friedfertigen Kannibalismus aus. Wir können also – ohne jemals letzte Sicherheit darüber zu haben – vermuten, daß die Spuren von Kannibalismus, die unsere sammelnden und jagenden Vorfahren hinterlassen haben, eher auf Endo- als auf Exokannibalismus hinweisen.

Abgesehen von Hinweisen auf die angebliche »Totschlägerei« der prähistorischen Menschen haben wir andere Hinweise, um die Art von Gewalt zu deuten, die unsere Ahnen gegeneinander anwandten. Wirklich nachweisbare Geschichte beginnt erst vor wenigen tausend Jahren mit der Erfindung der Schrift. Die ersten Aufzeichnungen, die wir kennen, sind meistens Listen über Lagerbestände von Getreide und ähnlichem; die Beschreibung von Auseinandersetzungen heben sich davon sehr stark ab und lassen darauf schließen, daß vor 5000 Jahren Kriege äußerst selten waren. Wollen wir eine Vorstellung davon gewinnen, wie unsere Vorfahren ihre »Mußestunden« verbrachten, so müssen wir uns eher den prähistorischen Malereien zuwenden.

Erst vor etwa 25 000 Jahren griff der erste *Homo sapiens* zu einem Pinsel oder was immer er benutzte, um Höhlen- oder Felswände zu bemalen. Meist stellten diese Bildnisse Tiere – vermutlich Beutetiere – dar. Möglicherweise entstanden diese Darstellungen aus reiner Freude an der Malerei; die glaubhaftere Interpretation ist jedoch die, daß sie Bestandteil eines Rituals waren, das Jagderfolg versprechen sollte. Vielleicht waren diese Menschen auch davon überzeugt, damit ihre Götter – oder ihr eigenes Gewissen – zu besänftigen, weil sie Leben zerstören mußten, um selbst überleben zu können. Diese frühe Kunst kennt kaum Darstellungen von Pflanzen, die doch zweifellos den Hauptbestandteil der Nahrung jener Maler ausmachten. Offensichtlich bedarf es keiner magischen Beschwörung, um Nüsse und Wurzeln zu sammeln, und da Pflanzen keine sichtbare Seele haben, braucht man auch keine Götter versöhnlich zu stimmen, wenn man sie verzehren will.

Mit Ausnahme ganz seltener Beispiele kennt die prähistorische Kunst vor der Revolution, die der Ackerbau auslöste, keine Darstellung eines Krieges. Dafür gibt es zwei denkbare Erklärungen. Die erste wäre die, daß es zwar Kriege gab, bevor unsere Vorfahren die Lebensform des Sammelns und Jagens zugunsten der seßhaften Lebensweise des Ackerbauern aufgaben, die Maler sie jedoch einfach nicht abbildeten – sei es mangels Interesse oder aus Furcht, damit Unglück heraufzubeschwören. Die zweite Erklärung könnte sein, daß es eben keine Kriege gab. Nach der Revolution durch den Ackerbau, in einer Zeit also, aus der wir auch andere Hinweise auf kriegerische Auseinandersetzungen haben, wie zum Beispiel die Befestigung von Jericho im heutigen Israel, finden sich dann Darstellungen von Kriegen – und zwar mit Vorliebe von solchen, in denen das Volk des Malers siegreich gewesen war.

Auch hier *wissen* wir natürlich nicht, weshalb wir so gut wie keine Abbildungen von kriegerischen Auseinandersetzungen vor dem Beginn des alles revolutionierenden Ackerbaus haben, während sich danach Darstellungen von Kriegen finden, auf die wir auch durch archäologische Funde Hinweise haben. Die einzig sinnvolle Erklärung kann nur sein, daß der organisierte Mord selten vorkam und kaum eine Rolle im Leben der Menschen jener Zeit spielte.

Beschäftigt man sich mit Hinweisen auf Gewalt – sei es nun tierische Aggression, seien es zertrümmerte Versteinerungen, Spuren von Kannibalismus oder andere, weniger direkte Anzeichen –, so gibt es absolut nichts, wovon wir mit *Sicherheit* ableiten könnten, daß wir die Nachkömmlinge blutrünstiger Vorfahren seien. Wir müssen also die vielen Unsicherheitsfaktoren rational gegeneinander abwägen und überlegen, nach welcher Seite das Zünglein an der Waage ausschlägt. Wenn die animalische Aggression nicht Triebkraft genug hat, um die Menschen zum organisierten Kampf zu motivieren, wenn die Gebeine der Hominiden ebensogut durch die lange Zeit zerstört werden konnten, die sie brauchten, um zu versteinern, wie durch den Schlag einer Keule, wenn selbst die unleugbaren Beweise eines vorhandenen Kannibalismus darauf hindeuten, daß er eher Ausdruck von Demut und Ehrfurcht als von Bösartigkeit war, und wenn fast jeder Hinweis auf Krieg in der voragrikulturellen Phase fehlt – nach welcher Seite wird sich dann die Waage wohl neigen?

Jeder objektive Betrachter muß zugeben, daß die Tatsachen für eine ziemlich friedliche Frühphase unserer Vergangenheit sprechen. Zweifellos muß es auch Gewaltanwendungen gegeben und mancher Hominide sein Ende durch die Hand eines anderen gefunden haben. Außerdem können wir nicht leugnen, daß gelegentlich auch benachbarte Stämme kriegerische Auseinandersetzungen hatten. Aber es gibt unseres Erachtens kein wirklich einleuchtendes Argument, mit dem belegt werden könnte, daß Krieg und Gewalt ein Merkmal der Vorgeschichte oder gar der Motor der menschlichen Entwicklung war.

Was lehren uns aber die Kriege, die wir aus der Geschichtsschreibung kennen, über das Wesen der Menschen? Zweifellos müssen wir gewisse Schlüsse aus der Tatsache ziehen, daß Kriege im Verlauf der letzten 10000 Jahre immer häufiger wurden. Zuerst ergibt sich daraus einfach – was wir im übrigen bereits wissen –, daß der Mensch *fähig* ist, Kriege zu führen, und daß er darin äußerst tüchtig ist. Dies bedeutet jedoch nicht, daß diese spezifische Aktivität Bestandteil unserer Gene sei, ebensowenig wie die Fähigkeit, Fußball zu spielen, Wein anzubauen oder Weltraumraketen zu entwerfen, in unserer genetischen Substanz verankert ist. Der Mensch ist ein Lebewesen mit zahlreichen *potentiellen* Fähigkeiten, und da er in einer Welt lebt, die er sich überwiegend selbst geschaffen hat, kann er auch entscheiden, wie er seine Talente am besten einsetzt. In einer materialistischen Welt ist Krieg, wie wir bereits sagten, ein sehr erfolgreiches Unterfangen. Daher erstaunt es keineswegs, daß der Krieg zu einem beliebten Mittel wurde, sich das zu verschaffen, was einem an materiellen Gütern noch fehlte. Das ist jedoch etwas entschieden anderes als die Behauptung, unsere Instinkte trieben uns dazu, Kriege zu führen – ob mit oder ohne Erfolg. Der Wendepunkt unserer Geschichte ist der, daß eine Wirtschaftsform entstand, die es zuvor nomadischen Menschen erlaubte, in Dörfern mit reichen Nahrungsvorräten zu leben, vorausgesetzt natürlich, daß die Ernte gut war. Sammler und Jäger leben im allgemeinen in kleinen Gruppen von etwa 25 Menschen, ziehen regelmäßig von Lager zu Lager und haben nicht mehr als das, was sie auf dem Rücken mit sich tragen können. Die Anzahl der Geburten ist auf einen Abstand von vier Jahren begrenzt, so daß sowohl die Mobilität der Mutter, als auch der ganzen Gruppe gewährleistet ist, und man alle paar Wochen weiterziehen kann. Sobald eine bestimmte Gegend besonders fruchtbar und reich an Tieren ist, werden die Beschränkungen gelockert. Dann nimmt die Geburtenzahl zu, das Volk wird größer und die Menschen können ihren Besitz vermehren.

Nicht alle Sammler- und Jägervölker der voragrikulturellen Phase lebten jedoch als Nomaden auf der Suche nach der weitverstreuten Nahrung. Einige lebten in besonders reichen Gegenden und waren daher in der Lage, Dörfer zu bauen, in denen sie zu mehreren Hundert existieren konnten. Eines dieser Dörfer ist Lepenski Vir, das hoch auf dem Abhang des Eisernen Tors oberhalb der Donau liegt. Die Menschen von Lepenski Vir konnten sich reichlich von den mächtigen Stören und Karpfen ernähren, die auch heute noch im Strom vorkommen. Diese Nahrungsquelle war so üppig, daß die Menschen in der Lage waren, trapezförmige Häuser mit gepflasterten Böden und gemauerten Herden zu errichten. Das geregelte Dorfleben ermöglichte es ihnen, eine verfeinerte Handwerkskunst zu entwickeln, die sich zum Beispiel darin dokumentierte, daß sie fischartige Gesichter in Kiesel ritzten, die vermutlich Teil einer Fischgottheit waren.

Ein neueres Beispiel nichtackerbauender Völker, die jedoch ebenfalls über reiche Nahrungsquellen verfügen, sind die Indianer an der nordwestlichen Küste der Vereinigten Staaten und die Ainu auf Hokkaido, eine im Norden des japanischen Archipels gelegene Insel. Die Jagd und vor allem der Fischfang waren schon immer so ertragreich, daß diese Menschen in großen Dörfern leben und ein Gesellschaftssystem entwickeln konnten, das nomadische Sammler und Jäger in dieser komplexen Strukturierung nicht kennen.

Sie hatten ein gut durchorganisiertes hierarchisches System mit einem Häuptling an der Spitze. Sie besaßen eine Währung, und damit kam Wohlstand und Ansehen. Da ihre Nahrungsvorsorge von den Jahreszeiten abhängig war, entwickelten sie außerdem ein gut funktionierendes Lagersystem. Der wesentlichste Aspekt dabei ist, daß keineswegs der Ackerbau selbst zur Errichtung von Dörfern und Städten und den damit verbundenen materiellen Verbesserungen führt, sondern daß es genügt, reichliche und jederzeit verfügbare Nahrung an einem einzigen begrenzten Ort zu haben. Auch Sammler und Jäger in ärmeren Gegenden haben ausreichende Nahrung, aber sie sind gezwungen herumzuziehen, um sie sich beschaffen zu können. Sie entwickeln dabei keine materiell greifbare Kultur, kennen keine Hierarchie und ihre einzige Währung ist die Geschicklichkeit, mit der sie sich Pflanzennahrung und Fleisch verschaffen.

Ackerbau bringt zwar Ertrag, wenn man gewissenhaft und sinnvoll mit Produkten umgeht, aber er bringt auch die Gefahr schlechter Ernten und – was sich im Verlauf der menschlichen Geschichte als weitaus entscheidender erweisen sollte – die Bedrohung durch benachbarte Stämme, die sich über die Ernte der anderen hermachen. Sobald der Mensch von etwas so Unbeständigem wie einer guten Ernte abhängig wird, zeigt sich, wie nützlich es ist, wenn man die erforderliche Nahrung seinem Nachbarn stehlen kann. Eine solchermaßen bedrohte Gemeinschaft wird sich natürlich mit aller Kraft dagegen wehren, ihre Ernte preiszugeben, ohne die sie verloren wäre. Bis eine neue Ernte herangereift ist, vergeht mindestens ein Jahr – vor allem dann, wenn erst ein Wald gerodet und das Land urbar gemacht werden muß. Die Yanomamo-Indianer im südlichen Venezuela zum Beispiel (»die wilden Leute«) bauen Bananen, Paradiesfeigen und andere Früchte in einem großen Garten an, der in der Nähe ihrer Dörfer liegt. Wenn ein Überfall aggressiver Nachbarn sie zwingt, ihre Dörfer zu verlassen, müssen sie mindestens ein Jahr lang bei einer verwandten oder befreundeten Sippe Unterschlupf suchen, bis in einem neuen Garten die Früchte heranreifen. Bei anderen zu leben ist jedoch sehr unangenehm, nicht nur, weil man dadurch verpflichtet ist, die Gastgeber irgendwann einmal selbst zu unterstützen, sondern weil die Gastfreundschaft mit Frauen bezahlt werden muß. Die Yanomamo-Frauen werden zwar sehr schlecht behandelt, aber als Gebärmaschine für Söhne, die später einmal Krieger werden können, stehen sie hoch im Kurs. Eine Frau zu verlieren, und sei es auch an einen Bundesgenossen, ist ein schrecklicher Preis.

Besitz verführt zu Diebstahl, wobei Nahrung genauso begehrt ist wie alle anderen materiellen Güter. Da nun aber einmal die Menschen weder von Grund auf gut noch böse sind, sondern einfach nur opportunistisch, bleibt es nicht aus, daß manche der Versuchung nicht widerstehen können. Hat man jedoch einmal angefangen zu stehlen, ist es schwer, damit wieder aufzuhören. Die Verhaltensweise, die sich als die günstigste innerhalb bestimmter Umweltbedingungen erweist, wird sich durchsetzen. In einer materialistischen Umwelt erweist sich Krieg als vorteilhaft. Dennoch ist er ein Kulturprodukt und kein fundamentaler biologischer Instinkt.

Wenn menschliche Gemeinschaften größer werden, ist eine soziale Ordnung, die Häuptlinge und Clanführer beinhaltet, unumgänglich, besonders dann, wenn diese Gesellschaft auf materiellen Wohlstand großen Wert legt. Eine solche Sozialstruktur ist natürlich geradezu geschaffen für einen organisierten Konflikt. Die Begeisterung der Massen muß nur durch einen mächtigen Führer so kanalisiert werden, daß die Menschen zu den Waffen greifen und eine Armee bilden. Es ist eine schmerzliche Ironie, daß das wesentliche Merkmal der prähistorischen Sammler- und Jägervölker, die unabdingbare Zusammenarbeit, auch der entscheidende Punkt bei einem planmäßigen Krieg ist!

Wenn man versucht, das Wesen der Konflikte zu analysieren, die heutzutage ausgetragen werden – und das zu einer Zeit, wo die fortschreitende atomare Aufrüstung zu einem potentiell tödlichen Ausgang für alle Beteiligten, ja selbst für die unbeteiligten Zuschauer führen kann –, erscheint es vielleicht merkwürdig, daß man sich so ernsthaft mit der Evolutionsgeschichte beschäftigt. Wir haben uns dennoch mit einer gewissen Ausführlichkeit damit auseinandergesetzt, weil uns die Popularität der »Aggressionstheorien« dazu veranlaßte. Die These, daß die bewaffneten Konflikte, denen wir in der Welt von heute ausgesetzt sind, nur das Ergebnis unserer Evolutionsgeschichte seien, scheint uns eine zu billige Absolution. Und sie ist, wie wir nachweisen konnten, nichts weiter als ein Mythos. Bedenklich und schlimm daran ist jedoch, daß dadurch die Aufmerksamkeit von den drängenden Problemen der Gegenwart ebenso abgelenkt wird wie von dem nur den Menschen eigenen sozialen und politischen Kontext, in dem Kriege heute entstehen und geführt werden.

Die Aussichten für die meisten der rund vier Milliarden Menschen, die heute die Erde bevölkern, sind Armut, Hungersnot, Krankheit, wirtschaftliche Ausbeutung und politische Handlungsunfähigkeit. In der Tat düstere Aussichten, und sie werden mit dem Anwachsen der Mißstände noch düsterer werden, während der Traum von den Wundern der Zivilisation immer rascher verfliegt. Kriege müssen im sozio-ökonomischen Kontext der

Conditio humana, des menschlichen Wesens also, gesehen werden. Sie sind eine politische Erfindung, die von Mächtigen kontrolliert wird, ob sie nun unter benachbarten Stämmen oder zwischen Supermächten ausgetragen werden. Wir sollten also nicht in die weit aufgerissenen Rachen wütender Paviane blicken, um das Wesen des Krieges ergründen zu wollen. Wichtiger ist es, Struktur und Beweggründe der Gewaltpolitik zu analysieren.

Ein Krieg, der heute zu einer globalen Auseinandersetzung führen würde, hätte nur einen einzigen denkbaren Ausgang: Ein atomarer Holocaust wäre das Ende des *Homo sapiens.* Vielleicht ist das unvermeidbar – vielleicht begann vor vielen Millionen Jahren, als der *Ramapithecus* sich aufrecht auf seinen beiden Beinen erhob, nur eine lange Reise, die wieder in eine evolutionäre Sackgasse führt. Viele Arten von Lebewesen haben dieses Schicksal erlitten. Wir wären jedoch die ersten Geschöpfe, die sich ihr Ende selbst bereiten, denn wir sind intelligent genug, die Mittel für unsere eigene Zerstörung zu schaffen, aber nicht vernünftig genug, deren Einsatz zu verhindern.

Wahrscheinlich haben wir allen Grund, die Gefahr eines dritten Weltkrieges pessimistisch zu sehen. A. J. P. Taylor hält ihn nach Maßgabe des politischen Spiels, das derzeit getrieben wird, sogar für unvermeidlich. Aber vielleicht ist es dennoch möglich, zwischen unser derzeitiges Verhalten und der kalten Unvermeidbarkeit einer Weltkatastrophe einen Damm zu errichten. Dazu könnte uns die Kenntnis der menschlichen Frühgeschichte helfen, die Kenntnis des gemeinsamen Ursprungs der Menschen und ihrer fundamentalen Eigenschaften – der Zusammenarbeit und des Teilens –, aus welchen erst die Kraft der Evolution entstand. Die Biologie lehrt uns, unsere gemeinsamen biologischen Wurzeln zu sehen, aber sie lehrt uns auch, daß das, was Nationen trennt, kulturelle und politische Kunstprodukte sind. Der dem Menschen innewohnende Trieb zur Zusammenarbeit ist zwar bisher dazu mißbraucht worden, eine feindselige Politik gegenüber anderen Völkern zu betreiben und Kriege zu führen; er könnte jedoch ebenso dazu genutzt werden, den Frieden zu stärken. Das einzige, was wir dazu benötigen, ist eine wirksame politische Motivation. Deren Fundamente sollten für uns alle das Wissen sein, daß wir nicht nur einen gemeinsamen Ursprung haben, sondern auch unausweichlich zum gleichen Schicksal verdammt sind, und das hat der Mensch von heute selbst in der Hand.

Register

Bildnachweis

(Numerierung in der Reihenfolge der Abbildungen)

Zwischen den Seiten 80 und 81
1, 2: Bob Campbell; 3: National Museum of Kenya und Bob Campbell; 4: National Museum of Kenya; 5: Bob Campbell und National Museum of Kenya; 6: National Museum of Kenya; 7, 8: Bob Campbell; 9, 10, 11, 12, 13, 14: Roger Lewin; 15, 16: Jack Harris; 17, 18, 19: Bob Campbell

Zwischen den Seiten 160 und 161
20: James Moore; 21: Timothy Ransom; 22, 23, 24: Andrew Hill; 25: D. C. Johanson, The Cleveland Museum of Natural History; 26, 27: Andrew Hill; 28: Napoleon Chagnon; 29, 30: R. Lee/Anthro-Photo; 31: Marjorie Shostak; 32: R. Lee.